U0334206

复杂空间结构设计与实践

李亚明　编著

同济大学 出版社
TONGJI UNIVERSITY PRESS

图书在版编目(CIP)数据

复杂空间结构设计与实践／李亚明编著. -- 上海：
同济大学出版社,2021.5
ISBN 978-7-5608-9736-3

Ⅰ.①复… Ⅱ.①李… Ⅲ.①空间结构-结构设计
Ⅳ.①TU330.4

中国版本图书馆 CIP 数据核字(2021)第 076920 号

复杂空间结构设计与实践
李亚明 编著

责任编辑 胡晗欣 责任校对 徐春莲 封面设计 陈益平

出版发行 同济大学出版社 www.tongjipress.com.cn
(地址:上海市四平路 1239 号 邮编:200092 电话:021-65985622)
经　销 全国各地新华书店
排　版 南京月叶图文制作有限公司
印　刷 上海安枫印务有限公司
开　本 787mm×1092mm 1/16
印　张 17.5
字　数 437 000
版　次 2021 年 5 月第 1 版 2021 年 5 月第 1 次印刷
书　号 ISBN 978-7-5608-9736-3

定　价 128.00 元

内容提要

空间结构形式多样,新分析理论、新结构体系、新材料技术不断涌现和发展。中国已是空间结构大国,建成空间结构项目之多、跨度之大居世界前列,许多复杂大跨空间结构突破了我国现行相关技术标准与规范的规定。如何保证这些空间结构的安全性、经济性和施工可建性,引起了科研学者及工程技术人员的广泛关注。

《复杂空间结构设计与实践》针对空间结构设计关键技术进行系统梳理和提炼,从空间结构找形与优化、稳定性研究、抗风技术、抗震技术等方面进行阐述;并对空间结构设计与实践过程中相关技术创新进行总结,重点探讨了全张拉结构、铝合金空间网格结构、现代胶合木结构、装配式钢与组合结构等新型结构体系的研究和设计要点。同时,本书以上海建筑设计研究院有限公司空间结构设计研究院近几年完成的9个空间结构项目为工程实例,对复杂空间结构设计关键技术及应用进行了剖析和介绍。

本书可供土木建筑工程设计人员和研究人员参考,也可供土木建筑类专业的师生使用。

作者简介

李亚明

教授级高级工程师,一级注册结构工程师。
华东建筑集团股份有限公司上海建筑设计研究院有限公司总工程师。

个人荣誉

国务院政府特殊津贴,住房和城乡建设部劳动模范,荣获上海市五一劳动奖章。

社会兼职

同济大学兼职教授,中国土木工程学会第九届理事会理事,上海土木工程学会常务理事、工程结构专业委员会主任,中国建筑学会建筑结构分会常务理事,上海市建筑学会理事、结构专业委员会副主任委员,全国超限高层建筑工程抗震设防审查专家委员会委员,中国钢结构协会第八届理事会理事、空间结构分会副理事长。

30多年来一直从事建筑结构设计与技术研究工作,主持设计了上海科技馆、上海天文馆、中国航海博物馆、上海国际赛车场、上海东方体育中心等10多项上海市重大工程项目,实现了多项技术突破。其中,"上海科技馆工程建设与研究"获国家科技进步二等奖,"上海东方体育中心"获中国建筑设计(建筑结构)金奖,"新型预应力混凝土结构关键技术及工程应用"获上海市科技进步一等奖,"铝合金结构创新技术与工程应用"获上海市科技进步二等奖。主编《铝合金结构设计规范》等国家规范5项和行业标准、上海市标准14项。组织编制完成上海市建设工程抗震"十二五"规划、"十三五"专项规划和"十四五"专项规划。

前言

我国在建及建成的大跨空间结构数量伴随着中国经济规模的不断扩张而快速增加,结构新理论、新体系、新材料不断得到发展和应用,满足各类复杂造型或超大空间的建筑需求。上海建筑设计研究院有限公司空间结构设计研究院(以下简称空间结构院)的发展与壮大,与我国空间结构的发展是同步的,空间结构院是"上海建筑空间结构工程技术研究中心"的负责单位,专注于各类复杂空间结构的技术研发、设计咨询服务,积累了丰富的业绩和工程经验,近几年创作及设计完成了以中国航海博物馆、上海天文馆、上海图书馆东馆、太原植物园、上海世博文化公园温室及双子山、枣庄市市民中心二期、合肥会展中心二期、上海辰山植物园为代表的一大批复杂空间结构项目。

本书是作者及研究团队在空间结构设计与实践过程中相关研究成果的总结,是对空间结构设计关键技术的系统梳理和提炼,力求与同行一起,为提升我国空间结构设计的理论和技术实践水平而贡献力量。

本书共5章,内容安排如下:第1章绪论,介绍了空间结构的发展现状和典型工程案例,对空间结构的关键理论、结构体系、新材料等进行分类梳理;第2章探讨了柔性空间结构体系——全张拉结构的结构特点和设计方法,并介绍了相应的工程实例;第3章讨论了结构用铝合金材料的特性和铝合金空间网格结构的设计要点,并介绍了相应的工程实例;第4章讨论了现代胶合木材料的特性和大跨木空间结构的设计要点,并介绍了相应的工程实例;第5章主要探讨了装配式钢与组合结构的研究和设计要点,并介绍了相应的工程实例。

本书由李亚明组织和编写,贾水钟、肖魁参与全书1～5章的编写工作,参加部分工程实例编写的还有刘宏欣、李瑞雄、石硕等。

本书的完成离不开相关领域专家学者的支持和鼓励,部分内容引用了国内外专家学者和设计同行的研究成果,在此致以衷心的感谢,所列参考文献如有遗漏,在此由衷致歉。

由于空间结构理论和技术发展迅速,书中有不当或片面之处,敬请广大读者批评指正。

李亚明

2021 年 4 月

目录

前言

第1章　绪论 ·· 001
1.1　空间结构发展概况与趋势 ·· 003
1.2　空间结构理论与分析方法 ·· 004
　　1.2.1　找形与优化 ·· 004
　　1.2.2　稳定性研究 ·· 005
　　1.2.3　抗风研究 ·· 006
　　1.2.4　抗震研究 ·· 007
1.3　空间结构体系设计与应用 ·· 010
　　1.3.1　薄壳和折板结构 ·· 010
　　1.3.2　空间网格结构 ·· 011
　　1.3.3　张拉整体结构 ·· 011
　　1.3.4　杂交组合结构 ·· 014
1.4　空间结构新材料的研究与应用 ·· 016
　　1.4.1　铝合金结构 ·· 016
　　1.4.2　现代木结构 ·· 017
　　1.4.3　新型膜结构 ·· 018
参考文献 ·· 019

第2章　全张拉空间结构 ·· 021
2.1　全张拉结构概述 ·· 023
　　2.1.1　发展历史 ··· 023
　　2.1.2　基本定义 ··· 024
　　2.1.3　结构特点 ··· 025
2.2　全张拉结构形式 ·· 026

2.2.1　单外环、双内环形 ·································· 027

2.2.2　双外环、单内环形 ·································· 028

2.2.3　单层网壳形 ··· 029

2.2.4　组合形 ··· 030

2.3　全张拉结构力学分析 ································· 031

2.3.1　几何找形分析 ······································ 031

2.3.2　稳定性分析 ··· 034

2.3.3　风荷载分析 ··· 035

2.3.4　动力响应分析 ······································ 035

2.4　全张拉结构设计过程 ································· 036

2.4.1　前期准备 ··· 036

2.4.2　设计方案 ··· 037

2.4.3　张拉过程 ··· 037

2.4.4　全张拉结构设计关键 ································ 038

2.5　全张拉结构设计工程实例 ····························· 040

2.5.1　中国航海博物馆 ···································· 040

2.5.2　枣庄市市民中心二期体育场 ·························· 064

2.5.3　合肥滨湖国际会展中心二期综合馆 ····················· 077

参考文献 ·· 099

第3章　铝合金空间网格结构 ·································· 101

3.1　结构用铝合金材料 ·································· 103

3.1.1　铝合金分类及性能比较 ······························ 103

3.1.2　结构用铝合金材料性能及其优缺点 ····················· 104

3.2　铝合金空间网格结构的工程应用 ························· 105

3.2.1　国外工程应用 ······································ 105

3.2.2　国内工程应用 ······································ 110

3.3　铝合金单层网壳节点形式 ····························· 112

3.3.1　板式节点 ··· 113

3.3.2　其他形式节点 ······································ 113

3.3.3　半刚性节点的性能 ·································· 114

3.4　国内外铝合金结构设计规范 ···························· 115

3.5　铝合金空间网格结构工程实例 ·························· 116

　　　3.5.1　上海辰山植物园 ·· 116

　　　3.5.2　世博文化公园温室 ·· 132

　　参考文献 ·· 151

第4章　现代胶合木空间结构 ··· 155

　4.1　胶合木材料特点 ··· 157

　4.2　大跨木空间结构优势及发展前景 ··· 159

　　　4.2.1　胶合木结构优势 ··· 159

　　　4.2.2　胶合木结构工程应用 ··· 160

　　　4.2.3　研究重点方向 ··· 162

　4.3　大跨木空间结构分类 ·· 164

　　　4.3.1　木网格结构 ·· 164

　　　4.3.2　木张弦结构 ·· 165

　4.4　现代木空间结构设计工程实例 ··· 166

　　参考文献 ·· 184

第5章　大型装配式组合结构 ··· 187

　5.1　建筑工业化的发展 ·· 189

　　　5.1.1　建筑工业化的萌芽 ·· 189

　　　5.1.2　建筑工业化1.0时代——大量性与个性化 ···················· 190

　　　5.1.3　建筑工业化2.0时代——大尺度、通用化与体系化 ········· 192

　　　5.1.4　建筑工业化3.0时代——智能化与可持续 ···················· 194

　5.2　建筑工业化与装配式建筑 ·· 195

　5.3　装配式钢结构的研究及应用 ·· 196

　　　5.3.1　装配式钢结构连接节点 ··· 197

　　　5.3.2　装配式钢结构部件 ·· 199

　　　5.3.3　装配式钢结构体系 ·· 200

　5.4　装配式组合结构设计工程实例 ·· 202

　　　5.4.1　上海天文馆 ·· 202

　　　5.4.2　上海图书馆东馆 ··· 226

　　　5.4.3　上海世博文化公园双子山 ·· 248

　　参考文献 ·· 266

第 1 章 | 绪论

1.1 空间结构发展概况与趋势

古代空间结构主要以砖、石等材料筑成的拱式穹顶为主,例如公元前14年建成的罗马万神殿,采用直径为43.5 m的半球面砖石穹顶;我国明洪武年建成的南京无梁殿,采用跨度为38 m的柱面砖石穹顶。真正意义上近现代空间结构的发展尚不足百年,近代以来,随着社会经济的发展,人们对开阔空间和开阔场所的需求不断增加,如各类科教文娱场馆、体育场馆、会展中心、机场航站楼以及大型工业厂房等建筑的兴建,三维受力、材料节省、造价低廉的大跨度空间结构正是这类建筑的最佳选择。空间结构的卓越工作性能不仅仅表现在其三维受力方面,而且还表现在它们能够通过合理的曲面形体来有效抵抗外荷载的作用。当跨度增大时,空间结构就更能显示出其优异的技术经济性。事实上,当跨度达到一定程度后,一般平面结构往往已难以成为合理的选择。从国内外工程实践来看,大跨度建筑多数采用各种形式的空间结构体系。

大跨度空间结构具有受力合理、自重轻、造价低、结构形体和品种多样的特点,是建筑科学技术水平的集中表现,因此各国科技工作者都十分关注和重视大跨度空间结构的发展历程、科技进步、结构创新、形式分类与实践应用。近现代以来,空间结构从材料上主要可以分为钢筋混凝土结构、钢结构、铝合金结构、索膜结构和木结构等各种类型;从结构体系上主要可以分为刚性空间结构、柔性空间结构和刚柔性组合空间结构三大类。从国际上看,近代空间结构主要以20世纪初叶的薄壳结构、网架结构和悬索结构为主要标志;20世纪末叶(约1975年后)的现代空间结构,其主要标志为索膜结构、张拉整体结构和索穹顶结构等。董石麟[1]以组成或集成空间结构的基本构件(板壳单元、梁单元、杆单元、索单元、膜单元)为出发点,将国内外的空间结构划分为38种结构形式,按单元组成分类,并进一步以分类总图来表示。

中国的空间结构发展在近60年间以不可阻挡之势迅猛前进,其所蕴含的是中国经济规模的不断扩张和工业化步伐的加快,特别是改革开放以来,这种趋势变得更加明显。在这期间,空间结构行业走向科技产业化,建立了强大的生产体系。从网架开始,之后向网壳、重钢、膜结构、板材和索制品等方面拓展,目前全国已有上百家与空间结构有关的企业,空间结构行业已成为建筑业的一个新兴行业,由于生产的需要,培养了一支熟悉空间结构设计与施工的队伍。空间结构的发展推动了技术进步。近年来我国开展了大量的理论与试验研究,除了解决工程中的实际问题外,也重视更为基础性的理论问题。在此过程中,像设计理论与制造的计算机化、配套标准规程的制定、以小型机具或设备安装大型结构、钢结构制造和焊接工艺的革新等,都是一些重要的成就。

纵观当前世界各国的发展趋势,空间结构将向跨度更大、外形更复杂的方向发展。建筑物的跨度取决于需要与可能。就需要而言,大型体育馆、飞机库的跨度有200 m也足够了;就可能而言,跨度还取决于经济实力,国家富裕了就有能力营造更大跨度的空间。然而,我们也不必追求无谓的"大",在现代技术条件下,大跨度的纪录是很容易被打破的,真正有意义的大跨度在于其技术含量。在世界性"自由形式设计"浪潮的冲击下,空间结构的形状显得更加多变,已不拘泥于传统的几何形状,而是随着建筑师的想象力描绘出新奇的画面。这种变化对结构工程师来说并非难题,通过计算机是完全可以解决的。然而,只有通过建筑师和工程师的密切配合,才能找到完美的结构形式,而这种形式才能真正发掘结构新材料或结构新体系的潜力。

1.2 空间结构理论与分析方法

1.2.1 找形与优化

优秀的大跨度建筑,往往蕴含着形与力的完美统一,通过建筑形态与结构的统一,可以实现力学逻辑清晰的建筑形式,而只有高效的结构形式才能实现轻盈美观的大跨度建筑效果。国内外许多优秀的空间结构都是将建筑形态与结构体系并重考虑,最终创造出成功的建筑作品。

在找形过程中,最重要也最优先的是确定几何形状,从而可以抵抗施加在结构上的荷载,尤其是有时几何形状的改变会带来荷载的改变,此时几何形状分析就显得尤为重要。几何分析之后,可以进行美观优化与建造、施工过程分析。但是,几何形状分析与美观优化、建造施工等分析过程的边界是模糊的,常常在一个分析阶段中需要同时考虑其与其他阶段的相互影响。

当需要设计一种"用最少材料,实现最大功能"的结构时,最关键的目标是使全部材料能够被充分应用,完全(或几乎完全)发挥其力学性能。材料的力学效率可以通过力流优化过程来实现。一般而言,对于最简结构,应该尽量避免弯矩的影响,结构构件最终承载拉力或者压力。许多材料承受拉力性能更好,这是因为受压构件容易产生稳定问题。而且,拉力传递荷载更有效率,也更容易实现。但是,仅仅承受拉力的结构是很少的,现实中很难大规模地应用。所以,在材料高效利用的结构如"膜结构""索网结构"中,也需要一些受压构件。综上所述,一种标准的最简结构应该是受拉构件与受压构件的优化组合。

目前比较有效的找形方法有动力松弛法、力密度法、图解静力法和非线性有限元法等。这类方法以结构的合理受力作为优化目标,研究空间结构形(几何形状)与态(内力分布)二者之间的关系,寻求一种合理、高效的结构形态和拓扑关系。针对各类复杂曲面(包括自由曲面)结构的形态优化方法,近年来我国在理论研究和分析工具方面取得了可喜进展,并应用于各类实际工程(图1.1)。

(a) 中国航海博物馆 　　　　　　　　　　　(b) 上海科技馆穹顶

图 1.1　空间结构找形优化工程实践

1.2.2　稳定性研究

　　网壳稳定性研究的一个方向是静力稳定性研究。对于面内受压为主的空间结构,例如单层网壳结构,其稳定性问题是需要重点关注的,其失稳形态主要表现为结构表面大范围的凹陷或凸起、结构表面波浪状起伏变形等。此外,集中荷载、局部不均匀荷载、局部刚度薄弱等不利因素也可能导致结构的局部失稳,进而导致整体网壳结构失稳。经过大量失稳机理研究和大规模参数化分析研究,我们可通过初始缺陷、几何非线性、节点刚度及弹塑性等因素的数值分析,以求得临界荷载,进而确定网壳结构的设计承载能力[1]。在研究的基础上,结合现有技术标准、规范,单层网壳结构在工程分析设计中得到了较多应用(图1.2)。

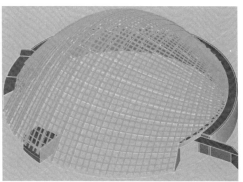

(a) 黑瞎子岛植物园温室 　　　　　　　　(b) 太原植物园温室(模型)

图 1.2　单层网壳结构稳定性研究

　　网壳稳定性研究的另一个方向是动力稳定性研究。网壳结构在地震作用下存在动力失稳问题,且在与结构自振频率相近的动力荷载下其动力响应会变得十分敏感,同时从网壳的稳定性来说,当作用的动力荷载将达临界荷载时,结构刚度将有奇异性,因此有必要开展网壳动力稳定性的研究。张其林等[2]提出了任意激励下弹性结构的动力稳定分析方法。王策等[3,4]讨论了网壳结构非线性动力失稳机理,结合工程实例分析,基于参数分析,针对单层球面网壳提出了估算结构动力稳定临界力的简化计算公式。但总的来说,如何将现有研究成果总结成通用技术标准,以用于解决网壳等空间结构在地震作用下的动力稳定问题,尚待进一步研究。

1.2.3　抗风研究

柔性空间结构、刚柔性组合空间结构,如悬索结构、索膜结构、张拉整体结构、索穹顶结构以及轻质木空间结构等,通常具有质量轻、柔度大、阻尼小、自振频率低等特点,对风荷载十分敏感,而风荷载往往是结构的主要控制荷载。

由于地面粗糙度的影响,在一般情况下,地面风速随高度的增加而增加,因此,人们比较关注高层或高耸建筑的风荷载。然而,1974 年,澳大利亚的达尔文港因飓风"Tracy"袭击而遭受了超过 5 亿美元的损失,其中多数损失来自低矮建筑物的毁坏。自那以后,低层房屋的风荷载问题引起了风工程研究者的极大关注。大跨度屋盖结构作为低层建筑之一,在大气边界层中处于风速变化大、湍流度高的区域,再加上屋顶形状多不规则,其绕流和空气动力作用十分复杂,所以这种大跨屋面对风荷载,尤其是风的动态响应十分敏感。瞬时极值风常使屋面局部表面饰物脱落或局部构件被掀开而致使整个屋面遭受破坏。

对于刚性屋盖结构,在计算其风振响应时认为能忽略风振的动力放大效应,可把脉动风对结构的作用视为一个准静力过程来分析,即只考虑背景响应部分,共振响应可忽略不计。对于非大变形柔性屋盖结构,由于振动幅度小,结构和来流之间的耦合作用可以忽略,但风振引起的惯性力不能忽略,即风振响应同时包括背景响应和共振响应两个部分。对于大变形柔性屋盖结构,振动幅度比较大,所以必须考虑结构和来流之间的耦合作用;大变形柔性屋面结构的风振振动响应一般也包括背景响应和共振响应两个部分。

目前复杂空间结构风振研究的主要方法有实地观测研究、风洞试验研究、数值模拟研究以及理论分析[5,6]。观察和测量索风振的特征和主要参数是一种很好的研究手段,尤其是在结构发生风振时进行观测,研究价值更大,但由于该方法无法对各种影响因素进行参数分析,所以不便于进行规律性的研究。风洞模拟试验研究由于其结构参数和环境参数可调,可进行规律性和原理性的探索,因此是一种很好的研究手段。但由于实际工程中结构空间跨度很大,无法进行等比例风洞试验,一般采取缩尺模型或节段进行模拟试验。缩尺模型试验需要遵守相似性原理,但在实际操作中由于存在多场耦合效应,根本无法保证试验模型的所有参数都满足相似性原理,因此为了保证主要参数比例相似,往往只能以牺牲某些次要参数影响为代价。因而,目前的风洞模拟试验是无法完全真实反映实际索结构在风振中存在的所有动力学行为的。

随着近年来计算机技术和数值方法的迅速发展,计算流体动力学(Computational Fluid Dynamics, CFD)数值模拟方法已成为预测建筑物风载及风环境的一种重要方法。

数值风洞可以更好地辅助物理风洞的试验,减少试验费用和缩短试验周期;可以弥补物理风洞试验的一些局限,比如雷诺数效应的限值、流场细部构造的显示等。因此,对于复杂空间结构,目前主要采用风洞试验和CFD数值模拟相结合的方法(图1.3)。一方面,测压风洞试验结果能与数值模拟的计算结果相互对照,可验证数值模拟方法的有效性和精度,也可减少风洞试验的次数和工作量;另一方面,风洞试验中如果出现测试仪器故障、测点数目较少,导致部分数据无效或缺失,则可采用条件模拟的方法,基于已有资料将数据补充完整。

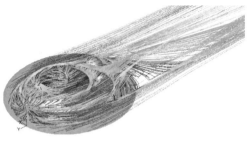

(a)上海天文馆模型

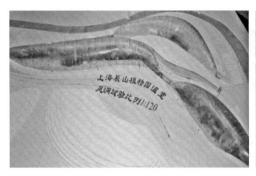
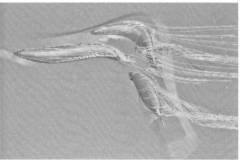

(b)上海辰山植物园模型

图1.3 风洞试验模型及CFD数值模拟

1.2.4 抗震研究

建筑结构抗震设计主要分为基于承载力设计和基于性能设计两类。对于超长、复杂大跨度空间结构,需要结合其结构特点,对抗震理论进行深入研究和分析,总结出科学可行的分析方法。网壳等大跨结构的动力性能具有以下特点:其频率分布比较密集,往往从最低阶算起,前面数十个振型都可能对其地震反应有贡献,因而一般的振型分解法是否适用是一个值得探讨的问题;对于大跨度空间结构,考虑到地震动传播过程中时滞效应的影响,一般需要采用多维多点地震反应时程分析法。

薛素铎和王雪生等[7,8]从随机振动理论的角度严格推导出了考虑多点、非平稳输入时多维虚拟激励法的计算公式,该方法同样具有虚拟激励算法的高效性和精确性,还可以用来分析更复杂的实际问题。曹资和王雪生等[9]应用多维多点虚拟激励法分析了常州体育馆索承网壳结构的地震响应特征,分析结果表明,椭圆形索承单层网壳短轴杆件的地震响应大于长轴杆件的地震响应,多数杆件在多维地震下的反应大于在单维地震下的反应,应采用整体分析模型计算屋盖结构的地震响应。刘先明和叶继红等[10,11]基于多点激励反应谱分析方法(MSRS 法),根据大跨度空间网格结构的特点,忽略拟静力反应项与动力反应项的耦合项,提出了多点输入反应谱简化计算方法,可大大减少计算分析的工作量。

中国建筑科学研究院在首都国际机场 T3 航站楼[图 1.4(a)]设计中对多维多点地震反应进行了研究[12],并将成果用于指导该工程的设计。随后,在国内多个大型空间结构项目中,均进行了多维多点地震反应研究和分析,如北京大兴国际机场航站楼[图 1.4(b)]、杭州市奥林匹克体育中心[图 1.4(c)]、昆明长水国际机场航站楼[图 1.4(d)]等,形成了较成熟的分析设计方法,这一成果已经纳入《建筑抗震设计规范》(GB 50011—2010)。

(a) 首都国际机场 T3 航站楼

(b) 北京大兴国际机场航站楼

(c) 杭州市奥林匹克体育中心

(d) 昆明长水国际机场航站楼

图 1.4 空间结构工程

在强震作用下,空间结构的杆件和节点均可能进入屈服阶段,而节点刚度和强度损伤等对结构承载能力均具有较大影响,常用的杆梁单元计算模型一般采用共节点模型,难以考虑上述影响。因此,国内外学者开始研究空间结构抗震分析的精细化模型。空间结构计算模型的精细化主要可分为基于截面的模型和基于材料的模型两类。基于截面的模型一般包括多尺度模型(图 1.5)和考虑节点刚度的杆系模型;基于材料的模型研究重点一般为材料的精细化本构模型。丁阳和葛金刚等[13]推导了适用于网壳结构常用杆件圆钢管的考虑损伤累积的混合强化本构模型,引入了杆件失稳判别条件和杆件失稳后的力学模型,编写了考虑损伤累积和杆件失稳效应的空间梁单元的材料子程序 VUMAT-DMB。分析结果表明:考虑损伤累积对网壳结构极限承载力影响不大,但杆件失稳效应将明显降低网壳结构极限承载力。这类模型可以较好地反映累积损伤和节点刚度对网壳结构极限承载力的影响,但也存在参数标定相对困难和适用性受限等问题,尚需开展进一步研究。

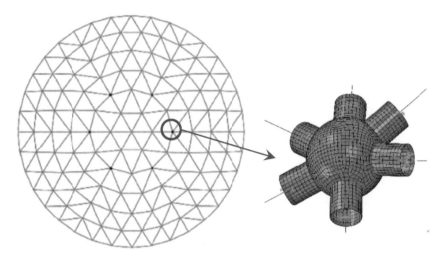

图 1.5　多尺度模型

随着大跨度结构的形式越来越复杂、跨度越来越大,人们对其提出了减隔震和性能化设计的新需求,使大跨度公共建筑起到作为应急场所的作用,提高结构的防连续倒塌能力。常用的隔震设计主要包括采用橡胶隔震支座[14]、铅芯橡胶支座[15](图 1.6)、黏弹性阻尼隔震支座[16]以及减震球形钢支座[17]等。由于大跨空间结构地震作用具有多向随机性的特点,因此三维复合隔震成为研究热点。目前来看,大跨空间结构的三维复合隔震还处于初始阶段,庄鹏等[18,19]提出了由摩擦摆与碟形弹簧复合而成的三维复合隔震支座,分析结果表明,三维复合隔震支座在网壳结构中的隔震效果要优于水平隔震支座。

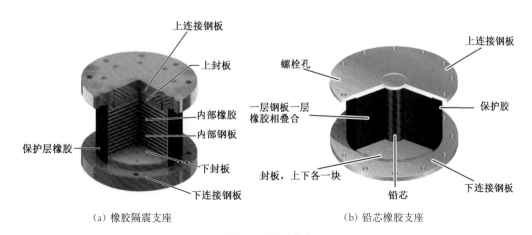

（a）橡胶隔震支座　　　　　　　　　　　（b）铅芯橡胶支座

图 1.6　隔震支座

此外,空间结构的消能减震技术大多采用被动减震控制,用于空间结构的消能减震器主要有黏滞阻尼器、形状记忆合金 SMA 复合阻尼器、调频质量阻尼器(TMD)等几种类型。

1.3 空间结构体系设计与应用

大跨空间结构的类型和形式丰富,新型空间结构体系仍在不断地推陈出新,新型空间结构如张力结构与空间网格结构组合的各种杂交结构、张拉整体结构、张弦结构、新型组合薄壳结构、铝合金网壳结构、现代胶合木与索组合的木穹顶结构等的应用也越来越多。从空间结构的基本形式出发,空间结构总体上可分为如下几种类型:
(1) 钢筋混凝土薄壳结构和折板结构。
(2) 空间网格结构。
(3) 张拉整体结构。
(4) 杂交组合结构。

1.3.1 薄壳和折板结构

钢筋混凝土薄壁结构(薄壳、波形拱壳、带肋壳和折板等)在 20 世纪 50—60 年代在我国有所发展,当时我国建造了一些中等跨度的球面壳、柱面壳、双曲扁壳和扭壳,并制定了相应的设计规程。典型工程如当时我国新疆的一个机械厂金工车间,采用跨度 60 m 的球面薄壳结构;1960 年建成的罗马奥运会大体育馆,为跨度 100 m 的球面波形拱壳结构(图 1.7)。

图 1.7　罗马奥运会大体育馆

1960—1990 年期间,我国还曾广泛采用过 V 形预应力折板结构,其施工过程是首先在地面上浇制混凝土平板并施加预应力,然后将板吊装到位形成 V 形屋面,最后在板缝间灌浆,形成整体折板屋盖。这种结构曾经在制作工业厂房和仓库的屋盖时风行一时,跨度最大达 30 m。折板结构还可采用多折线或空间折板结构。

总体而言,目前这类钢筋混凝土薄壁结构应用相对较少,主要原因还是施工建造较为困难,存在模板复杂、脚手架支撑和钢筋绑扎困难、浇筑质量难以控制等问题。

1.3.2 空间网格结构

按一定规律布置的杆件、构件通过节点连接而构成的空间结构称为空间网格结构,包括网架、曲面形网壳以及立体桁架等。这类结构近三十年来在我国发展很快,且持续不衰。

初期的网架沿用了钢桁架的做法,杆件大多采用型钢并以螺栓连接,其后的上海大舞台改用网架专用的圆钢管杆件和焊接空心球节点,屋盖采用净跨 110 m、总直径 125 m 的三向网架,其施工采用了地面拼装整体吊装的新工艺。在其后几十年里,网架结构不但被用于大、中跨度的体育馆中,也被大量用于诸如会堂、展览馆、车站、候机大厅等公共建筑中,但由于网架平直的外形无法满足建筑造型多样化的要求,设计者转向其他更富于变化的结构形式。自 20 世纪 90 年代以后,网架结构在体育建筑中的应用明显减少了,然而网架结构并没有停止前进的步伐,在飞机库、工业厂房等大跨工业建筑领域得到了较为广泛的应用。首都国际机场 2008 年建成的 A380 机库,采用网架结构,跨度达到了 176 m。

除网架结构外,网壳结构在国内的应用也达到了相当大的规模。2004 年建成的国家大剧院,主体建筑外笼罩着一个 218 m×146 m、矢高 45 m 的椭圆形空腹网格的球形网壳(图 1.8),跨度居国内之冠。总体而言,包括网架和网壳等在内的空间网格结构在近几十年来已成为发展最快、应用最广的空间结构形式[20]。

图 1.8　国家大剧院

1.3.3 张拉整体结构

索结构、膜结构和索-膜结构等柔性结构体系均以张力来抵抗外荷载的作用,可称为全张拉结构。世界上最早的现代悬索屋盖是 1953 年美国建成的 Raleigh 体育馆的屋盖,采用以两个斜放的抛物线拱为边缘构件的鞍形正交索网。我国对索结构的研究起步比较早,自 1958 年起一些学者就开始对圆形单层及双层悬索、伞形悬索和鞍形索网等不同形式的全张拉结构进行了理论计算、试验与施工等方面的研究分析,并分别于 1961 年建成了北京工人体育馆,采用了直径 94 m 的车辐式双层悬索体系;1967 年建成了浙江人民体育馆,采用了 60 m×80 m 椭圆平面的马鞍形正交索网结构。上述两个悬索结构无论是规模还是技术水平,都达到了当时的国际先进水平。

除索网、悬索结构外,近几十年来新兴的全张拉结构形式还包括空间索桁结构、张拉整体结构和索穹顶结构等。

我国于 1986 年建成的吉林冰球馆的屋面为矩形屋面,跨度 59 m,采用上、下索错位布置的索桁架结构。随着大型体育场馆的兴建,索桁架结构被越来越多地用于环形平面大型体育场屋盖,形成轮辐式结构。这类结构一般设计成上凸下凹或上凹下凸的辐射状车轮式,由内环、外环及联系内外环的两层辐射方向布置的钢索组成,其中受压外环及受拉内环形成自平衡系统,实际施工中通过张拉承重索、稳定索或调节撑杆来施加预应力。

全张拉结构的代表性工程主要有:

(1) 1998 年建成的马来西亚吉隆坡体育场[图 1.9(a)],其平面投影为 286 m×225.5 m 的椭圆形、外环为 $\phi 1\,400$ mm×35 mm 的圆形钢管,罩棚宽 66.5 m,安放在 36 个 V 形柱上。内部上拉环为 4 根 $\phi 97$ mm 的半平行钢丝束索,下拉环由 36 根长 18~20 m 的钢管相连。

(2) 2010 年建成的深圳宝安体育场[图 1.9(b)],其外环梁是位于马鞍面上的空间曲梁,平面投影近似圆形,两个轴(最长轴和最短轴)的长度分别为 237 m 和 230 m,立面呈马鞍形,钢结构最高点标高为 35.2 m,最高点与最低点之间高差为 9.65 m。内拉环由上、下两个内环索组成,柔性索桁架上、下弦布置呈凹形,共 36 榀,最大罩棚跨度为 54 m。

(3) 2018 年建成的苏州奥林匹克体育中心[图 1.9(c)]、2017 年建成的枣庄市市民中心二期工程[图 1.9(d)]等体育场馆也均采用此类结构形式。其中枣庄市市民中心二期工程对传统的轮辐式索桁结构体系进行改进,采用轮辐式马鞍形整体张拉结构体系,通过设置内环斜拉索和上径向交叉索网布置方式,提高了结构的整体刚度和稳定性,并实现了建筑造型的多样化。

(a) 马来西亚吉隆坡体育场

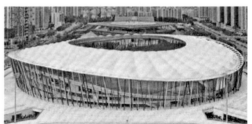
(b) 深圳宝安体育场

(c) 苏州奥林匹克体育中心

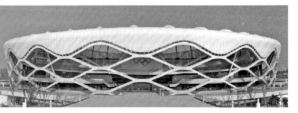
(d) 枣庄市市民中心二期工程

图 1.9　全张拉结构

索穹顶结构同样是大跨度柔性空间结构常采用的屋面形式。该结构由 Geiger[21] 提出,并在 1985 年将其成功应用于汉城①奥运会体操馆(圆平面,$D = 120$ m)和击剑馆(圆平面,$D = 93$ m)。Geiger 体系索穹顶由径向上弦索(脊索)、环向下弦索、斜索和竖向压杆组成。1988 年和 1989 年,美国伊利诺伊州立大学的红鸟体育馆[Redbird Arena,椭圆面 91.4 m×76.8 m,图 1.10(a)]和佛罗里达州的太阳海岸穹顶[Sun Coast Dome,圆平面,$D = 210$ m,图 1.10(b)]也采用了 Geiger 索穹顶的形式。美国工程师 Levy 对 Geiger 索穹顶进行了改进,采用 Fuller 最初的三角形网格构想,将 Geiger 索穹顶结构的脊索由辐射状改为联方形网格,并在 1992 年成功设计并完成了佐治亚穹顶[Geogia Dome,椭圆面,240 m×192 m,图 1.10(c)],用钢量不到 30 kg/m²,是目前世界上跨度最大的索穹顶结构。

(a) 伊利诺伊州立大学红鸟体育馆(Redbird Arena)

(b) 太阳海岸穹顶(Sun Coast Dome)

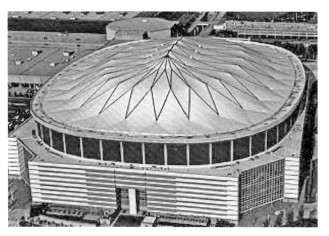

(c) 佐治亚穹顶(Geogia Dome)

图 1.10 国外索穹顶结构

———————————

① 汉城:韩国首都首尔的旧称。

国内针对该类结构体系的研究起步较晚,但近二十年也得到了迅速发展,浙江大学、哈尔滨工业大学、清华大学、上海交通大学、东南大学等众多高校学者已经在理论、设计、施工等方面进行了较为系统的研究[22-28]。近几年国内已经出现了大跨度索穹顶结构的工程实例,如无锡新区科技交流中心索穹顶、山西太原煤炭交易中心索穹顶和鄂尔多斯市伊金霍洛旗全民健身体育活动中心索穹顶以及天津理工大学体育馆索穹顶结构等,其中鄂尔多斯市伊金霍洛旗全民健身体育活动中心索穹顶是我国首个自主设计并完成施工的索穹顶[图 1.11(a)],天津理工大学体育馆索穹顶结构是我国首个跨度超过 100 m 的索穹顶结构[图 1.11(b)],这些工程实例体现了我国在索穹顶结构设计与施工方面的进步。

复杂空间结构设计与实践

(a) 鄂尔多斯市伊金霍洛旗全民健身体育活动中心索穹顶　　　(b) 天津理工大学体育馆索穹顶

图 1.11　国内索穹顶结构

近年来,索结构还被广泛应用于玻璃幕墙,作为承受水平荷载的主要承重构件,大多采用平面索网或索桁架。纤细的钢索也满足了建筑立面通透的要求。如北京新保利大厦的玻璃幕墙,高 90 m、宽 58 m,采用双向单层拉索;上海国际金融中心的玻璃幕墙,高 117.5 m、宽 24 m,采用双向单层拉索;重庆江北国际机场 T2 航站楼,周围玻璃幕墙以索网支承,总面积达 10 万 m²。由于玻璃幕墙使用量很大,所消耗的钢索总量实际上已经超过了所有屋盖的索结构用量。

1.3.4　杂交组合结构

结构主体由刚性构件和柔性构件组合而成的刚柔性组合空间结构,可称为杂交组合结构。结构形式主要包括预应力网架(网壳)、斜拉网架、张弦梁、张弦立体桁架和弦支网壳等。

预应力网架(网壳)结构通常在网架、双层网壳下弦的周边设置预应力索,以改善结构的内力分布,降低内力峰值,并提高结构刚度。1995 年建成的攀枝花体育馆,采用双层球面网壳,平面为缺角八边形 74.8 m×74.8 m,在相邻八支座处设置八榀平面桁架,其下弦选用了预应力索和 V 形撑,节省钢材用量约 25%。

斜拉网架的原理与上述预应力网架类似,不同的是其拉索设置在网架和双层网壳的上弦,通过多道斜拉索,相当于在结构顶部增加了支点,减小结构的跨度,改善结构的内力分布,并提高结构刚度,节约用钢量。2000 年建成的杭州黄龙体育馆中心(两主轴长度分别为 50 m 和 244 m),采用月牙形的双塔柱斜拉双层网壳(图 1.12)。

图 1.12　杭州黄龙体育馆中心

张弦梁结构起源于日本,在我国得到了较快的推广应用。国内大跨度张弦梁结构首推上海浦东国际机场航站楼,最大跨度为 82.6 m(图 1.13)。由于张弦梁本身是一种自平衡的平面结构体系,不对支座产生水平推力,可减轻下部支承结构负担,因此得到了工程师的青睐。

类似地,以立体桁架替代张弦梁的上弦梁便形成张弦立体桁架结构。2008 年建成的奥运会国家体育馆采用 114 m×144 m 双向正交的张弦立体桁架结构。目前在建的合肥滨湖国际会展中心二期采用跨度为 144 m 的张弦立体桁架结构(图 1.14)。

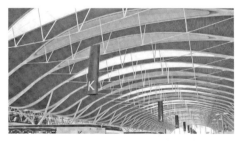

图 1.13　上海浦东国际机场航站楼　　　图 1.14　合肥滨湖国际会展中心二期

弦支网壳通常由上层单层网壳、下层若干圈环索、斜索通过竖杆连接构成,是一种自平衡的空间结构体系。弦支网壳结合了单层网壳和索穹顶两种结构体系的优点。1993 年,日本最早建成跨度为 35 m 的弦支光球穹顶。2009 年,我国建成的济南奥林匹克体育中心体育馆(图 1.15),跨度为 122.2 m,是目前世界上跨度最大的弦支网壳结构。

图 1.15　济南奥林匹克体育中心体育馆

1.4　空间结构新材料的研究与应用

传统大跨度空间结构主要采用钢材和混凝土建造。近代以来的工程应用以钢材为主,同时各种新材料的研究和应用也在不断得到推广,例如高强钢拉索、铝合金、胶合木及新型膜材等都在空间结构上得到了很好的应用。

1.4.1　铝合金结构

铝合金材料具有结构自重轻、耐腐蚀性能好等优点,其密度只有钢材的 1/3,抗拉强度可达 300 MPa。近年来,国内外诸多大跨度空间结构的设计和建造使用了铝合金。但就金属空间结构建筑物的总体数量而言,铝合金空间结构只占到其中的一小部分,主要原因还是受工程造价的制约。铝合金结构有其自身优点,例如铝合金材料自身在空气中可形成致密氧化膜,一般不需要做表面处理即可达到建筑防腐要求,适用于高温高湿、海边及重度污染环境。例如,在游泳馆和溜冰场等水蒸气含量较高的体育馆,采用铝合金结构可以很好地抵御水蒸气的侵蚀,减少后期维护费用。同样,在石油化工、仓储等防腐要求较高的大型工业建筑中,铝合金网壳也被大量应用[29-31]。

近些年,我国在国外理论、技术的基础上,研发并本土化生产了铝合金空间网格结构专用的 Al-Mg-C 铝合金型材与铆钉连接的板式节点,采用工厂标准化生产、现场快速装配,缩短了施工周期。2010 年,上海辰山植物园建造了总面积为 22 200 m² 的温室展览馆(图 1.16),最大单体的长×宽×高为 203 m×33 m×20.5 m。2015 年,南京牛首山佛顶宫(图 1.17)的小穹顶采用单层椭球面网壳(147 m×98 m),大穹顶采用三向网格单层网壳(251 m×116 m),最大悬挑 53 m,其跨度、单体面积与杆件高度均居世界第一。此外,铝合金空间网格结构在上海科技馆、上海天文馆、成都中国现代五项赛事中心游泳击剑馆、重庆国际博览中心以及上海世博文化公园温室等工程中均得到了应用。

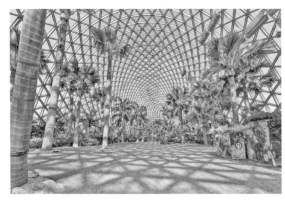

图 1.16　上海辰山植物园温室展览馆　　　　图 1.17　南京牛首山佛顶宫

1.4.2　现代木结构

　　木材是一种可再生材料,现代木结构建筑以其环保、节能、工业化装配和造型美观等优点正获得越来越多人的欢迎。木空间结构主要可以分为木空间网格结构和钢木复合结构。欧美日等地区在现代木结构领域的研究和应用已有几十年历史。1980 年建成的美国塔科马穹顶[图 1.18(a)]采用了球面木网壳结构,直径达 162 m,高度为 45.7 m,由三角形木网格组成,主要构件采用弯曲形,通过钢夹板节点连接,用木檩条支撑屋面。其结构抗震性能较好,经历过 6.8 级地震,主体结构基本完好,未发生损伤[32]。1991 年建成的日本天城穹顶采用木张拉整体结构——木杆索穹顶,即撑杆采用木杆,通过钢节点与拉索连接,跨度为 54 m,矢高为9.3 m[33]。2019 年建成的瑞士 Biel 的 Swatch 总部[图 1.18(b)],全长240 m,宽 35 m,高27 m,是目前全球最大的木结构网壳,由于建筑造型为自由曲面,整个建筑的木构件长度曲率各异,在设计和施工建造过程中均采用了参数化的 3D 技术,生成了一套完整的基础模型库,参数精度达到毫米级。

（a）美国塔科马穹顶　　　　　　　　　（b）瑞士 Swatch 总部

图 1.18　国外木空间结构

目前我国的木结构从生产加工到分析、设计、施工都相对较为落后,对外依存度相对较高。国内通过引进技术也建设了若干项目,如2019年建成的崇明体育训练中心游泳馆[图1.19(a)],采用跨度45 m的筒壳,上层木构件采用交叉菱形网格,下部拉索形成弦支网壳,建筑内部结构外露,不做装饰吊顶,充分展示了木结构的亲和力和温馨感。2020年建成的太原植物园一期项目[图1.19(b)],最大的温室跨度为89.5 m,高29 m。结构采用胶合木网壳,上层为双向交叉上下叠放的木梁,下层增设双向交叉索网,索网布置方向与木梁斜交,索网和木结构网壳之间通过拉杆连接形成整个温室结构体系。该建筑是目前国内跨度最大的全木网壳结构。

(a) 崇明体育训练中心游泳馆　　　　　　　　　(b) 太原植物园温室

图1.19　国内木空间结构

1.4.3　新型膜结构

膜结构以性能优良的织物为材料,通过向膜内充气,由空气压力支承膜面,或利用钢拉索或刚性支撑结构将膜面绷紧,从而形成一定刚度、覆盖大跨度空间的结构体系。

1997年建成的上海八万人体育场,看台挑棚采用马鞍形大悬挑钢管空间屋盖结构,覆盖白色膜材,面积达3.6万 m²[图1.20(a)]。当时,膜结构的材料、设计和安装得到了国外单位的协助,但这是中国第一次将膜结构用在大面积的永久性建筑上,产生了较为深远的影响[34]。2010年上海世博会,至少有16个建筑,主要是展览馆,采用了各种膜材作为屋盖或围护结构。其中,兴建的世博轴长廊,平面尺寸为97 m×840 m,采用连续的柔性支承膜结构,通过索系由大道两侧的桅杆和6个阳光谷网壳支承[图1.20(b)]。此外,日本馆的膜结构为椭圆形平面,覆盖整个建筑的膜结构是涂覆 TiO_2 的 ETFE 气囊,是全世界首次在气囊中设置了太阳能光电池,可以发电,用于夜间照明。

早期工程中常用的膜材主要有两种涂层织物,即 P 类(在聚酯纤维织物基材表面涂覆聚合物连续层并附加面层,PVC)和 G 类(在玻纤织物基材表面涂覆聚合物连续层,PTFE)。以2008年北京奥运会国家游泳中心的建成为标志,由乙烯-四氟乙烯共聚物(ETFE)制成的 ETFE 膜开始逐渐被国人所熟知和喜爱,并不断应用于工程。至今,国内已经建成的 ETFE 膜结构项目有国家游泳中心、国家体育场、南通博览园温室、深圳华侨城水上乐园、广州南站站房以及黑瞎子岛植物园温室等。除了应用于大型温室与体育场馆以

(a) 上海八万人体育场　　　　　　　　　　(b) 上海世博轴长廊

图 1.20　膜结构的工程应用

外,建筑物中庭等小型空间结构、围护结构、顶棚甚至艺术雕塑中也逐渐开始采用 ETFE 膜结构,主要以单层 ETFE 与 PTFE 膜结构混合使用为主,充分展示了膜结构的广泛应用前景。

参考文献

[1] 范峰,曹正罡,马会环,等.网壳结构弹塑性稳定性[M].北京:科学出版社,2015.

[2] 张其林,PEIL U. 任意激励下弹性结构的动力稳定分析[J]. 土木工程学报,1998,31(1):26-32.

[3] 王策,沈世钊. 单层球面网壳结构动力稳定分析[J]. 土木工程学报,2000,33(6):17-24.

[4] 王策,沈世钊. 球面网壳阶跃荷载作用动力稳定性[J]. 建筑结构学报,2001,22(1):62-68.

[5] 项海帆.现代桥梁抗风理论与实践[M].北京:人民交通出版社,2005.

[6] 何学军.索结构风振非线性动力学行为研究[D].天津:天津大学,2007.

[7] 薛素铎,王雪生,曹资.空间结构多维多点随机地震响应分析的高效算法[J].世界地震工程,2004,20(3):43-49.

[8] XUE S D, CAO Z, WANG X S. Random vibration study of structures under multi-component seismic excitations[J]. Advances in Structural Engineering,2002,5(3):185-192.

[9] 曹资,王雪生,薛素铎.双层柱面网壳结构多维多点非平稳随机地震反应研究[C]//第十届空间结构学术会议论文集.北京:2002.

[10] 刘先明,叶继红,李爱群.多点输入反应谱法的理论研究[J].土木工程学报,2005,38(3):17-22.

[11] 孙建梅,叶继红,程文瀼.多点输入反应谱方法的简化[J].东南大学学报:自然科学版,2003,33(5):647-651.

[12] 王俊,宋涛,赵基达,等.中国空间结构的创新与实践[J].建筑科学,2018,34(9):1-11.

[13] 丁阳,葛金刚,李忠献.考虑材料累积损伤及杆件失稳效应的网壳结构极限承载力分析[J].工程力学,2012,29(5):13-19.

[14] 严慧,董石麟.板式橡胶支座节点的设计与应用研究[J].空间结构,1995,1(2):33-40.

[15] 艾合买提,徐国彬.抗震消能支座的研制[J].新疆工学院学报,1999,20(3):210-213.

[16] 周晓峰,陈福江,董石麟.黏弹性阻尼材料支座在网壳结构减震控制中的性能研究[J].空间结构,2000,6(4):21-27.

[17] 崔玲,徐国彬.万向承载、万向转动、抗震、减振球形钢支座的研制[C]//第九届空间结构学术会议论文集.萧山:2000:824-829.

[18] 庄鹏.空间网壳结构支座隔震的理论和试验研究[D].北京:北京工业大学,2006.

[19] ZHUANG P,XUE S D. Seismic isolation of lattice shells using friction pendulum bearings[C]// Proceedings of IASS /APCS.Beijing:2006.

[20] 蓝天.中国空间结构六十年[J].建筑结构,2009,39(9):25-27,62.

[21] GEIGER D,STEFANIUK A,CHEN D. The design and construction of two cable domes for the Korean Olympics [C]//Proceedings of the IASS Symposium on Shells,Membranes and Space Frames.1986:265-272.

[22] XI Z,XI Y,QIN W H. Form-finding of cable domes by simplified force density method[J]. Structures & Buildings,2011,164(3):181-195.

[23] 汤荣伟,赵宪忠,沈祖炎.Geiger 型索穹顶结构参数分析[J].建筑科学,2013,29(1):11-14.

[24] 袁行飞,董石麟.索穹顶结构整体可行预应力概念及其应用[J].土木工程学报,2001,34(2):33-37.

[25] 袁行飞,董石麟,等.多自应力模态索穹顶结构的几何构造分析[J].计算力学学报,2001,18(4):483-487.

[26] CHEN Y,FENG J. Generalized eigenvalue analysis of symmetric prestressed structures using group theory[J]. Journal of Computing in Civil Engineering,2012,26(4):488-497.

[27] CHEN Y,FENG J,WU Y. Prestress stability of pin-jointed assemblies using ant colony systems[J]. Mechanics Research Communications,2012,41:30-36.

[28] 陈耀,冯健,马瑞君.对称型动不定杆系结构的可动性判定准则[J].建筑结构学报,2015,36(6):101-107.

[29] 张其林.铝合金结构专辑 序言 铝合金结构的研究和应用[J].建筑钢结构进展,2008,10(1):I1.

[30] 沈祖炎,郭小农,李元齐.铝合金结构研究现状简述[J].建筑结构学报,2007,28(6):100-109.

[31] KISSELL R J,FERRY R L. Aluminum Structures:A Guide to Their Specifications and Design[M]. New York:John Wiley & Sons,2002.

[32] 保罗·C.吉尔汉姆.塔科马穹顶体育馆——成功的木构多功能赛场的建设过程[J].世界建筑,2002(9):80-81.

[33] 王世界.劲性支撑穹顶结构节点设计研究[D].北京:北京工业大学,2013.

[34] 严慧.我国大跨空间钢结构应用发展的主要特点[J].钢结构与建筑业,2002,2(4):25-28.

第 2 章 | 全张拉空间结构

2.1　全张拉结构概述

全张拉结构(Tensegrity),又称张拉整体结构[1-7],意指张拉(tensile)和整体(integrity)的缩合。该结构体系最大限度地利用了材料和截面的特性,可以用尽量少的材料建造超大跨度建筑[8-10]。

2.1.1　发展历史

全张拉结构最早由 D. G. Emmerich 在第一届空间结构会议上提出,当时称之为"可拆建几何"结构,他主要从几何构型出发提出整体张拉概念[11]。D. G. Emerich 用纸张演示了这种概念结构,但他并没有解决全张拉结构的稳定性问题,也没有在实际中实现。真正让全张拉结构得到推广及应用的是富勒(R. B. Fuller),他将全张拉结构应用于空间结构屋顶,并创造了以他名字命名的"富勒穹顶"(图 2.1)[12, 13]。20 世纪 40 年代,他首次提出了张拉整体的思想,让结构中的构件尽可能地受拉而不是受压。Fuller 的学生 K. Snelson 解决了一部分稳定性问题,他在 1968 年建造了著名的 Needle Tower 雕塑(图 2.2),第一次实现了真正意义上的能承受荷载的全张拉结构。全张拉结构穹顶得到了大量的应用,对全张拉结构的发展起到了极大的推动作用[14, 15]。

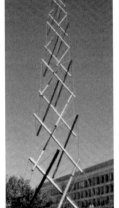

图 2.1　富勒穹顶　　　　　　　　　　　图 2.2　Needle Tower 雕塑

1986 年,美国著名工程师 Geiger 在 Fuller 提出的整体张拉概念的基础上,发明了索穹顶结构[16],这是一种支撑于周边受压环梁上的索杆张力结构(图 2.3)。索穹顶结构后来又发展了众多新颖的结构形式,如 Levy 提出的 Levry 型索穹顶,董石麟院士等提出的

Kiewitt 型索穹顶和葵花型索穹顶等[17-19]。

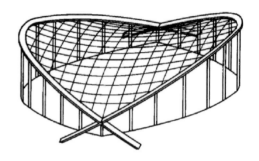

图 2.3　美国 Raleigh 竞技馆索穹顶结构

2.1.2　基本定义

Fuller 将张拉整体结构比喻成"受压的孤岛位于拉力的海洋中",并第一次提出了张拉整体结构的定义:张拉整体结构是处于自应力状态下的空间网格体系,它们的所有构件为截面尺寸相同的直杆。受拉的构件无承压刚度并组成一个连续的整体。受压构件离散布置,每个节点有且只有一根压杆与之相连。

张拉整体结构的受力构件仅受到轴力(纯拉、纯压),即结构仅在受压杆屈曲或者受拉索屈服后才会失效。其区别于其他结构的特征主要有:

(1) 结构中只有受压、受拉构件。

(2) 结构处于自应力状态:预应力提供刚度,结构刚度与外界作用及连接作用无关。忽略结构自重,自重对结构的初始平衡状态没有影响。

(3) 结构稳定性:在结构应力增大的情况下,能使构件保持原有的受压、受拉状态。

基于上述结构设计特征,张拉整体结构构件不会受弯。这种受力的高效性使得结构相对于其质量和构件截面面积而言刚度极大。最简单的张拉整体结构如图 2.4 所示。3 根受压杆件(粗)各自与剩下的2 根杆件对称(注意,杆交叉处没有连接装置),并且单独的杆件关于首尾对称。每根杆件的端点都有 3 根索连接,索为这根受压杆提供了轴向压力,并且"定义"了杆件端点的位置。任一端点均由 3 根索相连,而空间中一点恰有 3 个自由度,因

受压杆件

受压杆件　受压杆件

图 2.4　最简全张拉结构

复杂空间结构设计与实践

此,每一个端点均是"稳定"的。当此结构受外荷载作用时,索之间的拉力大小会相应地自动调整,因此结构能够承受一定的外荷载。由于结构中"索"与"杆"均可由不同的材料组成,因此可以充分发挥材料的力学性能,达到用"最小的材料,实现最大的空间"的目的。

2.1.3　结构特点

从全张拉结构的定义可以看出,索杆结构自身几乎没有整体刚度。在无预应力的情况下,结构可视为机构,但是在初始预应力作用下,无穷小的机构位移模态得以刚化,从而使结构获得刚度,成为可承受荷载的结构,这是该类结构区别于传统结构的本质特点。全张拉结构除了具有结构的一般特点之外,还呈现出一些特定的性状和特征。

1. 自平衡体系

全张拉结构的单元或结构应构造成一个存在应力回路的自平衡结构系统,只有在满足一定的拓扑条件和几何形状下,全张拉结构才得以施加预应力,进而使构件之间处于互锁的状态,在结构内部形成一个应力回路而不致流失,从而使结构产生刚度。

2. 非线性与非保守性

全张拉结构具有多方面的非线性特性,其中最直观的表现是荷载与响应的非线性关系。该类结构的整体刚度不仅与材料本身的刚度有关,还与其几何形态和内力状态有关。非线性的实质是结构几何关系中应变的高阶量不可忽略。初始预应力对结构刚度的贡献反映在几何刚度矩阵中,在计算和分析过程中不可忽略。因此,结构在外荷载作用下,刚度和构型随之产生变化,需要在新的结构构型下建立平衡方程。预应力索杆结构的非保守性是指结构从初始状态开始加载后结构体系的刚度也随之改变,但将外荷载卸除时,结构并不能完全恢复到初始状态,即结构的刚度变化和形变均不可逆。

3. 形态可控性

预应力索杆结构的自平衡性使得结构在外荷载作用下不断调节自身的位形,以达到新的平衡状态。在此过程中,结构逐步增加抵抗外荷载的能力,调节并重新分布结构的刚度。利用该结构特性,可通过外荷载或某种控制机制,改变构件内力来调节或控制索杆结构的形态,使其适用于自适应结构和可展结构,前者通过主动改变构件的内力使结构形态满足一定的功能要求,后者通过施加或完全释放预应力使其处于具有一定形态和刚度的紧凑状态。

由于压杆是由拉索悬挂起来的,这就使得全张拉结构并不像网架结构那样有许多复杂的节点,它可以做得轻巧简单。而且,全张拉结构可以实现内力自平衡,并且使结构处于连续的张拉状态,从而实现"压杆的孤岛存在于拉杆的海洋中"的设想[20, 21]。

图2.5为全张拉结构与传统结构用钢量对比。可以看出,采用全张拉结构体系的屋面,结构轻盈、用钢量很少。而且,在节点处理上(图2.6),全张拉结构构造简单、施工容易且更换、保养费用低。

（a）全张拉结构　　　　　　　　　　　（b）传统结构

图 2.5　全张拉结构与传统结构用钢量对比

（a）全张拉结构　　　　　　　　　　　（b）传统结构

图 2.6　全张拉结构与传统结构节点对比

全张拉结构绝大部分的受拉构件可设计成受拉的钢索,截面受力均匀,可充分发挥钢索的受力性能。因为受拉构件是稳定的,没有失稳问题,不需要考虑弯矩、扭矩和剪力作用,因此可以用较少的材料跨越和覆盖很大的空间。此外,压杆数量少、长度短,易满足稳定条件。

当然,这并不是说全张拉结构全然具有传统结构上的优势而没有不利之处。全张拉结构存在以下缺点:由于张拉整体结构的主要构件是拉索,要使结构成形和具有一定的刚度,必须在拉索中施加预应力,这无疑增加了施工的难度。施加预应力过小时,部分拉索会在自重和荷载作用下出现零应力而退出工作,导致结构计算失败;施加预应力过大时,环梁必须要求刚度很大才能平衡来自拉索的拉力。

2.2　全张拉结构形式

全张拉结构是以拉索和压杆为基本构成单元,借助初始预应力提供或改善结构刚度的一类新型空间结构体系。根据此定义,全张拉结构所包含的结构形式十分丰富,如张拉整体结构、索穹顶结构、弦支穹顶结构和空间索桁结构等。其共同点在于结构内部均具备自平衡预应力;不同点在于某些结构仅靠索、杆的结合就能达到该平衡,如张拉整体结构,而另一些结构则需要依赖外部约束或支撑结构才能获得整体平衡,如索穹顶结构。全张拉结构的分类方法有很多种,可以根据拓扑结构、几何形状和力学特性(主要是预应力)的不同进行分类。但是,本书认为,力学特性才是全张拉结构的本质特性,不同的结构形式蕴含着不同的力学机理。所以,本书对近几十年来国内外建成的许多以轮辐式张拉结构为屋盖结构形式的大型体育场进行了归纳、总结,根据结构受力特征的不同将其分为三种基本形式,分别是:单外环、双内环形[图 2.7(a)],双外环、单内环形[图 2.7(b)]以及单层网壳形[图 2.7(c)]。三种基本形式经过形状变化还可衍生出其他组合形式,如外环单层、中间环双层和内环单层的结构等[图 2.7(d)]。

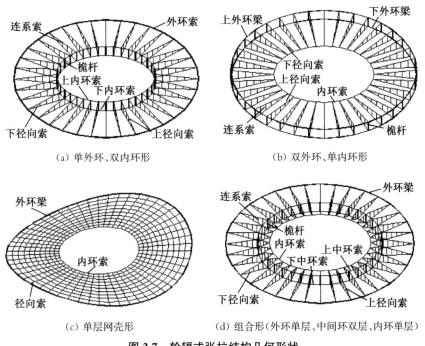

（a）单外环、双内环形　　　　　（b）双外环、单内环形

（c）单层网壳形　　　（d）组合形(外环单层、中间环双层、内环单层)

图 2.7　轮辐式张拉结构几何形状

2.2.1　单外环、双内环形

单外环、双内环由单层外环梁、双层内环索组成,双层内环之间用桅杆连接,内、外环之间用径向索桁架连接,径向索可呈内凹形[图 2.8(a)]或外凸形[图 2.8(b)],上、下径向索间为连系索或杆。立面呈马鞍形,平面投影呈圆形、椭圆形或不规则形状。这种形式下,下径向索为主要受力构件,其拉力向上分量支撑桅杆与上、下内环索的重力;径向拉力抵抗上、下内环索的径向张力,使环索能够形成刚度。上、下内环索采用预应力张紧以形成刚度,其向心力(拉力径向分量)与上、下径向索平衡。上径向索拉力径向分量与上、下

内环索的径向分量相平衡。连系索不是主要受力构件,其主要作用是使上、下径向索成形,不至于大幅度振动。桅杆是主体结构中的受压构件,作用是形成空间以及平衡上、下径向索产生的竖向索力分量。

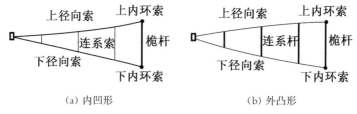

(a) 内凹形   (b) 外凸形

图 2.8 单外环、双内环形径向索桁架

代表性工程有:1998 年建成的马来西亚吉隆坡体育场(图 2.9),其平面呈椭圆形,两主轴长度分别为 286 m 和 225.5 m,罩棚宽跨度为 66.5 m。2010 年建成的深圳宝安体育场(图 2.10),其平面呈近似圆形,两主轴长度分别为 237 m 和 230 m,最大罩棚跨度为 54 m。

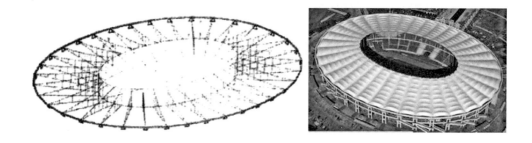

图 2.9 马来西亚吉隆坡体育场

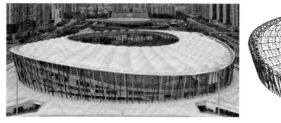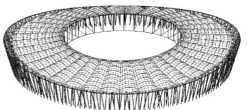

图 2.10 深圳宝安体育场

2.2.2 双外环、单内环形

与单外环、双内环形结构恰好相反,双外环、单内环形结构由双层外环梁、单层内环索组成,上、下径向索和连系索等构造与单外环、双内环形结构类似。不同之处在于,双外环、单内环形内环索只有一层,外环无索,由双层外环梁组成支撑体系(图 2.11)。其受力与单外环、双内环形相反,上径向索提供支撑力,其竖向分量与内环索重力相平衡。

图 2.11 双外环、单内环形径向索桁架

代表性工程有:1990 年建成的德国斯图加特戈特利布戴姆勒体育场(图2.12),内外环呈椭圆形,两主轴长度分别为 280 m 和 200 m,罩棚跨度为 58 m。2011 年建成的波兰华沙国家体育场(图2.13),采用环形平面、折板形索桁结构,周边支承在环形桁架上;此外还有西班牙塞维利亚体育场(图2.14)以及中国盘锦红海滩体育中心锦绣体育场(图2.15)等。

图 2.12 德国斯图加特戈特利布戴姆勒体育场

图 2.13 波兰华沙国家体育场

图 2.14 西班牙塞维利亚体育场

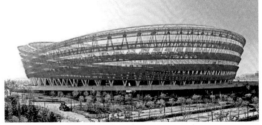

图 2.15 中国盘锦红海滩体育中心锦绣体育场

2.2.3 单层网壳形

单层网壳形为单层索网结构,由径向辐射索和环向索构成张拉平衡体系,张拉成形后索全部受拉,立面呈马鞍形[图 2.7(c)]。这种体系具有更简洁的结构形式,由于这种类型只有一索网,因此当要承受平面外荷载(如重力、风荷载等)时,索网拉力必须与曲率相结合才能产生平面外的分力。所以,这种结构的受力特点由预张力水平和合理马鞍形负高斯曲面决定,其优点不仅体现在建筑形式与结构特性上,且施工安装较方便。

代表性工程有：2007 年建成的科威特体育场(图 2.16)，整个结构由 54 道径向索和 10 道环向索构成，是一种全张拉结构体系，两个主轴长度分别为 280 m 和 260 m。2010 年建成的南非开普敦体育场(图 2.17)，在位于 2 层和 6 层的宽阔步道沿体育场的竞技场地形成环形通道，观众可自由地走动。通道的上层高达 25 m，观众可以观赏绿点、开普敦的全貌以及大西洋美丽壮观的辽阔海域。

 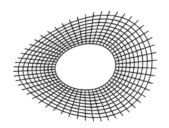

图 2.16　科威特体育场

图 2.17　南非开普敦体育场

2.2.4　组合形

外环单层、中间环双层、内环单层是一种组合结构形式，由于双层中环的存在，其径向索桁架为纺锤形[图 2.7(d)]。其外环梁受压、上下中环索受拉、内环索受拉，中环索之间的橛杆为承压杆，结构可实现更大的跨度。

代表性工程有 2014 年建成的巴西世界杯比赛场馆——马拉卡纳体育场(图 2.18)。

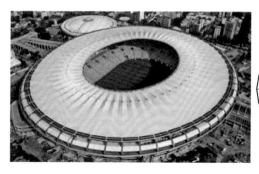 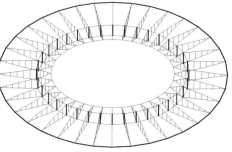

图 2.18　巴西马拉卡纳体育场

在上述组合形结构的基础上,经过变形,可以转换为各种组合形式,例如一种较为特殊的内、外环为半封闭环的组合结构,其外环仍然是受压构件,而内环为受拉构件,径向索的布置也可以多种多样。

代表性工程有 2012 年建成的中国乐清市新体育中心(图2.19),其外形酷似月牙,南北长约 229 m,东西宽约 211 m,内环总长 439 m,有 38 对径向索桁架,最大悬挑 57 m,柱顶标高为 42 m。

 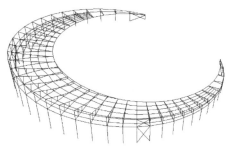

图 2.19　中国乐清市新体育中心

2.3　全张拉结构力学分析

荷载与几何是设计、建造一个具体结构最重要的两个因素。考虑到功能与美观、造型需求等方面的因素,在设计过程中,建筑物的形状显得尤为重要。因此,在几何找形分析阶段,通常需要同时考虑其与美观优化、建造施工过程之间的相互影响。全张拉结构的本质特征决定了其研究中最本质的问题是形态问题,"形"是结构的外在形状、几何构型,"态"是结构的内力分布及大小。

2.3.1　几何找形分析

当需要设计一种"用最少材料,实现最大功能"的结构时,应该尽量避免结构构件产生弯矩,通过力流优化,构件最终主要承受拉力或者压力。

一般而言,构件承受拉力更有效率,这是因为受压存在稳定问题。但是,仅承受拉力的结构是很少的,标准的最简结构应该是受拉构件与受压构件的优化组合。

包含单独受拉构件结构或者说自支撑几何的结构,其找形过程可以由交叉结构来实现。由于受压构件容易失稳,所以传统的分析过程和物理方法无法有效地应用于全张拉结构的找形分析。目前常用的方法有动力松弛法、力密度法和非线性有限元法。

1. 动力松弛法

该方法以有阻尼或无阻尼体系的动力松弛为理论依据。在这种数值分析方法中,静力平衡状态是体系存在的一种虚拟动力状态。动力松弛法从空间和时间两方面将结构体系离散化。空间上的离散化是将结构体系离散为单元和节点，并假定其质量集中于节点上。如果在节点上施加激振力，节点将产生振动，由于阻尼的存在，振动将逐步减弱，最终达到静力平衡。在计算过程中需要计算节点的残余力，该残余力为连接该节点的杆件内力与作用于该点的外荷载之差。时间上的离散化，是将初始状态的节点速度和位移设置为零，在激振力作用下，节点开始振动；然后跟踪体系的动能，当体系的动能达到极值时，将节点速度设置为零；跟踪过程从这个几何态重新开始，直到不平衡力为极小，达到新的平衡。动力松弛法在计算过程中考虑结构对角质量矩阵与对角阻尼矩阵，因此每个节点的位移计算可以单独进行，无须组装与储存结构的全局刚度矩阵，也不会造成累积误差。在找形过程中，可修改结构的拓扑和边界条件，计算可以继续并得到新的平衡状态，该方法适用于求解给定边界条件下的平衡曲面。

动力松弛法的动力平衡方程中有 3 个参量：阻尼系数、时间增量和虚拟质量。阻尼系数对算法的收敛速率影响较大，阻尼系数越大，收敛速率越快，但其又不影响计算的稳定性。时间增量的选择也要求合理，过小的时间增量会使迭代次数增加，过大的时间增量可能引起迭代不收敛。同时，虚拟质量若选择过小，也可能发生迭代不收敛现象；相反，若虚拟质量选取过大，则迭代速率可能过慢。对于节点较少的结构，动力松弛法具有较好的收敛性，但是随着节点数的增加，收敛变得较为困难。

2. 力密度法

将索网结构中拉力与索长度的比值定义为力密度（Force Density）。力密度法是由 Linkwitz 和 Schek 提出来的[22]，后来被用于膜结构与空间网格结构的找形分析，经实践证明，此方法对于全张拉结构也是适用的。通过指定索段的力密度，建立并求解节点的平衡方程，可得各自由节点的坐标。不同的力密度值，对应不同的外形。当外形符合要求时，根据张拉结构构件相应的力密度即可求得相应的预应力分布值。力密度法也可以用于求解最小曲面结构，最小曲面结构构件的应力处处相等。实际上最小曲面无法用数值计算方法得到，所以工程上常采用指定误差来得到可接受的较小曲面。力密度法的优点是只需求解线性方程组，缺点是无法进行非常复杂的非线性分析，但是其精度一般能满足工程要求。

力密度法需要较为准确地给出合理的单元力密度，对一些简单的结构而言，其力密度可以利用矩阵分析方法得到，但对复杂结构而言，要获得较为合适的力密度需要丰富的经验和试验基础。基于此，张景耀等[23] 提出了自适应力密度法（Adaptive Force Density Method），在任意给定初始力密度的条件下，利用降秩的方法得到可行的力密度，从而得到合理的几何形状。自适应力密度法的找形流程如图 2.20 所示。

步骤一：定义结构拓扑条件，任意给定一组初始力密度。

步骤二：根据结构的拓扑矩阵和初始力密度求得初始力密度矩阵。

步骤三：利用矩阵分析方法从力密度矩阵求得节点坐标。

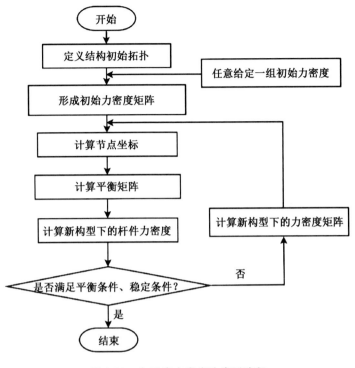

图 2.20   自适应力密度法找形流程

步骤四：根据节点坐标计算结构平衡矩阵。

步骤五：利用矩阵分析方法从平衡矩阵求得新构形下的杆件力密度。

步骤六：判断结构是否满足平衡条件和稳定条件,若满足,则此时的结构为平衡的稳定结构;若不满足,则需计算新构型下的力密度矩阵,返回步骤三。

其中,在步骤六的判定条件中,平衡条件包含两个部分:①力密度矩阵需满足秩亏不小于 $d+1$,以保证求得 d 个线性无关的节点坐标(d 为待计算结构的维度),得到非退化的结构;②平衡矩阵秩亏不小于 1,以保证至少求得 1 组可行力密度。稳定性条件需通过结构切线刚度矩阵进行判定。

3. 非线性有限元法

非线性有限元法广泛应用于各工程领域,同样也可以应用于全张拉结构的找形。非线性有限元法进行全张拉结构找形流程如图 2.21 所示。

在非线性有限元法中,首先要确定找形分析中的所有参数,假定参数很难满足位形的平衡要求,在节点上产生不平衡力,结构因此产生位移,将各节点位移加入节点原始坐标,就得到新的结构位形。节点不平衡力经过反复迭代趋近于零,给定迭代的终止准则,判断前后两次位形差符合允许误差要求,近似认为结构达到平衡,此时结构的几何形状就是结构的初始平衡状态。

虽然初始平衡问题是一个纯粹的静力问题,与材料的本构无关,但非线性有限元在计算单元刚度时,却要用到材料的本构关系,否则可能导致迭代不收敛。用非线性法求解初始平衡问题时,最终的平衡形状及结构的应力分布都较难控制,而且求解比较费时。但是非线性有限元法的一个显著特点是荷载分析和找形分析可以通过通用程序进行,随着计算机技术的发展,其求解速度已得到显著提高,因此非线性有限元法的应用十分广泛。

非线性有限元法找形的实现途径主要有两种,一种是基于编程平台编制相应的计算程序;另一种是基于通用有限元计算软件进行找形分析。不管用哪种方法实现非线性有限元找形,其重点要解决的都是迭代的收敛问题。基于编程平台,主要在于给定合适的初始参数;基于通用有限元分析软件,以往的研究者提出了直接施加初始应变法、温度荷载施加应变法和多余约束法等方法。

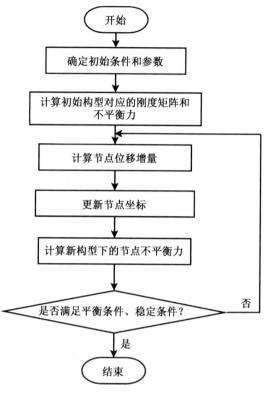

图 2.21 非线性有限元法找形流程

2.3.2 稳定性分析

一般情况下,全张拉结构依靠预应力提供刚度并维持结构的稳定性,结构本身几乎不存在自然刚度,而是通过初始预应力使结构存在一个应力回路为结构提供刚度。全张拉结构的刚度不仅由材料本身的刚度决定,还与其几何形态和内力状态有关,然而由于结构的强非线性,其形状和刚度在荷载作用下会不断变化。工程实践表明,全张拉结构的设计主要是由刚度进行控制的,其中包括预应力是否能刚化体系中无穷小机构位移模态,预应力水平是否能使结构满足变形要求等,其中预应力能否刚化体系中无穷小机构位移模态即结构的稳定性分析。

全张拉结构的稳定性是指结构在稳定位置抵制变形的能力,稳定性与结构刚度密切相关,全张拉结构稳定的条件是结构切线刚度矩阵正定。可以通过切线刚度矩阵的特征值进行矩阵正定的判断,需要注意的是,发生刚体位移时外力为零,此时位移向量对应刚度矩阵特征值为零的特征向量。刚体在空间有 6 个自由度,对应 6 个线性无关的特征向量,也就是对应刚度矩阵的 6 个零特征值。因此,在利用特征值判断切线刚度矩阵的正定性时,应排除自平衡张拉整体结构刚体位移对应的零特征值。

2.3.3　风荷载分析

对于全张拉结构而言,由于结构自重轻,所以风荷载是最重要的荷载。一般而言,风荷载也是结构的控制荷载(全张拉家具、室内雕塑等结构除外)。因此,在进行结构的荷载分析时,需要考虑荷载的时间因素以及结构对荷载作用的动态反应。此外,由于风荷载的随机性,对于此类结构而言,风洞试验的价值不大。在设计时需要考虑荷载的随机振动以及结构与风载的流固耦合特性。

传统结构考虑风载是将风载等效为准静态过程,结合建筑物所处地域、建筑高度、建筑物周边环境以及建筑物外部形状等因素确定风荷载标准值,从而进行静力学分析。全张拉结构由于需要考虑荷载的时间效应,因此首先需要确定荷载的时程曲线。然而,风荷载时程曲线并不唯一,无法确定选择何种时程荷载进行分析。为了避免这种困难,一般使用的方法有频域分析方法、多尺度分析法与随机振动法。

(1) 频域分析法:由于风载的不确定性,采用时程分析法有无法解决的困难,因此应采用频域分析法。首先由通用风速谱或实测当地风速时程,通过 Fourier 变换直接转换为风压谱;然后,通过动力传递系数得到动力反应谱,由随机理论得到结构的动力响应。

(2) 多尺度分析法:多尺度方法的主要原理是把风载的频率分为多个尺度,从而分析每一种尺度的影响。这样,可以设定某种阈值,通过滤波技术将影响较小的频段过滤,因此只需要分析影响较大的频谱段响应。通过这种方法,可以极大地减小计算量,而且可以获得较为准确的结果。

(3) 随机振动法:随机振动法是将风荷载看作一个随机过程,可以是随时间的随机过程,也可以是随空间的随机过程;然后根据随机理论,对结构进行动力响应分析。这种分析方法理论上最接近真实过程,但是,实际操作中由于受理论及计算技术的限制,很难得到比较准确的结果。一般的随机理论方法仍然基于频域或其他一些简化算法来计算。而且,目前一些常用软件还不支持随机理论计算,或者所支持的随机振动功能非常有限。

另外,在分析风荷载时,一般情况下还需要考虑阻尼的影响。对于阻尼比的取值,在没有资料可以校正的情况下,可以取 0.02~0.06;如果有相关试验或其他资料,可以取相应数值。

2.3.4　动力响应分析

确定荷载之后,将荷载施加于结构从而进行动力响应分析。动力响应分析可以采用经典分析方法进行,如模态积分法、隐式积分迭代法和显式积分法等。不管哪种方法,其实质均是求解结构振动方程。

值得注意的是,全张拉结构与其他结构不同,它的成形必然有预应力的存在。可以说,预应力的存在是全张拉结构刚度形成的主要因素。因此,在动力响应分析之前,首先要对预应力的影响进行分析(如果在找形分析中已经完成,则动力分析时可不再重复进行),然后在考虑预应力的情况下对结构进行动态响应分析。

2.4 全张拉结构设计过程

由于许多参数对全张拉结构的受力特性都会有影响,因此对全张拉结构进行设计必须克服许多困难。此外,由于全张拉结构的受力特性还必须考虑非线性的影响,尤其是几何非线性的影响,所以有必要对全张拉结构进行二阶分析或非线性分析。研究表明,全张拉结构的设计参数不仅影响整个结构的整体刚度,而且对结构所承受的荷载作用和受力特性也会产生影响。也就是说,全张拉结构的设计过程必须反复迭代、多次校核才能得出准确结果。

2.4.1 前期准备

1. 设计标准

一般而言,设计过程应当包含如下两个状态的设计。

(1) 正常使用极限状态:保证结构的变形、位移、振动速度等物理参数在正常使用范围之内。此时尽管结构的强度、应力、稳定性仍然在可接受的范围内,由于全张拉结构是一种张力结构,还必须保证结构中任何一根索均不能发生松弛。

(2) 极限应力状态:保证结构在最大荷载作用下仍然保持整体稳定性。预应力是一种永久作用,它既可以是荷载,同时也可以是结构抗力。所以,进行极限状态设计时,这两方面必须同时考虑。前者将使预应力减小,此时,应当检验结构是否能够保持稳定;后者将使预应力增大,此时应当检验构件是否满足强度、稳定性要求。

在第一次试算时,可以事先指定压杆下拉索的刚度比以及预应力大小。一般而言,如果没有其他参考,可以将压杆刚度与拉索刚度比值 ($EA_压/EA_拉$) 设为 10 左右。取值过大,整体结构容易发生较大的变形;取值过小,容易造成压杆截面过大。

2. 精度问题

由于全张拉结构的刚度由预应力提供,而且张拉量的大小直接决定着结构形态,因此,张拉量数值的大小就尤为重要。在设计过程中,必须考虑制造误差对整体结构的影响。此外,由于实际构件的下料长度总会不可避免地产生一些误差,这些随机变量的特征参数取决于加工制造厂商的生产精度。因此,在设计中应当考虑拉索的制造误差而忽略压杆的加工误差。

对于设计流程中的仿真过程,可以根据这些新的参数重新建立平衡方程并进行分析计算。根据计算结果,确定参数的最大、最小特征值。特征值的大小应该介于两种结构体系分别达到两种极限状态时对应的承载力之间。一般情况下,实际的拉索拉力应该最终确定在最大值与最小值之间。另外,需要说明的是,这里拉索应力均不考虑松弛效应的影响。

3. 主动控制

在外部荷载作用下,尤其是时程效应比较明显的荷载激励下,全张拉结构的轻盈效果体现出不够良好的"特性"——振动比较明显。观测表明,这种振动有着明显的几何非线性特征,所以,需要调整结构的刚度来使节点的位移及变形满足使用要求。关于控制方法,根据不同的激励类型、不同的结构特征有许多不同的控制策略。

在线性主动控制方面,可以参考瞬态最优控制算法。这种方法是以等效状态空间为研究对象,基于每一时间步的等效状态最优从而实现全局状态的最优化。该方法非常适用于受到随机激励作用的体系的优化。C.C. Chang研究的非等效状态空间矩阵方程,通过引入New Mark方法,实现了通过有限元方法求解,这种方法计算求解的精度较高。

在非线性结构求解方面,有学者提出柔性结构的主动控制算法,他们的方法主要根据"共轭梯度法"。也有学者提出了以"遗传算法"为理论基础的数值分析方法,能达到较好的效果。此外,还有一些学者提出"神经网络"算法等。

2.4.2 设计方案

对全张拉结构设计方案的分析应按照以下几个步骤进行。

首先,引入力密度法用于全张拉结构的找形,可以"由形找力、再找形"的思路进行反复迭代,选出比较优秀的前期方案,以避免力密度法收敛性差、无法得出结构几何形状的缺点,成功实现全张拉结构的找形分析。

其次,分别从结构平面投影和外环空间形态的角度对全张拉结构体型展开研究,以确定结构主要构件的几何尺寸,确保结构的几何稳定性。对于车辐式结构体型而言,一般研究结果表明,内、外环形状不相似会导致外环弯矩增大,应谨慎采用;空间马鞍形外环力学效果最优,但是对索力控制要求精度很高,不能显著增加索系刚度;单层网壳式结构整体刚度主要取决于拉索力密度。此外,在这一步骤中,确定结构基本形式时还需要结合施工技术进行考虑。

最后,通过变化索、杆形式以及悬挂撑杆的位置对全张拉结构形态展开研究,从局部构造、单根构件的角度对结构整体力学特性进行分析、判断。

2.4.3 张拉过程

在张拉过程模拟分析中,索单元是一种只有节点平动自由度而没有转动自由度的直杆单元。在抵抗垂直于单元的节点力作用时,单元依靠其几何刚度工作,而没有贡献其自身的刚度。索网结构的张拉过程分析是在索单元的基础上,利用ANSYS软件提供的生死单元功能进行。通常可采取以下两种方法进行:①正装法,按照步骤顺序进行,模拟结构从无到有的过程;②倒装法,逆步骤进行,模拟结构从有到无的过程。关于这两种方法的文献很多,此处不作过多叙述。

1. 整体张拉方案研究

张拉方案可谓柔性结构的核心步骤,直接决定张拉结构的成功与否。成功的张拉方案不仅能够实现建筑的形态美感,满足结构的承载要求,还能达到"省钱、省力、省时间"的效果。制订张拉方案应当遵循以下原则:

(1) 张拉过程中,索杆构件内力必须在弹性范围内,不应进入塑性状态,而且还需要保存一定的强度余量。在此前提下,应当尽量使索、杆构件的内力保持在较低的水平,张拉过程中全部索构件内力不应超过结构初始状态内力。

(2) 对于对称全张拉结构,应当采取对称张拉方案并尽量使各索内力均匀。在张拉设备足够的情况下,尽量使各构件同步张拉,方便对张拉过程进行控制;如果设备数量不足,也可采用几个点对称张拉并单方向轮转。但是,非整体张拉需要注意索力在张拉前后的损失,也就是说,为了达到索力均匀,前期张拉索力应增大,具体增大量值应由计算确定。

(3) 尽量降低张拉过程中的风险,保证人员、结构以及张拉设备的安全。例如,尽可能增大张拉过程中的结构鲁棒性(抗变换性),尽可能避免出现非稳定平衡状态等。优先采用简单成熟的张拉方案,如果需要采用新的张拉方法或张拉设备,需要慎重研究可能出现的各种意外。

(4) 同时,也需要考虑张拉过程的经济性,以避免不必要的经济损失。

2. 张拉方案比较

根据张拉结构特点,一般而言,预应力施加方案有以下 3 种:

(1) 张拉径向索成型。这种方案的张拉过程最简单、工程应用最广、施工经验最成熟。但是,由于超张拉问题的存在而使得索杆构件的内力时程曲线在张拉过程中会出现峰值现象,所以还需要一些改进。

(2) 顶升飞柱成型。这种方案在张拉过程中,索杆的内力时程最好。但是其同时也有不容忽视的缺点:①顶升飞柱的设备将飞柱截为两段并用套筒连接,破坏了飞柱结构的整体性;②由于张拉过程中飞柱较短,上弦径向索会出现较大的松弛,从而导致机构变形较大,为施工过程埋下安全隐患;③飞柱顶升过程的受力复杂,设计难度较大。

(3) 张拉环索成型。这种方案由于环索的初始长度大,同样存在超张拉问题。

这 3 种方案均有优劣,具体做法可以根据结构的形式、所拥有的设备、施工经验、施工精度以及工期要求来综合选取。

2.4.4 全张拉结构设计关键

1. 整体结构侧向刚度

索系屋盖式全张拉结构及其支承(外环梁)在水平面内形成了一个自平衡体系。这种情况下,不需要对外环梁施加径向约束。其支承柱大量采用了摇摆柱的形式,从而使外环梁沿径向可以自由变形,支承柱和外环梁的连接方式以及柱脚约束如图 2.22 所示。位于

低点的 6 根普通柱柱脚刚接,其余所有
柱脚均为铰接;倒 V 形柱与外环梁刚
接,其余所有柱与外环梁均采用铰接。
铰接柱脚放松了支承柱对外环梁的径
向约束,但是整体结构的侧向刚度是否
得到保证也需要进行检验。正常使用
阶段,侧向力主要来自作用在构件上的
风荷载,按荷载规范计算。偏安全地估
计,平均分配到每个外环梁节点上的集
中风荷载较大,其影响不容忽略。

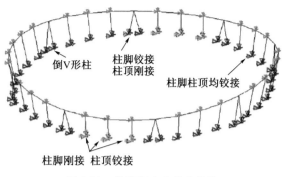

图 2.22 体育场支座约束条件

2. 外环梁稳定性研究

对于车辐式全张拉结构,外环梁作为唯一的索系支承,其稳定性计算非常重要,关系
整个结构体系的安全。施工阶段,下部径向索张拉到位后索力最大,外环梁受力也最为不
利。而使用阶段,相当于在索系张拉到位的基础上额外施加荷载,可能会造成索力进一步
增加。因此,以结构初始态为基准开展对外环梁稳定性的研究,即取初始态位形、按初始
态预应力分布同比例改变索力大小,进而提取外环梁屈曲对应的索力特征值以对外环梁
进行稳定性判断。

3. 节点细部设计

对于全张拉结构,节点设计、施工质量不但对其本身受力至关重要,还会影响之前整
体分析模型的精度,必须引起充分重视。本节选取了若干典型节点的细部构造,旨在说明
全张拉结构节点设计的原则以及注意事项。

图 2.23(a)所示为上内环节点,用于内环索、撑杆、上径向索及膜材边索之间的连接:
将内环置于索道,再用索夹将环索夹紧在铸钢连接件上,节点安装即告完成。其中,索夹
为一块平板,通过 4 个高强螺栓与铸钢连接件相连。内环节点的验算主要包括以下内容:
内环索抗压能力、索夹应力和高强螺栓长度、抗滑移能力以及铸钢件内力分析。

图 2.23(b)是结构支承拱的拱脚节点详图。钢拱两端采用铰接,有利于结构和钢拱的
协同工作,当钢拱两侧受到不同荷载作用时,钢拱能够自由转动,而不会在拱脚两端产生
过大的约束反力。在这个节点,汇聚了径向索、钢拱、悬挂索以及拱脚拉索等若干构件,但
节点却处理得非常简洁巧妙:通过索夹将一块连接板夹紧在径向索上,再用销轴穿过支座
节点板和连接板,即实现了拱脚铰接;连接板的底部设置索夹和悬挂索相连;拱脚间的拉
索(用于平衡拱脚推力,图中未画出)则锚固于支座节点板。

图 2.23(c),(d)描述了结构不同边界的连接方式,分别为膜材和径向索、外环梁的连
接。可以看到,膜材边界的处理较为简洁,鉴于膜结构变形比一般结构要大,其边缘连接
一般都处理得比较柔,以允许膜材的面外转动。

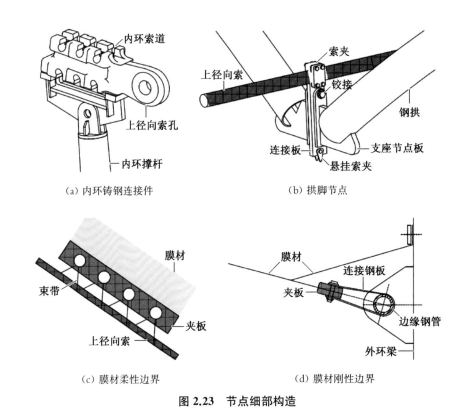

|（a）内环铸钢连接件|（b）拱脚节点|
|（c）膜材柔性边界|（d）膜材刚性边界|

图 2.23 节点细部构造

以上列举了全张拉结构几个典型的节点构造,其他还有如法兰连接等。根据体育场的设计经验总结,张拉结构中的节点设计应遵循以下原则:

(1) 细部节点构造应与整体分析模型相适应,为保证索系传力顺畅,可以从构造上考虑节点的空间效应,例如对刚性节点赋予一定的曲率用于和索系保持一致。

(2) 注意提高节点鲁棒性,对具有重要安全意义的大截面拉索,应考虑分为几股拉索。

(3) 为适应膜结构大变形的性质,若能释放节点转动自由度,对膜材以及节点本身都有益。

(4) 为了施工方便以及不同荷载工况下节点板的安全,对于单向铰也应结合计算,在面外预留一定的转动余量。

2.5 全张拉结构设计工程实例

2.5.1 中国航海博物馆

1. 项目概况

中国航海博物馆位于上海市南汇区临港新城中心区 B2 道路申港大道南侧、C2 道路环湖西二路与 C3 环湖西三路之间,业主为上海港城开发(集团)有限公司。基地面积

48 660 m²，建筑总面积约 46 434 m²，主体采用钢筋混凝土框架结构，天象馆采用单层网壳结构，中央帆体为钢网格结构与钢索张拉结构，坐落在标高 + 12 m 的平台上。

中国航海博物馆以其富于表现的屋面形式而独具特色。两个对置的轻质屋面壳体在广义上表现了海洋这一主题，使人联想起航海的风帆，构成了整个博物馆建筑重要而富有个性的标志。在此屋顶下，大厅空间可展示大型古代船舶，并向公众开放，便于公众对其进行历史文化鉴赏。博物馆简洁平实的外观与船帆壳体富有表现力的结构相呼应。独特的形象突出了临港新城与航海事业的密切关系，强调了其在全球航海贸易中的突出作用。中国航海博物馆建筑效果图见图 2.24。

图 2.24 中国航海博物馆建筑效果图

2. 结构体系

中国航海博物馆中央帆体犹如两张仅在一点上相互接触的弯曲风帆，整体结构布置如图 2.25 所示。这两张风帆有 3 个独立的呈三角形的端点。大型的透明弧形立面玻璃幕墙将建在两张风帆之间。该结构总高度大约为 58 m(至风帆顶端)。每个三角形风帆底部的两支点间距大约为 70 m。两张风帆的交叉点也就是立面最高点大约离地 40 m。弧形立面玻璃幕墙各处宽度不等，但最宽不超过 24 m，最高处为 6.7 m 的斜立面玻璃幕墙，位于建筑的边缘。中央帆体结构体系可分为主、从结构体系，主结构体系包括边缘箱梁和三铰拱(图 2.26)；从结构体系包括侧幕墙立柱、屋面两向正交月牙形桁架体系和单层索网体系。

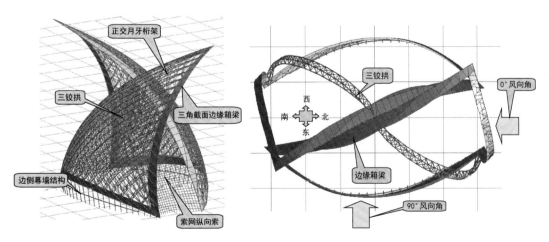

图 2.25 中国航海博物馆结构布置　　　　**图 2.26 中国航海博物馆主结构**

1）结构设计难点

（1）建筑造型独特，帆体为不可解析的曲面，对计算模型的建立带来困难。

（2）结构体量庞大，两片钢结构帆体仅通过离地52 m高处的铰接点相连，底部通过4个支座将荷载传递到下部混凝土结构，所以5个节点（图2.27）的设计是项目安全的关键。

（3）建筑处于海边，风荷载很大，且结构为风敏感结构，合理确定风荷载在建筑表面的分布及风振系数是结构设计的关键。

（4）支承在造型奇特、巨大钢结构壳体上的双曲面单层索网玻璃幕墙，据查是世界首例，无规范可依，设计与施工都有世界性的难度。

（5）单层索网的刚度与帆体钢结构的刚度相互影响，必须合理设计单层索网的预应力形态，同时满足建筑形态、结构安全的双重要求。

（6）钢结构的吊装施工、索网张拉过程必须控制，保证施工终态满足设计要求。

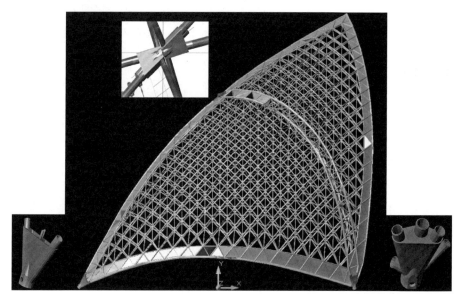

图2.27　铸钢件节点布置

2）风荷载研究

在现行建筑结构风荷载规范中，大跨空间结构的抗风设计参数取值方法尚不完善，大多沿用高层或高耸结构设计规范。大跨空间结构的形式、自振特性不同，结构相应的振动形式也有所不同。空间网格结构一般以抖振现象为主，其特点是起振风速低、频度高。空间张拉结构颤振和弛振问题比较突出。此外，由于大跨度空间结构具有质量较轻、阻尼较小等特点，其风致动力响应较为明显。很多情况下，风载是控制性荷载。在我国，大跨空间结构风工程问题得到了一定研究，发展了以风速曲线的计算机模拟为基础的非线性随机振动时域分析方法，且部分考虑了风与结构的耦合作用；研究了大跨度平屋面结构的风振响应及风振系数。尽管如此，对大跨空间结构，因缺乏足够依据，我国目前仍较普遍采用高层或高耸结构的荷载规定计算风振系数。这样的处理方式显然不合适，甚至会出现较大偏差。因为大跨空间结构的风振问题与高层高耸结构相比，毕竟有很大区别，许多研究结论不能直接照搬和借用，具体表现在以下方面：

（1）大跨空间结构除考虑水平风力作用外，还须考虑竖向风力作用，它们的影响处于同数量级。

（2）大跨空间结构的风场具有三维空间相关性。

（3）大跨空间结构需模拟大量节点的风时程。因为风荷载在大跨结构表面的分布情况明显不同，必须针对大量节点进行时域、空间的风时程模拟。

（4）大跨空间结构模态密集，风致振动响应需考虑多模态及模态交叉项影响，其等效静力风荷载具有与高层建筑结构不同的特点。

（5）大跨空间结构与来流之间的耦合作用不能忽略。其风致振动随结构刚度而变化，而其风振响应又在一定程度上取决于风对结构的作用。气流与结构的耦合作用，使得风荷载不能如高层或高耸结构分解成平均风和脉动风的形式。并且，由于结构风振响应与风荷载间呈非线性关系，高层或高耸结构适用的荷载风振系数在理论上已不正确，而应确定结构的响应风振系数，如位移或内力风振系数。

本工程跨度较大，体系复杂，屋面材料采用轻质蜂窝铝板及玻璃，风敏感性较强，风荷载成为结构抗风设计、防灾减灾分析的控制荷载。长时间持续的风致振动可能使结构某些部分出现疲劳损伤，危及结构安全。为保证结构抗风设计的合理性，项目组进行了风洞试验（图 2.28）。为获得屋盖表面风压的时空特性，采用多通道测压系统扩大同步测压点的数目，对结构刚性模型上所有测点的风压进行了同步测量，以此为基础构造了用于频域计算的非定常气动力谱；进一步用完全二次项组合（CQC）法计算屋盖结构的风振响应，考虑了多模态及模态间的耦合影响；最后对计算结果进行分析，得出基于响应的风振系数（表 2.1）。

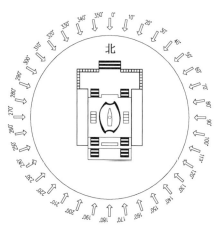 

图 2.28　刚性测压试验模型及风向角

表 2.1 所有风向角下的最大极值响应及阵风响应因子

响应类型	工况名称（风向角）	最大响应对应的 ANSYS 节点/单元号	最大极值响应因子	阵风响应因子
空间桁架三铰拱中点 X 向平动位移/mm	60°	144	67.4	1.56
空间桁架三铰拱中点 Y 向平动位移/mm	110°	144	−35.3	1.92
空间桁架三铰拱中点 Z 向平动位移/mm	50°	144	−13.6	2.06
空间桁架三铰拱中点绕 X 向转动位移/rad	150°	4 468	0.002 82	2.01
空间桁架三铰拱中点绕 Y 向转动位移/rad	60°	4 468	−0.003 79	1.53
空间桁架三铰拱中点绕 Z 向转动位移/rad	130°	4 468	−0.003 80	1.77
帆体顶点 X 向平动位移/mm	150°	158	209.4	1.83
帆体顶点 Y 向平动位移/mm	130°	158	−85.8	1.56
帆体顶点 Z 向平动位移/mm	150°	158	254.2	1.74
索网面 X 向平动位移/mm	50°	3 571	149.9	1.89
索网面 Y 向平动位移/mm	50°	3 565	−278.1	1.99
索网面 Z 向平动位移/mm	60°	4 149	133.6	1.91
与三铰拱中点相连杆件的轴力/kN	60°	646	1 507.2	1.52
与三铰拱中点相连杆件的剪力（Y 向）/kN	130°	778	−141.4	1.56
与三铰拱中点相连杆件的剪力（Z 向）/kN	60°	143	−307.8	1.51
4 个角点 X 向支座反力/kN	60°	604	−1 746.2	1.53
4 个角点 Y 向支座反力/kN	150°	249	−2 680.3	1.84
4 个角点 Z 向支座反力/kN	150°	249	2 810.5	1.97
其余支座（东西侧）Z 向支座反力/kN	60°	2 065	−1 659.3	1.56
其余支座（南北侧）Z 向支座反力/kN	50°	3 547	−108.1	1.69

3）基于弹性边界的索网结构设计理论与施工模拟

（1）设计理论。

索网张力结构体系结构预应力是随着结构成形而产生的,它的工作原理是:索的伸缩及节点运动将不断改变外形,由此产生和改变预应力的分布,使结构时刻处于自平衡状态,最后成为稳定的结构状态,并具有足够的刚度来抵抗外荷载。其在成形、预应力产生等过程中有着自身独特的性质,具体表现在以下几个方面:

① 索网结构自身几乎不存在自然刚度,结构系统由预应力过程使单元、单元体乃至整个结构产生初应力,初应力对索网结构提供刚度。初始张力越大,刚度也越大。

② 索网结构是一种具有非线性性状的结构。非线性性状表现在各个方面,首先最直

观的反映是荷载与其响应呈非线性;其次,描述结构在荷载作用过程中受力性能的平衡方程,应该在新的平衡位置处建立;最后,结构中的初应力对结构的刚度有不可忽略的影响。

③ 索网结构在安装过程中同时完成了结构成形和预应力张拉,其最后形状、成形中各单元的受力情况与施工方法和过程相关。因此,施工方法和过程如果与理论分析时的假定和算法不符,那么有可能使形成的结构面目全非或者极大地改变了结构形状。

④ 当边界结构的刚度相对索网不是无限大时,就必须考虑边界结构变形的影响。如果边界结构的刚度太强则浪费材料,不经济,所以刚度一般都设计得适当小一点。这时在计算分析整个结构时,就应当考虑边界结构的刚度,否则会引起很大的误差。

中国航海博物馆的索网结构不仅具有上述所有特性,更因为其支承在体型复杂的弹性体上,更使得其设计和施工难度增加,体现出区别于已有研究的结构形态确定问题。

综上所述,中国航海博物馆的核心设计就是索网形态设计,索网结构自身刚度是由其形态决定的,而其中最重要的部分就是初始形态设计。因此初始刚度设计必须满足以下 4 个条件:

① 根据建筑功能和建筑形状要求、荷载情况、结构支承条件以及对结构受力性能的估计等因素来综合考虑结构形式,即索网布置。

② 索网结构在荷载状态下必须满足单索破断力、不松弛的要求。

③ 通过合理的刚度设计,保证正交索网 4 点基本共面。

④ 在满足上述要求的前提下,索网刚度设计还必须考虑不给作为其支承边界的钢结构壳体受力带来过大的负担。

(2) 施工模拟。

① 双曲面索网缩尺模型张拉试验研究。

为验证索网成形和张拉施工过程可行性,同时考虑到试验的可操作性,经建设方、设计方和施工方讨论决定进行双曲索网结构的缩尺模型试验。索网中拉索张拉完成后的内力是决定索网结构是否达到设计要求以及是否能够安全工作的重要指标之一,而索网张拉完成以后的形态也是能否满足建筑效果的重要评价指标。基于本工程中双曲面索网幕墙设计和施工的复杂性,有必要对索网结构进行模型张拉试验(图 2.29)和数值仿真分析,确定索网的力与形能否满足设计要求。本试验的目的如下:

验证索网施工张拉方案的可行性,比较不同张拉方案的优劣,

图 2.29　试验场景

发现施工张拉中可能出现的问题并提出解决方案。

检验数值仿真模拟计算结果与模型试验实测结果的吻合程度。

根据试验结果,推荐合适的索网施工张拉方案,并给出施工控制精度的合理建议值。

② 网格布置研究。

通过对力学形态的理论研究,着重分析索网或索膜找形、荷载分析和裁剪等。关于翘曲情况的数据处理部分应用C++语言编程计算得到,并将翘曲分布情况链接到CAD图形中。本项目中的索网包括相同的两片索网,因此,在对索网的基本找形和特征分析时仅取一片,但协同找形为整体模型(包括两片空间钢桁架体系构成的网壳、两片索网)。下面分别对4种不同索网布置方式的几何形状、力的分布情况、找形之后的几何形状和找形前后的网格翘曲情况进行对比分析。

第一种布置方式,采用建筑师要求的原始索网几何模型,如图2.30(a)所示。

第二种布置方式(双向主曲率方向布索),先将底部边界线平均分为18份,然后由下端向上依次作每一条横向索的空间垂线,这样形成18条纵向索。左边部分按照间隔1 m左右(与右边18条宽度相同)的原则加5条纵向索,这样总共形成了23条纵向索,如图2.30(b)所示。

第三种布置方式(竖索平行边箱梁边弦杆),从右侧边界线开始按照1 m的距离沿每一条横向索向左连接与右侧边界的平行线,这种方式共产生20条纵向索,如图2.30(c)所示。

第四种布置方式,是在参考建筑师要求的原始网格的基础上形成的,从下往上按照均分的原则进行调整,共形成17条纵向索,如图2.30(d)所示。该索网布置方式下的网格翘曲情况分布如图2.31所示。

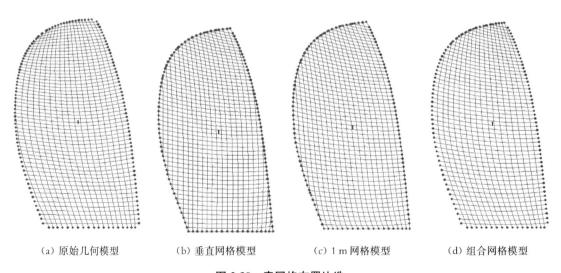

(a) 原始几何模型　　(b) 垂直网格模型　　(c) 1 m网格模型　　(d) 组合网格模型

图2.30　索网格布置比选

这四种布置方式之间的区别为:第一种与其他三种索网模型的横向索相同,竖索布置方式不同。

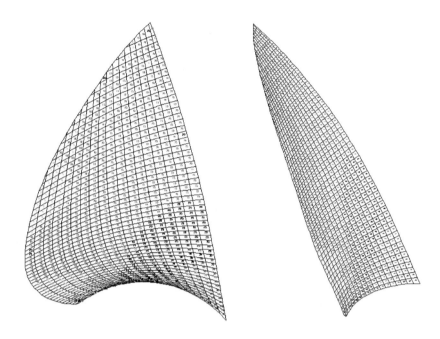

图 2.31　第四种索网布置方式下的网格翘曲情况分布

③ 结构找形研究。

综合建筑要求及索网内力均匀度、玻璃翘曲等要求后,选择建筑师期望的网格形式,并采用"定长索"找形方法进行分析。网格采用两种协同找形方法:利用 ANSYS 的整体协同找形方法和 ANSYS 与 EASY 结合的整体协同找形方法。这两种找形方法都考虑帆体钢网壳、索网的共同作用,反映索网成形过程的协同作用机理。在协同找形分析过程中,结构整体计算模型包括杆单元、梁单元、板单元和索单元。两种协同找形方法的基本原理、思路相同,采用小弹性模量方法实现钢结构和索网的整体协同找形,建立两组相同的索网系统,通过单元生死实现小弹性模量找形和真实弹性模量找形之间的变换。图 2.32 和图 2.33 为两种协同找形过程,以及找形平衡形态所得钢网壳结构整体变形情况、索网张力以及网格几何尺寸(四边形翘曲、体现网格正交性的四边形四角的均方差)。

④ 张拉施工模拟。

从理论上说,如果索网的终态找形目标(即张拉施工完成时的索网形状和预应力状态)确定,完全可以根据索网的形状和预应力状态反演索网的零应力下料长度,在施工中可以通过标定索零应力长度的方法进行张拉施工。在张拉各索的时候直接把索张拉至标定的索零应力长度位置固定即可,而且理论上可以一次张拉成功,即所谓定长张拉。但实际上,这种通过控制索的零应力长度的张拉方法受到结构加工精度、索下料长度准确性等多方面因素的影响,容易产生较大的误差,因此在施工中往往通过控制索张拉力和位移进行施工张拉。

复杂空间结构设计与实践

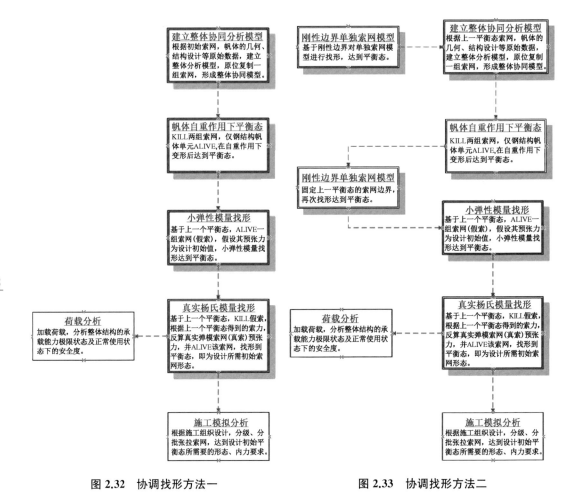

| 建立整体协同分析模型 根据初始索网,帆体的几何、结构设计等原始数据,建立整体分析模型,原位复制一组索网,形成整体协同模型。 | | |

图 2.32　协调找形方法一　　　　　　　　图 2.33　协调找形方法二

　　由于施工条件和设备的限制,施工中不可能使所有的索同时张拉,一般采用分批、分步的张拉方法。由于后批索的张拉会影响前批张拉索的索力,每批索均按终态找形目标的索力进行张拉并不合适,为了达到终态找形目标,张拉力分布需要反复调整;因此有必要对施工过程进行数值模拟,考虑各批索张拉的相互影响,精确控制整个张拉过程中各索的索张力,从而减少调整的次数,提高施工过程可控性及施工精度。

　　首先在帆体钢结构卸载完成后进行挂索,横向索均按照原长挂在钢结构两端,纵索仅上端挂在钢结构上,下端自由。挂索完成之后,按照钢索的无应力长度将横向索和纵索用索夹连接,进行施工模拟分析。考虑到施工张拉的实际过程,本项目的施工模拟以纵索为张拉对象,采用索长控制的方法。纵索索长变化按照总长度的80%、50%、20%、0%四个阶段进行控制,每个阶段分成两次张拉,先张拉两边纵索,后张拉中间纵索(图 2.34)。

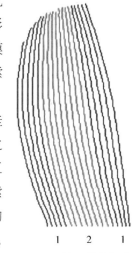

1　　　2　　　1

图 2.34　施工张拉顺序

4）关键节点设计研究

（1）相贯-板式节点承载力试验研究。

中国航海博物馆正交月牙形桁架体系中采用的节点为主管贯通、支管与主管直接相贯和插板连接的形式(图 2.35)。这类节点在本工程中大量应用,但当时钢结构设计规范中没有针对这类节点的设计计算作出明确规定,属于非标准节点,节点上汇交杆件较多,焊缝重叠,焊接残余应力较大,传力机理不明确;而且该结构地处滨海地带,风荷载是主要控制荷载,风的脉动对结构受力影响很大。综合考虑上述不利因素,为保证帆体结构设计合理和安全可靠,有必要对正交月牙形桁架连接的一些复杂、重要节点进行承载力的试验研究和有限元分析。

图 2.35　相贯-板式标准节点轴侧图

本试验的目的是通过原型足尺节点试验来评估在给定的节点构造条件下的应力分布状况和该类节点的极限承载能力,研究的具体思路如下:

① 选取正交月牙形桁架连接节点中受力最为不利的典型节点进行 2 倍设计荷载作用下的原型足尺检验性试验(图 2.36),以获取节点区的应力分布。

② 将试验结果与数值计算结果进行比较,确定有限元计算的可靠性和合理性。

③ 根据试验结果和数值计算结果对节点的受力状况和安全性进行分析和评估。

图 2.36　标准节点轴侧图

（2）铸钢节点试验研究。

帆体结构的三铰拱顶部、边箱梁底部柱脚位置汇交杆件较多,节点受力十分复杂,设计中采用铸钢节点。本工程中铸钢节点种类共计 4 种,这些铸钢节点是关乎结构安全性的关键部件,而且铸钢节点上汇交杆件较多,受力复杂,传力不明确;同时该结构地处滨海地带,风荷载是主要控制荷载,风的脉动对结构受力影响很大。综合考虑上述不利因素,为保证帆体结构设计合理和安全可靠,有必要对其中的铸钢节点进行承载力的试验研究和有限元分析。铸钢节点采用缩尺模型进行 2.5 倍设计荷载承载力检验性试验和有限元计算,根据中国工程建筑标准化协会标准《铸钢节点应用技术规程》(CECS 235—2008)第4.4.4条规定,选用1/2缩尺模型进行试验,试验目的如下:

① 选取铸钢节点B和C左节点进行2.5倍设计荷载作用下的1/2缩尺模型承载力检验性试验,以获取节点区的应力分布,如图2.37和图2.38所示。

② 对试验节点进行有限元数值计算,通过数值计算结果与试验结果的比较确定有限元计算的可靠性和合理性。

③ 通过有限元数值计算方法分析铸钢节点A和C右足尺铸钢节点在2.5倍设计荷载作用下的应力分布。

④ 根据试验结果和数值计算结果对节点的受力状况和安全性进行分析和评估。

 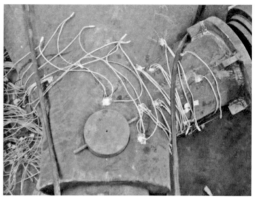

图2.37 铸钢节点B试验概况

 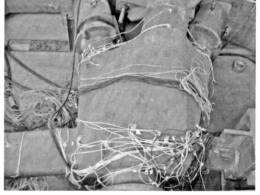

图2.38 铸钢节点C试验概况

(3) 不锈钢轴承承载力试验研究。

底部铸钢件A,B与下部结构之间的连接以及三铰拱顶部铸钢件C之间的连接均采用轴承节点。由于这个轴承节点是关乎结构安全性的关键部位,为保证帆体结构设计合理和安全可靠,有必要对其进行承载力试验以及进一步的计算分析,以对其受力性能进行

研究。本试验对轴承节点进行 1/2 缩尺模型承载力检验性试验,试验目的如下:

① 模拟轴承节点在最不利荷载组合下的受力情况进行加载,对其进行承载力检验性试验,研究节点在设计荷载作用下的安全性,如图 2.39 所示。

② 对比试验结果和有限元数值计算结果,验证数值分析的适用性和设计计算的可靠性,通过有限元计算考察节点的应力分布。

(a) 工况 1   (b) 工况 2

图 2.39 轴承节点试验概况

(4) 索夹抗滑移承载力试验研究。

通过索网缩尺模型试验发现,在张拉成形过程中由于索的不平衡力造成许多索夹产生滑移,导致索网网格产生畸变和索力的不均匀。由此可以看出,索网中索夹具是确保双曲面索网成形的关键,也是保证索网成形后横索和纵索索力是否达到设计要求的一个重要部件,同时也关乎索网幕墙在使用阶段安全可靠的一个重要因素。基于上述原因,有必要对索网幕墙所用改进后的索夹进行抗滑移承载力试验,对其在使用阶段的安全性作出分析和评估。改进后的索夹设计要点如下:

① 索夹同时夹住横索和纵索后,当索夹相邻索段索力差在一定范围内时,能保证索与索夹间不发生滑移。

② 因为索网中横、纵索夹角在一定范围内变化,索夹需能自动调整索间夹角。

③ 索夹 4 块玻璃交接处不在同一个平面内,索夹要满足玻璃不共面的要求。

按照上述要求设计的索夹实体如图 2.40 所示,索夹与玻璃夹具的组合体如图 2.41 所示。索夹抗滑移试验现场装置如图 2.42 所示,试验结果表明,在设计荷载下,索与索夹之间滑移较小,满足设计要求。

图 2.40 索夹实体

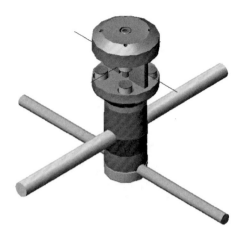

图 2.41 索夹与玻璃夹具组合实体

图 2.42 索夹抗滑移试验

3. 结构计算分析

1) 材料及构件

钢结构所用钢材大多为 Q345B,内外表面均暴露在空气中的悬挑部分钢材用 Q345C。索采用不锈钢钢绞线,具有稳定的力学性能。钢结构壳体内外表面覆盖复合铝板,单层索网幕墙及边侧幕墙玻璃采用中空双层夹胶钢化玻璃。材料及截面详见表 2.2。

表 2.2 材料及截面

所属结构分系统	截面/(mm×mm)	截面号	位置
边缘桁架系统 01	φ400×20	101	边缘桁架最外端
	φ530×22	102	边缘桁架最外端(与侧幕墙柱相连)
	φ203×16	103	边缘桁架内表面弦杆
	φ203×16	104	边缘桁架外表面弦杆

所属结构分系统	截面/(mm×mm)	截面号	位置
边缘桁架系统 01	ϕ273×16	105	边缘桁架内表面弦杆（三铰拱支座区域）
	ϕ273×16	106	边缘桁架外表面弦杆（三铰拱支座区域）
	ϕ159×8	107	边缘桁架底部腹杆
	ϕ159×8	108	边缘桁架底部斜腹杆
	ϕ159×12	109	边缘桁架内表面斜腹杆
	ϕ159×12	110	边缘桁架外表面斜腹杆
三铰拱系统 02	ϕ530×22	201	三铰拱外表面弦杆
	ϕ530×22	202	三铰拱内表面弦杆
	ϕ630×30	203	三铰拱内表面弦杆（靠近铸钢件）
	ϕ219×12	204	三铰拱竖腹杆（上、下弦间）
	ϕ219×12	205	三铰拱斜腹杆（上、下弦间）
	ϕ219×12	206	三铰拱斜腹杆（上弦）
	ϕ273×16	207	月牙形桁架上弦杆兼作三铰拱竖腹杆（上弦）
支撑系统及支座 03	ϕ159×12	301	外表面斜撑
	ϕ159×12	302	内表面斜撑
月牙形桁架系统 04	ϕ245×12	401	平行三铰拱的月牙形桁架外表面弦杆
	ϕ245×12	402	平行三铰拱的月牙形桁架内表面弦杆
	ϕ159×8	403	平行三铰拱的月牙形桁架斜腹杆
	ϕ159×6	404	月牙形桁架竖腹杆
	ϕ273×16	405	垂直三铰拱的月牙形桁架外表面弦杆
	ϕ273×16	406	垂直三铰拱的月牙形桁架内表面弦杆
	ϕ159×8	407	垂直三铰拱的月牙形桁架斜腹杆
侧幕墙结构系统 05	ϕ219×16	501	侧幕墙结构柱（内柱）
	ϕ219×16	502	侧幕墙结构柱（外柱）
	ϕ273×16	503	侧幕墙结构柱（角部单柱）
	ϕ219×12	504	侧幕墙结构（横梁）
	ϕ159×12	505	侧幕墙结构柱（横向撑杆）
索网结构系统 06	ϕ32	601	索网纵索
	ϕ24	602	索网横索

注：索网结构系统的截面 ϕ32、ϕ24 单位为 mm。

2）荷载

因本工程地处滨海，故风荷载为设计控制荷载，荷载列表见表 2.3。

表 2.3　荷载列表

恒荷载/(kN·m⁻²)		活荷载/(kN·m⁻²)	风振系数		
铝板屋面	玻璃屋面	屋面	屋面悬挑部分	索网幕墙	其余屋面
0.8	0.6	0.5	2.0	2.0	1.5
温度作用：钢结构壳体部分覆盖材料中含保温层，故取 ±20℃；单层索网玻璃幕墙考虑辐射热影响较大，故取 ±30℃					
地震作用：抗震设防烈度 7 度，地震分组为第一组，场地类别 Ⅳ 类，场地特征周期 0.9 s					

3）计算分析结果

（1）结构变形。

为综合考察帆体结构在强风下的变形情况，以帆体的东、西壳体顶点，三铰拱中点和索网结构最大变形作为指标，各工况下的变形值见表 2.4，可得出以下结论：

① 东、西壳体顶点在强风作用下变形较大，但考虑到在初始预张力及骨架自重情况下，结构已经存在较大变形，故真实结构变形应取二者相对值，即 $\Delta U_{z\max} = 303$ mm（向上），$\Delta U_{z\min} = 179$ mm（向下），壳体悬挑最大跨度为 39.7 m，故比值分别为 $L/131$（向上）、$L/222$（向下）。

② 三铰拱中点变形相对较小，可见帆体整体结构刚度较大。

③ 各工况下，索网最大变形量为 349 mm，为索网最大跨度的 $L/69$，满足规范要求。

表 2.4　结构最大变形值　　　　　　　　　　　　单位：mm

工况组合	西面帆体顶点				东面帆体顶点			
	U_x	U_y	U_z	U_{sum}	U_x	U_y	U_z	U_{sum}
PreForce + g	−89	39	−150	179	89	−39	−150	179
1.0D + 1.0L	−128	56	−206	249	129	−55	−207	250
1.0D + 1.0Wind0°	−226	89	−287	376	−74	−7	3	74
1.0D + 1.0Wind60°	163	−6	59	174	313	−75	−311	448
1.0D + 1.0Wind90°	139	−9	53	149	274	−84	−283	403
1.0D + 1.0Wind140°	190	−11	134	233	241	−77	−257	361
1.0D + 1.0Wind0° + 0.7T +	−243	89	−305	400	−57	−9	−15	60
1.0D + 1.0Wind60° + 0.7T +	147	−4	41	153	331	−75	−329	472

工况组合	西面帆体顶点				东面帆体顶点			
	U_x	U_y	U_z	U_{sum}	U_x	U_y	U_z	U_{sum}
1.0D + 1.0Wind90° + 0.7T +	123	− 7	35	128	291	− 83	− 301	427
1.0D + 1.0Wind140° + 0.7T +	173	− 9	116	209	259	− 77	− 274	385
1.0D + 1.0Wind0° + 0.7T −	− 209	89	− 269	352	− 90	− 5	21	93
1.0D + 1.0Wind60° + 0.7T −	180	− 9	77	196	295	− 75	− 293	423
1.0D + 1.0Wind90° + 0.7T −	155	− 11	71	171	256	− 84	− 265	378
1.0D + 1.0Wind140° + 0.7T −	207	− 13	153	258	224	− 77	− 239	336

工况组合	三铰拱中点				索网最大变形			
	U_x	U_y	U_z	U_{sum}	U_x	U_y	U_z	U_{sum}
PreForce + g	0	0	3	3	− 26	− 39	− 21	40
1.0D + 1.0L	0	1	17	17	− 24	64	− 75	102
1.0D + 1.0Wind0°	− 62	6	12	63	− 93	145	− 72	187
1.0D + 1.0Wind60°	114	− 2	7	114	189	− 181	213	337
1.0D + 1.0Wind90°	100	− 8	15	102	126	− 176	− 80	231
1.0D + 1.0Wind140°	88	− 3	18	90	121	− 201	− 97	254
1.0D + 1.0Wind0° + 0.7T +	− 62	6	7	63	− 70	165	67	191
1.0D + 1.0Wind60° + 0.7T +	114	− 1	3	114	196	− 188	219	349
1.0D + 1.0Wind90° + 0.7T +	100	− 7	10	101	87	− 203	64	230
1.0D + 1.0Wind140° + 0.7T +	88	− 2	13	89	118	− 168	− 80	220
1.0D + 1.0Wind0° + 0.7T −	− 62	7	16	64	− 102	175	− 89	221
1.0D + 1.0Wind60° + 0.7T −	114	− 2	11	115	181	− 174	207	325
1.0D + 1.0Wind90° + 0.7T −	100	− 8	19	102	133	− 204	− 91	260
1.0D + 1.0Wind140° + 0.7T −	88	− 3	22	91	129	− 231	− 111	287

注：T 之后的 + 、− 号分别表示温升、温降。

（2）支座反力。

结构的支座可分为三种类型：第一种为边缘箱梁和三铰拱支座；第二种为结构侧面玻璃幕墙立柱支座；第三种为正面索网幕墙竖向索锚地点。支座位置分布如图 2.43 所示。大部分外荷载是通过主结构的边缘箱梁及三铰拱传递到底部结构，与此同时，外荷载作用下的索网拉力也是通过主结构传递的，因此四角点支座为主要支座。

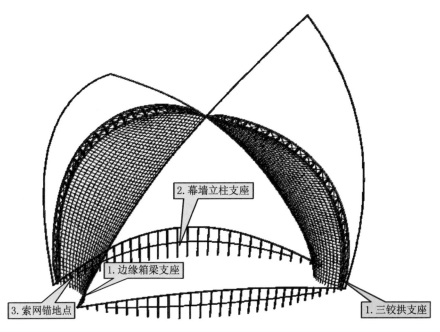

图 2.43 三种支座位置分布

反力分布总体特征：所有工况下，四角点承受大部分的上部荷载，其反力之和与钢结构部分总竖向反力比值在 50% 左右；风荷载参与组合的工况下，四角点支座出现拔力。

（3）动力性能分析。

前 20 阶振型的频率如表 2.5 所列，前 3 阶振型如图 2.44 所示。

表 2.5 前 20 阶振型频率 单位：Hz

振型	1	2	3	4	5	6	7	8	9	10
频率	0.854	0.950	1.219	1.496	1.527	1.528	1.646	1.648	1.738	2.003
振型	11	12	13	14	15	16	17	18	19	20
频率	2.007	2.104	2.105	2.130	2.130	2.170	2.170	2.452	2.465	2.498

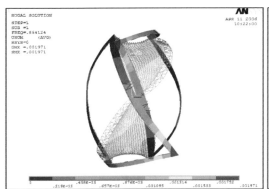
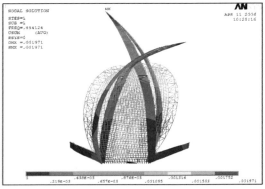

（a）1 阶振型（$f_1 = 0.854\ \text{Hz}$）

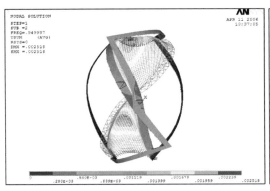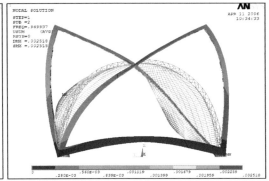

(b) 2 阶振型($f_2 = 0.950$ Hz)

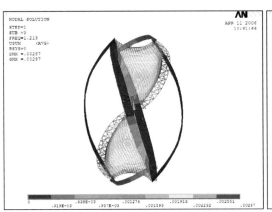

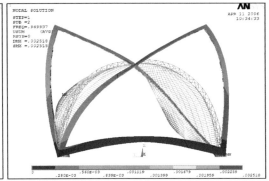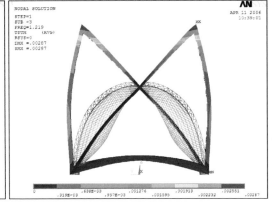

(c) 3 阶振型($f_3 = 1.219$ Hz)

图 2.44　结构振型

(4) 抗震性能分析。

采用振型分解反应谱法计算常遇地震下的结构性能。抗震设防烈度 7 度,地震分组为第一组,场地类别 Ⅳ 类,场地特征周期 0.9 s,计算所用谱按照上海市工程建设规范《空间格构结构设计规程》(DG/T J08-52—2004)所列的反应谱。表 2.6、表 2.7 中,seismic 后括号中的 X,Y,Z 代表谱的激励方向。谱分析的所有结果均只考虑反应谱激励。由结构动力性能可以看出结构的振型复杂,自振频率非常密集,对地震响应贡献较大的振型出现较晚,按照《空间格构结构设计规程》(DG/T J08-52—2004),为防止结果误差较大,谱分析取结构前 30 阶振型进行组合。振型组合考虑振型之间的相关性,采用完全二次项组合(CQC)法进行,计算结果见表 2.6 和表 2.7。

由表 2.6 和表 2.7 可知:

① 与风荷载相比,常遇地震对结构性能影响较小,本工程为风敏感结构。

② 所有方向的激励下,四角点承受很大部分的地震荷载;从总体支座反力来看,X 向谱激励对结构的影响最大。

表 2.6　地震反应谱作用下结构最大变形值　　　　　单位: mm

区域/节点编号	seismic(X)			seismic(Y)			seismic(Z)		
	U_x	U_y	U_z	U_x	U_y	U_z	U_x	U_y	U_z
三铰拱中点	18.0	4.0	0.0	6.0	15.0	0.0	0.0	0.0	1.2
帆体顶点	50.0	16.0	47.0	24.0	60.0	32.0	9.0	9.0	16.0
索网最大变形	23.0	16.0	7.0	24.0	60.0	32.0	3.0	9.0	4.0

表 2.7　地震反应谱作用下支座反力汇总　　　　　单位: kN

区域/节点编号	seismic(X)			seismic(Y)			seismic(Z)		
	F_x	F_y	F_z	F_x	F_y	F_z	F_x	F_y	F_z
SUM 四角点	1 619.2	2 499.6	2 109.9	320.6	1 220.3	1 698.4	375.5	489.6	486.1
SUM 钢结构部分	2 403.3	2 969.7	7 248.0	633.6	1 432.3	4 162.7	471.1	553.8	1 290.1
SUM 索网部分	25.1	27.95	106.5	149.2	80.2	562.1	17.2	9.0	60.1
SUM 四角点/SUM 钢结构部分	0.674	0.842	0.291	0.506	0.852	0.387	0.797	0.884	0.406

③ 所有方向的激励下,位移最大位置一般发生在索网位置和帆体的顶点位置,索网有震颤现象。

④ 三铰拱中点的变形很小,证明结构整体刚度较大,钢结构部分能为单层索网提供足够的边界刚度,地震荷载下两部分能有效协同工作。

(5) 结构整体稳定性分析。

在静载 + 活载工况作用下对整个结构进行特征值屈曲分析,前 3 阶屈曲模态特征值见表 2.8。

表 2.8　前 3 阶屈曲模态特征值

屈曲模态阶数	1	2	3
荷载特征值	8.2	8.2	9.1

进一步考虑结构几何非线性,对整体稳定性能进行跟踪,可得出弹性极限承载力超过规范要求的 5 倍,具有较高的安全储备,结构的整体稳定性在外荷载下应能得到保证。

(6) 关键部位细部设计。

如图 2.45 所示,节点 A, B, C 为中央帆体结构最典型、最重要的节点,是结构设计的关键环节。节点 A, B 为帆体结构向下部混凝土结构过渡的重要环节,位于帆体平面角点;节点 C 为两片帆体顶部相交节点,分别与三铰拱和边缘箱梁相交。除典型节点 A, B, C 外,壳体内纵横月牙形桁架的相交节点数量最多,且在风荷载下受力较大。为保证此类节点的整体性和均匀性,使得在各种荷载作用下都能有较大的安全度,而且便于工厂制作和现场安装,设计为:弦杆相贯焊接,竖腹杆直接与弦杆焊接,斜腹杆用节点板和螺栓与桁架弦杆铰接。

节点 A，B，C 为三向铰接节点，各风向角下风荷载产生的节点内力复杂，无明显受力主轴方向，且受力巨大，因此设计有足够承载力和三向铰接的节点是节点设计的关键。通过调研，自润滑角接触关节轴承能基本满足三向铰接节点的构造要求，但必须改良才能完全满足设计要求，其构造如图 2.46 所示。

图 2.47 为 3 种典型铸钢节点与轴承组装示意图，其设计和验算须验证以下内容：

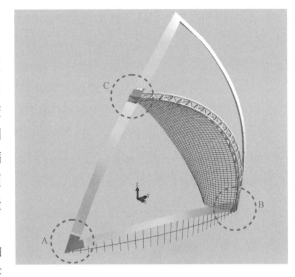

图 2.45　典型节点位置示意

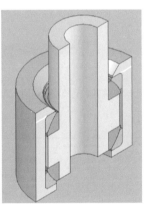
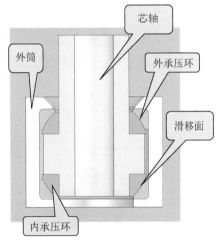

（a）三维视图　　　　　　（b）半个节点三维图　　　　　　（c）剖面图

图 2.46　改良型自润滑角接触关节轴承节点

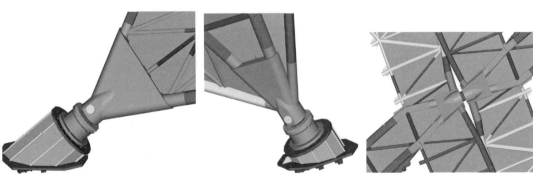

（a）节点 A 轴承组装　　　　　（b）节点 B 轴承组装　　　　　（c）节点 C 轴承组装

图 2.47　铸钢节点与轴承组装示意

① 因自润滑推力关节轴承的构造原因,内、外承压环的相对转角中,除扭转转角无限制外,绕另两轴间的转角不宜太大(不超过 2°);用块体单元模拟节点实体,进行有限元强度分析,确保数值结果的安全度满足设计要求。

② 分析三铰拱中点节点力,在预应力索网及向下恒荷载作用下,三铰拱中点产生巨大的压力(东、西帆体紧密靠拢),以至于在法向分布的风荷载作用下仍为压力。

③ 分析三铰拱中点、四角点支座转角,在外荷载下这些节点的转角较小,均满足自润滑角接触关节轴承转角构造要求。三铰拱、四角点支座构造均采用改良型自润滑角接触关节轴承节点。典型有限元计算结果如图 2.48、图 2.49 所示。

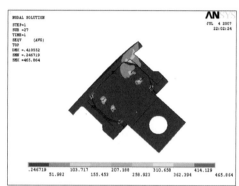

图 2.48　轴承组合体有限元模型及分析结果

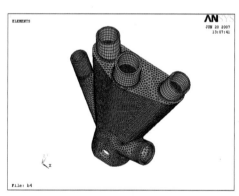
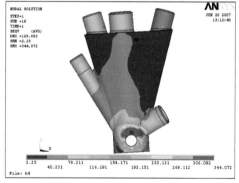

图 2.49　铸钢节点 B 有限元模型及分析结果

4. 施工关键技术

1) 结构体系施工安装完毕后的检测验收

从施工角度而言,本工程具有以下难点:

(1) 中央帆体结构坐落在 + 12 m 标高的钢筋混凝土结构上,两部分间的过渡区域必须提供安全、可靠的刚度,以保证作用于帆体上的荷载顺利传递至基础。

(2) 体量巨大的帆体结构两部分主要通过 5 个铰接节点相连,并通过张拉后的单层索网连成整体。因此 5 个铰接节点受力巨大并且复杂,是结构成败的关键,如何在满足安全度及转动构造要求的同时满足建筑美观的要求,这是个难题。

(3) 南北向布置的单层索网结构体系为玻璃幕墙的柔性支承结构,必须施加足够的预张力以保证其变形符合相关规范。索网的预张力和壳体刚度互相影响、密不可分,必须整体分析和监测。

(4) 现场施工对玻璃的安装精度、最终的建筑形态影响非常大。索网的张拉过程和周边支承结构的受力是互相关联的,必须进行结构施工过程分析,确定不同步骤索内张力大小、分布和支承结构的内力,并形成刚度,为下一步荷载步骤提供初始条件。在分级、分批张拉索的同时考虑玻璃安装顺序,从而较精确地把握玻璃安装过程中结构的变形形态,为现场施工提供控制指标,使现场施工可控。

现行施工验收标准无法对这类新型结构的施工过程进行量化的监控,也无法对施工完成后的结构进行验收。如何协调混凝土工程、钢结构工程、索网工程、玻璃幕墙及铝合金幕墙的流水作业及阶段性工程验收是影响最终施工质量的关键。研究结构体系验收时符合设计假定和满足结构安全性要求的控制点选取方式、控制点几何偏差容许值,以及拉索预张力检测值与设计值的误差容许值,为本项目度身定制的验收标准。

2) 施工技术措施

(1) 钢结构制作安装。

本工程为空间双曲面管桁架结构,桁架分段多、节点繁(图 2.50)。现场拼装空间尺寸繁杂,定位控制难,焊接量大、变形大,边桁架、三铰拱主管呈双曲 S 形,工厂加工成型难,拼装时相贯线二次切割量大。

(a) 三铰拱装焊

(b) 月牙形桁架烧焊

图 2.50 钢结构现场拼装

(2) 钢结构现场吊装。

本工程建筑外形犹如两片张开的风帆,建筑造型独特,吊装时需要注意以下几点:

① 在钢结构底部 A,B 支座和两帆体唯一相交点 C 节点处采用超大型关节轴承以满足钢结构在风荷载和地震荷载作用下 A,B 支座和相交节点 C 节点产生的转动,该轴承的

设计、加工、安装无先例可鉴。

② 本工程地处沿海,风荷载较大,钢网壳在 C 节点合龙前为不稳定体系,必须设置可靠的施工支撑体系,确保钢结构安装阶段的结构稳定(C 节点施工安装过程见图 2.51)。

③ 本工程不仅空间形态复杂,且钢结构悬挑部分长度近 60 m,又是全焊接结构,空间测量定位和变形控制极其困难。

④ 本工程结构和构件形式比较特殊,很多结构和构件质量控制的检验项目已超出现行国标及相关规范的适用范围。

⑤ 在帆体钢结构安装前土建施工已经全部结束,对拼装场地、机械进退场造成了很大的影响。

根据壳体结构特点、现场条件及施工工艺要求,采用的施工方案包括以下两种:①大型塔吊定点、构件分段跨内综合安装;②大型履带吊定点、构件分段跨外综合安装。

(a) C 节点地面安装

(b) C 节点吊装

(c) C 节点就位安装

图 2.51 铸钢节点施工安装

(3) 双曲单层索网透明玻璃幕墙安装技术及工艺。

中央帆体索网不仅是玻璃幕墙的支承体系,而且是联系两片帆体钢结构成整体、形成结构体系总刚度的关键部分,因此不仅索网的最后形状要满足玻璃幕墙安放的精度要求,而且索网的预张索力还必须能保证在以后多种工况下索网始终处于张紧的工作状态,在预索张拉过程中钢结构也始终处于安全状态。为了实现这两个目标,必须深入分析工程特点、制订周密的施工组织方案。

索网安装施工:采用卷扬机配备相应滑轮组进行索提升、安装施工。先安装水平索,安装顺序从上到下;后安装竖向索,安装顺序从左到右。竖向索垂躺在水平索上,竖向索下端自由垂荡(张拉端)。

索网张拉施工:索网尽可能对称张拉。南、北两个索网按次序交错张拉,同一个索网,按左右对称、上下对称分批次张拉,如图 2.52 所示。

图 2.52　索网张拉施工

(4) 施工监控。

风帆状钢网壳的特殊形体和构造决定了该结构在交叉组合以前为不稳定体系,"分步骤的实况模拟结构分析,拉、撑结合的支撑系统"的技术措施为施工过程中的结构稳定提供了理论支持,具体实施中切实跟进的变形监测则是验证模拟计算值、控制结构变形的重要手段。本钢结构工程的变形监测目的可简述为:关键过程实时监测、摸索变形规律、数据指导施工、严格控制结构变形、确保结构最终安装质量。

施工过程中的索力是决定结构安装是否达到设计要求的重要指标,使用阶段中的索力水平是决定结构是否安全的重要参数。本工程索网幕墙拉索的预应力控制是一大重点,预应力施加的顺序及步骤直接影响预应力值能否达到设计预定值,而预应力能否达到设计值则是结构是否安全可靠的重要标志。

5. 关键技术成果

(1) 专著。

《中国航海博物馆——曲面索网玻璃幕墙的结构设计与施工关键技术》,中国建筑工业出版社,2010 年。

（2）发表论文。

[1] 李亚明,周晓峰,焦瑜,等.中国航海博物馆新型预应力杂交结构设计综述[C]//第四届全国预应力结构理论与工程应用学术会议,2006。

[2] 周晓峰.双曲单层索网结构点支式玻璃幕墙体系研究[C]//第四届全国预应力结构理论与工程应用学术会议,2006。

[3] 李亚明,周晓峰.中国航海博物馆中央帆体新型杂交结构设计[C]//第四届海峡两岸及香港钢结构技术交流会,2006。

[4] 李亚明,周晓峰.重大工程结构中的力学难题——中国航海博物馆结构设计[C]//上海市土木工程学会工程结构专业委员会2007年度学术年会,2007。

[5] 李亚明,周晓峰.上海科技馆网壳结构设计及稳定分析[C]//建筑钢结构进展,2008。

[6] 李亚明,周晓峰.中国航海博物馆结构设计中的力学问题及试验[C]//第五届海峡两岸及香港钢结构技术交流会,2008。

[7] 周晓峰,李亚明,张其林,等.支承在弹性边界上的双曲面单层索网玻璃幕墙试验研究[J].空间结构杂志,2010,3。

[8] 周晓峰.支承在弹性边界上的双曲面单层索网玻璃幕墙设计与施工[J].空间结构杂志(已录用)。

[9] ZHOU X F. Optimization and determination of aluminium alloy structure of Shanghai Chenshan Botanical Garden Greenhouses[C]//IASS 2010, Shanghai。

[10] LI Y M, ZHOU X F. Design & research of the neotype hybrid-structure of the central shell of China Maritime Museum[C]//IASS 2010, Shanghai。

（3）授权专利。

国　别	专　利　号	专　利　名　称
中国	ZL 2009 2 0212589.6	角接触关节轴承铰接支座
中国	ZL 2008 1 0040860.2	一种空间预应力钢结构索转接件的安装方法

（4）研究报告。

①《曲面索网玻璃幕墙的结构设计与施工关键技术研究》;

②《弹性边界条件下的双曲面单层索网玻璃结构的设计、施工过程分析研究》;

③《中国航海博物馆新型杂交结构设计理论研究》;

④《新型杂交结构体系设计施工关键技术研究及在中国航海博物馆工程中的应用》。

2.5.2　枣庄市市民中心二期体育场

1. 工程概况

项目位于山东省枣庄市薛城区和谐路以东、金沙江路以南、民生路以西、长江路以北,为中型体育场,建筑面积 85 470 m²,观众席 31 284 座。

体育场由看台、屋盖罩棚和周圈钢外罩组成(图 2.53)。其中,看台采用混凝土框架-剪力墙结构体系,看台板为预制清水混凝土看台板;屋盖罩棚为整体张拉索膜结构;周圈钢外罩为箱形截面空间网格结构。屋盖罩棚通过钢斜柱支撑在混凝土看台结构上;周圈钢外罩为独立结构,顶部与屋盖罩棚柔性连接。

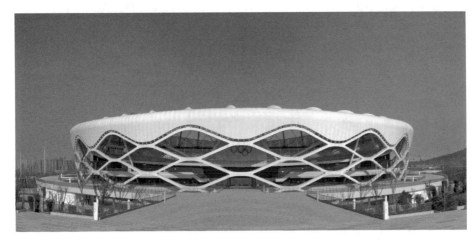

图 2.53 枣庄市市民中心二期体育场正立面

体育场俯视全景和内景分别如图 2.54 和图 2.55 所示。

图 2.54 体育场俯视全景

该工程由上海建筑设计研究院有限公司和上海联创设计集团股份有限公司联合设计,中国建筑第八工程局有限公司施工,于 2018 年 9 月 3 日通过竣工验收。

图 2.55 体育场内景

2. 结构体系

1) 结构体系组成

屋盖罩棚结构平面呈椭圆环形,长、短轴尺寸分别为 256.8 m 和 235.0 m。屋面主体索结构采用轮辐式马鞍形整体张拉索桁架结构体系,由内环、外环和径向索组成;外压环梁顶标高为 30.056~34.823 m;内上环索顶标高为 34.202~38.834 m,最高点和最低点高差为 4.632 m。屋面投影面积为 31 000 m²。屋面维护结构为张拉 PTFE 膜结构。主体索结构是对传统的轮辐式索桁架结构进行改进而形成的全新结构体系(图 2.58),由以下三个部分组成。

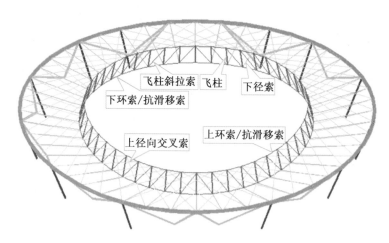

图 2.56 屋盖罩棚结构模型示意

(1) 内环结构。内环结构为受拉状态,采用索桁架形式,由上、下内环索,刚性撑杆,斜向拉索组成。

(2) 外环结构。外环梁为受压状态,采用直径 2 m 的圆钢管,并通过钢斜柱支承在混凝土看台结构上。

(3) 屋面结构。屋面张拉结构体系布置在受拉内环、受压外环之间,与内、外环共同形成自平衡结构系统;屋面结构由上弦层径向交叉索网和下弦层径向索组成,上、下弦之间用拉索连接形成双层结构体系。

2) 结构体系特点

(1) 内环斜拉索布置。

在内环上、下索及飞柱之间设置斜拉索,通过控制斜拉索的长度和预应力分布以实现马鞍形屋面造型。这样,一方面实现了建筑马鞍造型和结构布置的统一,提高了建筑、结构设计的合理性;另一方面,通过设置内环斜拉索,提高了内环和整体结构的抗扭刚度和整体稳定性。

(2) 上径向交叉索网布置。

为实现建筑膜屋面造型的灵活多样性,以及提高结构在不均匀荷载下的受力性能和稳定性,将上部径向索布置为双向交叉索网形式。通过上径向交叉索网布置,首先,提高了结构的整体刚度和受力性能;其次,实现了建筑造型的多样化,美化了建筑内部效果;最后,结构布置和建筑造型达到一致,减少次结构的布置,提高了整体结构的合理性。

3) 节点创新——自锁式抗滑移索夹

罩棚结构采用整体张拉自平衡柔性索结构体系,为实现建筑方案的马鞍形屋面造型,在内环设置斜拉索,通过调节斜拉索的长度和预应力分布以实现建筑造型,这样,内环索在索夹两侧产生较大的不平衡力。创新性设计的自锁式抗滑移索夹,能够承受内环索较大的不平衡力,保证了结构形态稳定和安全,为实现屋盖结构的马鞍造型提供重要的支撑作用。

(1) 自锁式抗滑移索夹设计。

索夹的抗滑摩阻力与对索体的紧固压力成正比,通过设置自锁式齿状垫片(图 2.57),使索夹对索体的紧固压力不随索体受力变形而减小,从而保证了索夹与索体间的抗滑摩阻力。

索夹理论抗滑摩阻力:

$$F_{fc} = k\mu P_{tot} \tag{2.1}$$

式中,k 为紧固压力分布不均匀系数,取 2.8;摩擦系数 $\mu = 0.15$;P_{tot} 为索夹螺杆总夹紧力。

(2) 索夹试验。

本工程施工条件预设为在地面完成索夹拼装,螺栓预紧,此时的钢索受力状态为零。当索夹随着钢索张拉就位,钢索内力达到工作状态时不再对螺栓补紧。因此,上述公式只能计算索夹在安装状态、螺杆总夹紧力可以通过扭矩扳手来确定时的抗滑摩阻力。当钢索内力达到工作状态时,由于钢索直径已经发生变化,螺杆总夹紧力必然有所损失,损失

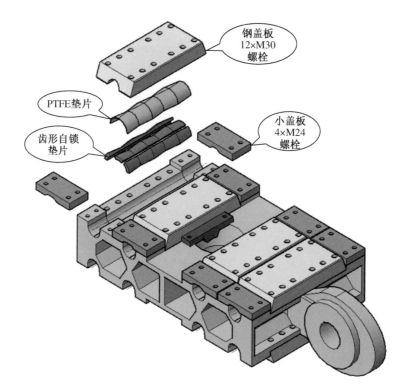

图 2.57　自锁式抗滑移索夹模型示意

程度与钢索种类、内力状态、截面大小等因素相关;同时,索夹内的自锁式齿状垫片在摩阻力作用下,对索体的紧固压力有增大的趋势。目前尚缺少准确评估以上两方面因素对摩阻力影响的理论依据,因此可通过抗滑移试验来确定索夹实际抗滑承载力。本工程设计要求的索夹抗滑摩阻力应达到 500 kN 以上。

在实验室条件下,为复现索夹的实际结构工作状态,进行了索夹(单索索夹和整体索夹)抗滑移性能测试,试验结果表明,自锁式抗滑移索夹的抗滑移极限承载力达到 800 kN 以上,滑移量小于 0.1 mm,因此,索夹设计能够确保索夹节点结构安全。

3. 结构分析

1) 设计标准和荷载

设计基准期为 50 年,结构设计使用年限为 50 年,建筑耐火等级为一级,建筑结构安全等级为一级,建筑抗震设防类别为乙类建筑;建筑场地抗震设防烈度为 7 度(0.10g),设计地震分组为第二组;场地类别为 I 类,场地特征周期为 0.30(小、中震)、0.35(大震);水平地震影响系数最大值为 0.085 8(小震)、0.23(中震)、0.50(大震);基本风压为 0.45 kN/m²(100 年重现期),地面粗糙度为 B 类,体型系数和风振系数按照《枣庄市市民中心二期体育场工程风洞试验研究》(同济大学)结果;基本雪压为 0.40 kN/m²(100 年重现期),雪荷载准永久值系数分区为 II 区。

2) 索结构的找形分析

屋盖采用自平衡全张拉索结构体系,几何形态通过找形分析确定。找形目标为:在恒载作用条件下进行找形分析得到的满足建筑使用要求的屋盖几何位形。采用 Easy 软件(核心理论为力密度法)和 ABAQUS 中的非线性有限元法进行找形分析。

结构找形平衡态(恒载下)的坐标及马鞍形高差如下:

内上环索 Z 坐标,低点: $Z=34.202$ m;高点: $Z=38.834$ m;高差 $D_z=4.632$ m。

内下环索 Z 坐标,低点: $Z=19.038$ m;高点: $Z=23.694$ m;高差 $D_z=4.656$ m。

3) 结构的静力分析

根据各非震荷载组合工况的计算结果,得到控制荷载组合为 $1.2D+1.4L+0.84T-$,风荷载不起控制作用。在荷载组合 $1.2D+1.4L+0.84T-$ 作用下,计算结果如下。

(1) 体育场整体位移(图 2.58)。

上、下内环控制点,低点位移分别为 -0.252 m 和 -0.222 m,高点位移分别为 -0.420 m 和 -0.428 m,挠度最大值为 $0.428/39.456=1/92$。

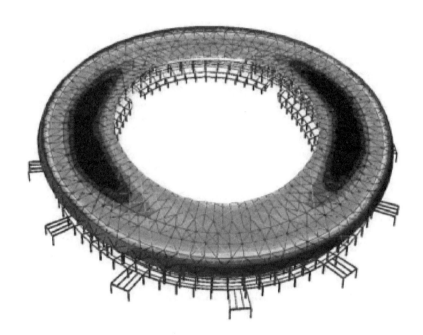

图 2.58 体育场整体位移云图

(2) 外压环梁及钢斜柱位移(图 2.59)。

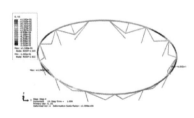 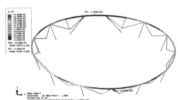 

(a) x 向位移最大为 -126.2 mm   (b) y 向位移最大为 126.8 mm   (c) z 向位移最大为 -150 mm

图 2.59 外压环梁及钢斜柱位移云图

（3）外压环梁及钢斜柱应力（图2.60）。

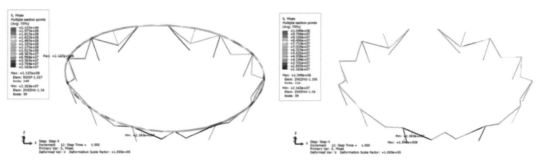

（a）外压环梁最大应力为213.7 MPa　　　　　（b）钢斜柱最大应力为104.9 MPa

图2.60　外压环梁及钢斜柱应力云图

4）结构极限承载力分析

对屋盖结构进行考虑初始缺陷下的几何和材料双重非线性极限承载力分析。考虑到结构受力的复杂性,初始缺陷按照对环梁施加多阶屈曲模态形式作为几何缺陷;屋盖荷载取标准组合(恒载＋活载),求解环梁线性屈曲模态,按屈曲模态的形式给环梁施加初始几何缺陷,按跨度的1/300施加,进行双非线性分析,计算外压环梁、钢斜柱的极限承载力。

恒载＋活载标准值双非线性分析位移如图2.61所示;环梁与立柱位移－活载倍数关系如图2.62所示。

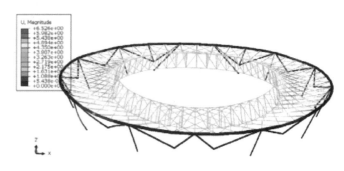

图2.61　双非线性分析位移云图

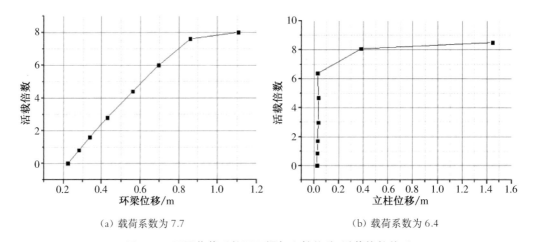

（a）载荷系数为7.7　　　　　　　（b）载荷系数为6.4

图2.62　不同荷载系数下环梁与立柱位移-活载倍数关系

5）抗震性能分析

（1）模态分析。

采用 ABAQUS 和 ANSYS 软件进行屋盖结构的模态分析,结果如表 2.9 所示。

表 2.9　前 10 阶振动模态

ABAQUS 计算结果		ANSYS 计算结果	
阶数	周期/s	阶数	周期/s
1	2.07	1	2.09
2	2.02	2	2.02
3	1.77	3	1.76
4	1.76	4	1.75
5	1.63	5	1.61
6	1.53	6	1.5
7	1.47	7	1.44
8	1.38	8	1.35
9	1.35	9	1.32
10	1.35	10	1.32

（2）小震反应谱分析。

对屋盖和看台结构拼装的整体模型进行模态、地震反应谱分析。采用 ABAQUS 和 ANSYS 软件进行对比验证分析。

屋盖索结构在 x, y, z 三个方向地震单工况作用下的位移见表 2.10,表中 EQX, EQY, EQZ 分别表示水平 x 向、水平 y 向和竖向 z 向的地震作用。

表 2.10　屋盖索结构位移　　　　　　　　单位：mm

ABAQUS 计算结果				ANSYS 计算结果			
工况	max			工况	max		
	$U1(x$ 向$)$	$U2(y$ 向$)$	$U3(z$ 向$)$		$U1(x$ 向$)$	$U2(y$ 向$)$	$U3(z$ 向$)$
EQX	18.1	19.2	21.3	EQX	18.4	19.3	21.4
EQY	11	21.1	12.8	EQY	11.2	21.2	13.1
EQZ	12.6	17.9	42	EQZ	12.6	18.0	42.3

屋盖外压环梁在各种地震作用参与的组合工况下的最大位移见表 2.11。

表 2.11　屋盖外压环梁最大位移

ABAQUS 计算结果			ANSYS 计算结果		
工况	最大组合位移/mm	位移比	工况	最大组合位移/mm	位移比
x 方向地震	133.5	1/471	x 方向地震	130	1/485
y 方向地震	128.6	1/489	y 方向地震	127.5	1/494
z 方向地震	135.9	1/464	z 方向地震	136.4	1/462

屋盖索结构应力如图 2.63 所示,ABAQUS 计算最大索应力增加值为 8.1 MPa, ANSYS 计算最大索应力增加值为 63.46 kN,对应的索应力增加值为 8.08 MPa。外压环梁和钢斜柱的最大应力比见表 2.12。

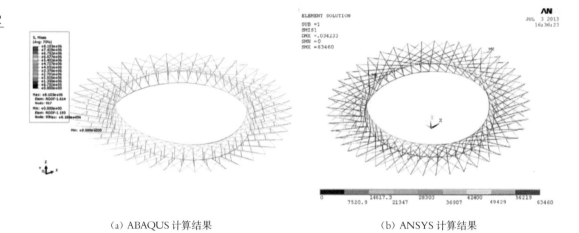

(a) ABAQUS 计算结果　　　　　　　　　　　(b) ANSYS 计算结果

图 2.63　屋盖索结构应力

表 2.12　外压环梁和钢斜柱的最大应力比

ABAQUS 计算结果				ANSYS 计算结果			
荷载组合	应力比			荷载组合	应力比		
	飞柱	环梁	径向柱与环向斜柱		飞柱	环梁	径向柱与环向斜柱
x 方向地震	0.68	0.76	0.30	x 方向地震	0.68	0.74	0.28
y 方向地震	0.66	0.77	0.28	y 方向地震	0.66	0.75	0.27
z 方向地震	0.68	0.75	0.32	z 方向地震	0.68	0.73	0.30

(3) 小震弹性时程分析。

小震弹性时程分析选用两条天然波和一条人工波进行计算并取包络值。多遇地震下各条地震波弹性时程分析环梁及斜柱应力包络结果如图 2.64 所示,钢结构最大包络应力为 181 MPa。

（4）大震弹塑性时程分析。

大震弹塑性时程分析输入采用三组双向地震波（两组天然波，一组人工波），选取受力最不利构件计算结果，屋盖内环索内力包络如图2.65所示，外压环梁最大应力包络如图2.66所示，钢斜柱最大应力包络如图2.67所示。

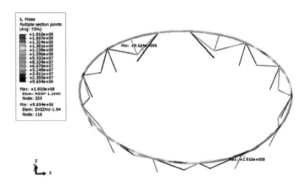

图2.64 小震时程下屋盖索结构应力

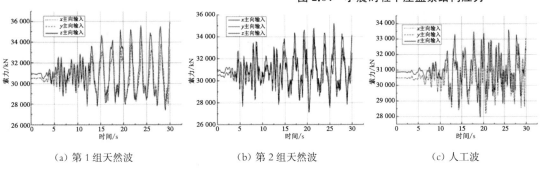

（a）第1组天然波 （b）第2组天然波 （c）人工波

图2.65 屋盖内环索内力包络

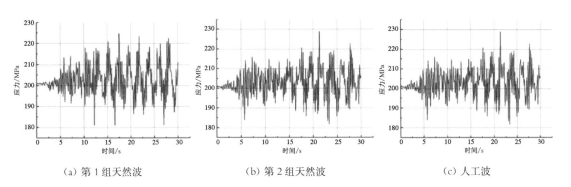

（a）第1组天然波 （b）第2组天然波 （c）人工波

图2.66 外压环梁最大应力包络

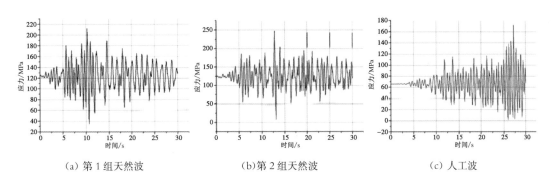

（a）第1组天然波 （b）第2组天然波 （c）人工波

图2.67 钢斜柱最大应力包络

根据大震时程分析结果可知,索构件均为弹性状态,并且大震内力小于极限承载力,保证索网大震不断;外压环梁和钢斜柱均处于弹性阶段。钢环梁最大位移为 240 mm,屋盖索网大震下实际位移 0.5 m。经过分析可以认为该方案下整个体育场结构满足"大震不倒"的设防目标。

（5）重要节点有限元分析。

对外压环梁与钢斜柱的连接节点进行有限元分析,钢材材质 Q345C 级,采用弹塑性材料本构模型,计算结果如图 2.68 所示。

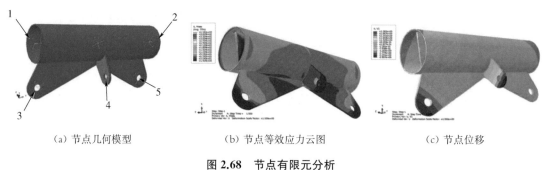

（a）节点几何模型　　　　　（b）节点等效应力云图　　　　　（c）节点位移

图 2.68　节点有限元分析

（6）结构连续倒塌分析。

钢斜柱和外压环梁是该项目设计的关键构件之一,因此,需要分析局部钢斜柱突然损坏后结构的受力性能(图 2.69)。设计目标需要保证单根钢斜柱损坏后不至于造成整体倒塌,可修复。

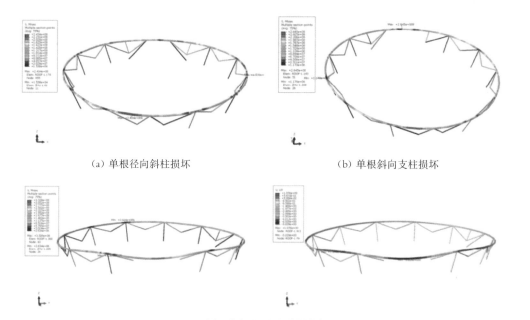

（a）单根径向斜柱损坏　　　　　　　　　（b）单根斜向支柱损坏

（c）同一节点处 3 根钢斜柱损坏

图 2.69　局部钢斜柱突然损坏后结构的受力性能

分析结果表明,单根径向斜柱损坏,等效应力最大为 243 MPa;单根斜向支柱损坏,等效应力最大为 265 MPa;同一节点处 3 根钢斜柱损坏,等效应力最大为 333 MPa,环梁节点 z 向最大位移差为 1.57 m。因此,任意一根柱突然损坏不会造成整个屋盖结构倒塌,钢结构未屈服,结构变形较小;但是一个节点处 3 根柱同时损坏后,就会造成环梁及屋盖整体变形较大,影响使用。

(7) 屋盖结构施工过程分析。

① 屋盖结构施工方案主要过程。

环梁及支柱安装就位→布置上环索→布置上径向索→收紧上径向牵引索第一行程,安装下环索和下径向索→调整准备安装飞柱→安装第一批飞柱及斜拉索,收紧上径向牵引索第二行程→逐批安装飞柱及斜拉索,收紧上径向牵引索第三行程→上径向索就位→收紧下径向牵引索第一行程→收紧下径向牵引索第二行程→下径向索就位→安装悬挂索→安装屋面及次结构。

② 整体张拉施工过程控制。

对屋盖结构进行施工过程模拟分析,得到关键索各关键施工过程节点的内力、位移等,如图 2.70 所示。

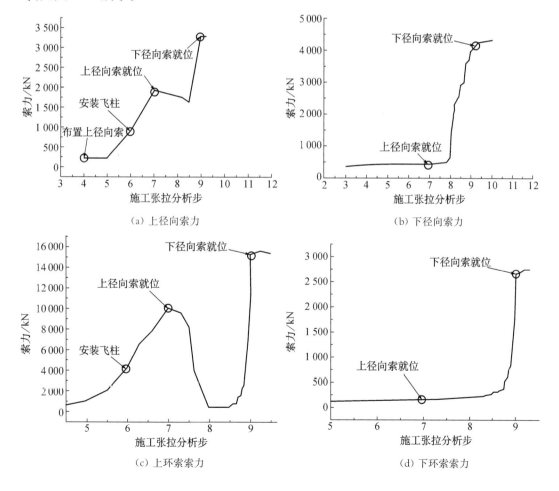

(a) 上径向索力

(b) 下径向索力

(c) 上环索索力

(d) 下环索索力

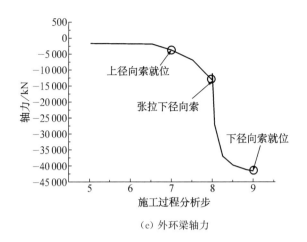

（c）外环梁轴力

图 2.70　施工过程构件内力变化

③ 关键施工技术解决方案。

通过对屋盖结构张拉过程模拟分析，可以校核钢索张拉过程是否存在过张，为张拉设备选型提供依据。

上径向索与上内拉力环索力成完全正相关，下径向索与下内拉环也同样。

在下径向索的张拉过程中，上径向索与上环索的索力开始急剧减少，当飞柱上端和外环梁平齐时，上径向索拉力最小，此时为整个张拉过程的最不稳定状态，精细施工模拟时应对此工况进行动态稳定性分析，确保上径向索索力的降低不会导致飞柱过大的偏摆，在整个张拉过程中，结构始终保持着足够的刚度。

在径向索牵引就位过程中，初始阶段上径向索索力增长得不明显，牵引索小于 1 m 时，索力开始急剧增加，因此，在施工中要重点保证最后 1 m 牵引索的强度。

在牵引张拉上径向索的过程中，牵引索的长度和上环索高度基本呈线性关系，当牵引索长到一定长度时，由于飞柱陆续安装，此时该曲线出现波折。在牵引张拉上径向索的过程中，拉索索力的增长并不明显，所以在安装飞柱阶段，上径向索的张拉应以牵引索的长度和上环索的竖向位移作为控制目标。

在牵引张拉下径向索的过程中，牵引索的长度和上环索高度基本呈线性关系，下径向索的张拉应以牵引索的长度作为控制目标。

4. 经济技术指标

屋盖结构采用轮辐式马鞍形整体张拉结构体系，对传统的轮辐式索桁结构体系进行改进，在内环上、下索及飞柱之间设置斜拉索，并控制斜拉索的长度和预应力分布以实现屋面马鞍造型；通过上径向交叉索网布置，提高结构的整体刚度和受力性能的同时，实现了建筑造型的多样化，形成全新的整体张拉结构体系。

本项目成功设计、试验并应用了自锁式抗滑移索夹，提高了结构的受力性能，并为实现屋盖结构的马鞍造型提供了重要的支撑，取得了良好的综合效益。该索夹的设计已取得实用新型专利。

轮辐式整体张拉结构,以其合理的受力特性和极高的结构效率,使建筑中的"力与美"达到了高度统一,是最能体现当代先进建筑技术和施工水平的现代化工程。本工程通过多项创新设计内容,提高了结构的合理性,简化了施工工序,降低了工程成本,取得了良好的经济效益和社会效益,实现了技术先进、安全适用、经济美观的目标。

5. 关键技术成果

(1) 发表论文。

[1] 李瑞雄,李亚明,姜琦.枣庄体育场索桁屋盖结构设计关键技术研究[J].建筑结构,2018,48(17)。

[2] 李瑞雄.枣庄体育场索桁屋盖结构罕遇地震分析技术[J].结构工程师,2016(2)。

[3] 李瑞雄.枣庄体育场索桁屋盖结构风荷载分析及优化[J].山西建筑,2015(15)。

[4] 周锦瑜,陈务军,李亚明.枣庄体育场马鞍形屋盖概念设计及索长误差分析[C]//第十六届空间结构学术会议,2016。

[5] 石硕,李亚明,罗晓群.枣庄体育中心体育场内环索桁架单索索夹抗滑移试验研究[J].建筑结构,2017,47(21)。

(2) 授权专利。

专利名称	专利类型	专利号
索夹	实用新型专利	ZL2016 2 1100525.3
全张拉索桁建筑结构体系	实用新型专利	ZL2018 2 1617382.2

(3) 研究报告。

①《全张拉屋面结构体系在大跨度建筑中的应用综合报告》;

②《大型体育场轮辐式张拉结构体系分析与施工模拟》;

③《全张拉结构体系设计理论及方法研究》;

④《枣庄体育场屋盖结构分析报告》;

⑤《全张拉结构设计指南》。

2.5.3　合肥滨湖国际会展中心二期综合馆

1. 工程概况

合肥滨湖国际会展中心位于安徽省合肥市,西临广西路、北临锦绣大道、东临庐州大道、南临南京路,是集展览和会议功能为一体的大型公共建筑,总建筑面积40万 m²。项目分为两期建设,其中一期工程已经建成使用;二期工程由两个标准展馆和一个综合展馆组成,本节针对二期工程的综合展馆单体设计进行论述。

二期工程综合展馆为大跨度空间结构,建筑外轮廓尺寸为 170 m×192 m,单体建筑面积为4.9万 m²,最高点建筑高度为 36.000 m,其中展厅尺寸为 144 m×134 m,主要功能为展览、展示及演出,展厅内部净高 18 m;展厅周边东、南、西三侧局部设置二夹层,夹层首层为门厅、库房和设备用房,二层设置大小会议室若干,东西侧夹层屋面呈弧形,夹层建筑高度不超过 24 m;南北立面利用建筑倒锥形立面造型设置抗风柱。局部设有一层地下室,主要功能为消防疏散通道。综合展馆整体效果及立面图如图 2.71—图 2.73 所示。

图 2.71　总体鸟瞰图

图 2.72　综合馆建筑效果图

复杂空间结构设计与实践

本项目为国内会展建筑跨度最大的张弦空间桁架屋盖体系,屋盖跨度 144 m,超过规范大跨结构 120 m 限值,为超限建筑结构,其主要设计特点和难点包括以下 11 点。

(1)屋盖形式:根据建筑屋面构型,采用张弦空间桁架结构。

(2)结构体系:钢框架支撑结构,抗震设防二道防线设计。

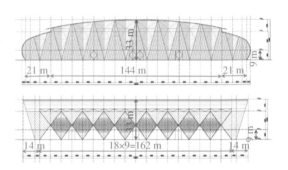

图 2.73　立面图示意

(3)风敏感结构:需要进行风洞试验,并以试验结果作为风荷载取值依据。

(4)雪荷载:按照 100 年一遇进行荷载取值,并考虑不均匀分布。

(5)温度作用:按照 $-30\sim+30$ ℃(温差)进行温度作用取值,桁架端部节点采用一端铰接、另一端滑动的支座形式,对温度变形和应力进行释放。

(6)屋盖稳定性:考虑几何非线性和初始缺陷的影响。

(7)防连续倒塌设计:张弦结构冗余度较低,采用断索方法进行防连续倒塌验算。

(8)拉索松弛验算:进行不利风荷载作用下索松弛验算,合理确定初始预应力。

(9)施工模拟分析:进行索张拉过程施工模拟分析。

(10)健康监测:为大跨半刚性屋盖系统,考虑进行施工过程及全生命周期健康监测。

(11)重要节点:桁架端部汇交节点、抗风柱根部节点、拉索锚球等节点。

2. 结构体系

1)结构体系组成

结构为屋盖超限建筑工程,存在平面、竖向不规则情况,为避免在地震作用下产生过大的扭转变形,结构采用钢结构框架-支撑结构体系(图 2.74、图 2.75),在平面楼、电梯间的位置设置钢支撑,通过计算分析确定支撑的形式和位置,增加结构的扭转刚度,降低平动模态与扭转模态的耦联度,形成具有二道抗震防线的结构。

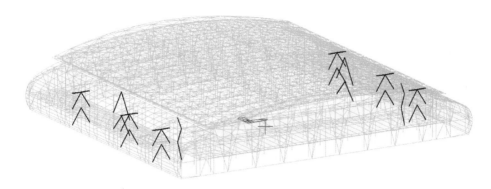

图 2.74　支撑位置示意(截面 700 mm×400 mm×38 mm×25 mm)

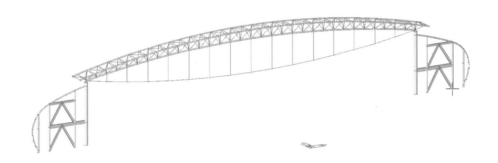

图 2.75　屋盖与框架关系示意

　　建筑南北两侧结合建筑造型设置抗风柱,抗风柱为倒锥形格构柱,柱底铰接,柱顶为屋面管桁架(图 2.76)。

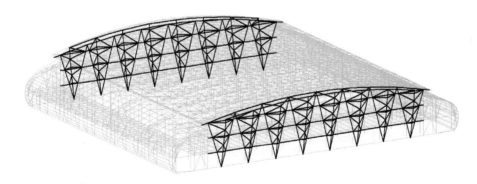

图 2.76　南北立面倒锥形斜柱和支撑体系

2) 屋盖体系选型

综合展馆屋盖由 10 榀张弦空间桁架组成,每榀张弦桁架中心间距为 18 m,实现了包含展厅范围在内的 144 m×166 m 无柱大空间。张弦桁架为平面受力构件,沿屋盖纵向设置四道次桁架将 10 榀张弦桁架连接为整体,其中,端部两道次桁架分别设置在张弦桁架两个支承点处,中间两道次桁架设置在张弦桁架跨中约三分点处,其余位置设置屋面水平交叉支撑,屋盖结构布置如图 2.77 所示。

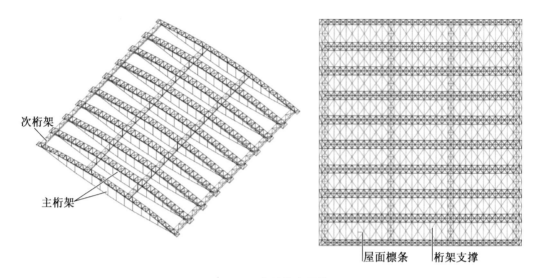

图 2.77 屋盖结构布置简图

单榀张弦桁架(图 2.78)矢高为 17.2 m,结构矢高约为跨度的 1/8;桁架采用倒三角形空间管桁架,跨中桁架高度 4.5 m,为跨度的 1/32,支座处桁架高度 2.5 m,为跨度的 1/58;拱架矢高 10.7 m,约为跨度的 1/14;张弦的垂度 6.5 m,约为跨度的 1/22。所有桁架杆件和屋面支撑均采用圆钢管。

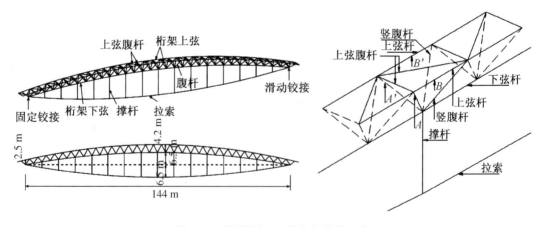

图 2.78 张弦桁架、立体桁架构件示意

张弦桁架拉索锚固端部节点为张弦桁架下弦杆和下弦拉索的连接节点,同时也是上弦桁架腹杆的相交节点,此处汇交杆件较多,节点受力复杂,因此采用铸钢节点,铸钢节点

搁置处一端采用固定铰支座,另一端采用滑动铰支座(图2.79)。

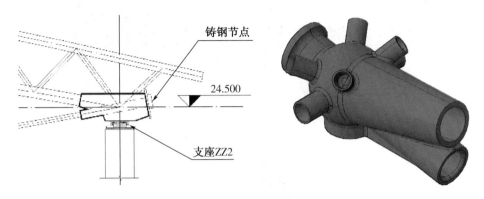

图2.79 端部支座及铸钢节点示意

撑杆位置和间距是张弦桁架设计的重要参数,涉及受力合理性及经济性等,经计算分析和比较后,撑杆间距取9 m,与桁架下弦、拉索的连接方式如图2.80所示。

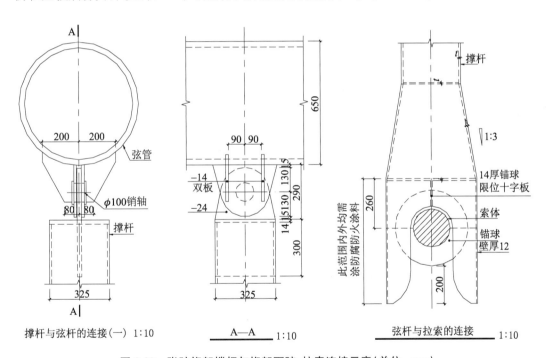

撑杆与弦杆的连接(一) 1:10   A—A 1:10   弦杆与拉索的连接 1:10

图2.80 张弦桁架撑杆与桁架下弦、拉索连接示意(单位:mm)

3. 结构荷载

1) 风荷载

大跨张弦屋盖体系属于风敏感建筑,用于主体结构设计的风荷载依据风洞试验结果进行取值。地面粗糙度为 B 类,基本风压为 0.40 kN/m²(100 年重现期),体型系数、风振系数根据风洞计算报告进行确定。风洞风场布置及风向角定义如图2.81所示。

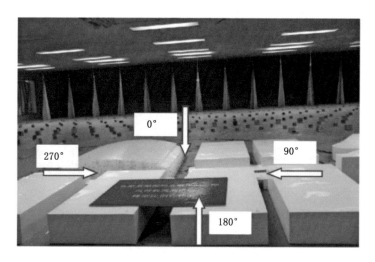

图 2.81 风洞风场布置及风向角定义示意

2) 恒载和活载

轻型屋盖系统对荷载较敏感,恒、活荷载取值对屋盖结构设计和经济性影响较大,屋盖荷载取值如下:

(1) 恒载。

自重: 程序自算;

屋面板、屋面做法和檩条: 0.70 kN/m²;

灯具: 0.05 kN/m²;

电缆桥架: 0.05 kN/m²。

(2) 活载。

屋面活荷载: 0.5 kN/m²;

吊重: 0.3 kN/m²(主桁架范围,吊点间距横向×纵向为 4.5 m×6 m 时,每个吊点允许吊挂荷载为 600 kg)。

3) 雪荷载

大跨度轻型结构,属于雪荷载敏感结构,基本雪压 0.70 kN/m²(100 年),雪荷载考虑半跨分布、积雪不均匀分布。按照《索结构技术规程》(JGJ 257—2012)附录 A 分析不均匀分布雪荷载。

4) 温度作用

拟定屋面合龙温度为 7~24℃,最热月为七、八月份,平均气温 37℃,最冷月为一月份,平均气温 -6℃。最大温升为 30℃,最大温降为 -30℃。

5) 地震作用

依据《建筑抗震设计规范》(GB 50011—2010,2016 版),抗震设防烈度 7 度,设计基本地震加速度为 0.10g,设计地震分组为第一组,Ⅱ类场地,场地特征周期 0.35 s,考虑竖向地震作用。

4. 结构计算分析结果

1）抗震设防目标

结构设计需根据房屋高度、规则性、结构类型、场地条件或抗震设防标准等方面的特殊要求，确定结构是否需要采用抗震性能设计方法，并作为确定抗震性能目标的主要依据。本工程抗震性能目标均定为 C 级，构件性能目标分类见表 2.13。

表 2.13　性能目标

地震水准		多遇地震	设防烈度	罕遇地震
宏观性能目标		1	4	5
层间位移角限值		1/250	1/100	1/50
继续使用的可能性		不需修理即可继续使用	修复或加固后可继续使用	需排险大修
关键构件	转换柱、转换梁	弹性	抗震承载力弹性	允许进入屈服阶段，可轻度损坏
	支承屋面桁架的框架柱	弹性	抗震承载力弹性	抗震承载力弹性
	拉索	弹性	抗震承载力弹性	抗震承载力弹性
	空间桁架	弹性	抗震承载力弹性	抗震承载力弹性
普通竖向构件	框架柱	弹性	轻微损坏	部分构件进入屈服阶段，控制构件屈服程度不超过比较严重损坏
耗能构件	框架梁	弹性	轻度损坏、部分中度损坏	中度损坏，部分比较严重损坏
	钢支撑	弹性	轻度损坏、部分中度损坏	中度损坏，部分比较严重损坏
其他结构构件		弹性	允许进入屈服阶段	允许进入破坏
节点		不先于构件破坏		

2）周期模态

结构前 3 阶模态如图 2.82 所示，前 3 阶模态均以屋面 Z 向平动为主。

（a）Z 向平动 $T_1 = 1.52$ s 　　（b）Z 向平动 $T_2 = 1.34$ s 　　（c）Z 向平动 $T_3 = 1.11$ s

图 2.82　风洞风场布置及风向角定义示意

3) 屋盖结构分析

(1) 找力分析、拉索初始预应力值的确定。

拉索初始预应力值对张弦桁架的内力和初始形态具有较大的影响,张弦桁架结构在施加预应力后,由于预应力重分布,在未施加其他外荷载之前,索内的预应力已经有了一定损失,如损失值较大,则不能满足工程上的精度要求。在进行各类工况下的结构分析之前,需要寻找初始预应力值,使得结构在预应力平衡状态下的索杆内力等于设计值,找力分析就是寻找这组预应力值。本大跨屋盖以结构在自重作用下保持建筑构型为目标进行索力迭代分析,得到中间榀初始预应力值为 4 600 kN,边榀初始预应力值为 2 250 kN,并以此为基础进行结构分析。

典型张弦桁架的内力分布如图 2.83—图 2.90 所示。

复杂空间结构设计与实践

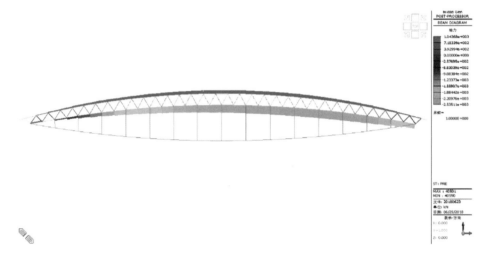

图 2.83　预拉力工况桁架轴力分布(上弦受拉,下弦受压)

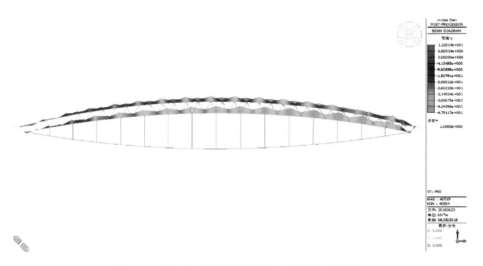

图 2.84　预拉力工况桁架弯矩分布(弦杆上侧受拉)

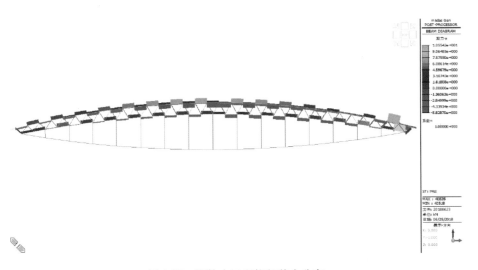

图 2.85　预拉力工况桁架剪力分布

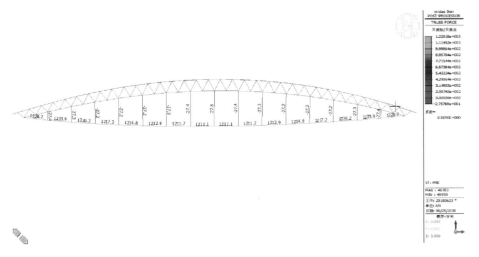

图 2.86　预拉力工况压杆和索轴力分布(索拉力支座附近最大,压杆轴力跨中最大)

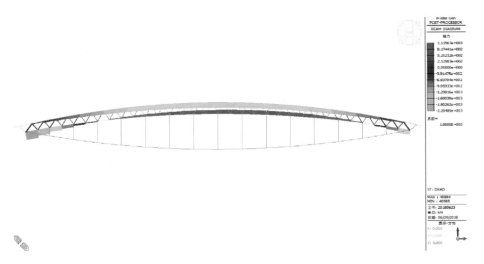

图 2.87　恒载工况桁架轴力分布(上弦受压,下弦受拉)

复杂空间结构设计与实践

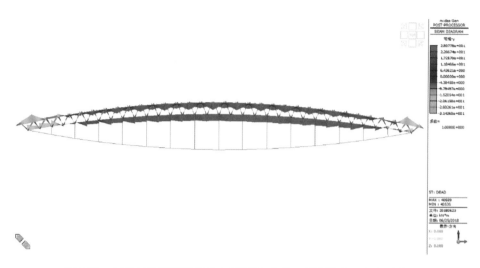

图2.88 恒载工况桁架弯矩分布(反弯点在第二压杆和第三压杆之间)

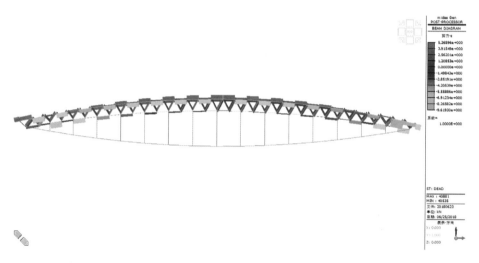

图2.89 恒载工况桁架剪力分布(由于撑杆的作用,桁架跨度内剪力均匀,支座处最大)

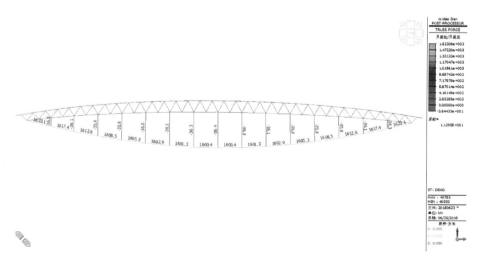

图2.90 恒载工况压杆和索轴力分布(拉索平衡桁架水平推力)

结构静力荷载分析并考虑施工过程模拟,以屋盖结构在自重和拉索预应力作用下的受力状态为起始条件,进行结构在活荷载、风荷载、温度作用和地震作用下的受力计算,同时考虑沿结构纵向和横向布置半跨活荷载的不利影响。

(2) 支座形式比选。

考虑施工过程模拟,通过对屋盖结构两端固支和一端滑动一端固定模型的分析发现,不同支座约束形式对屋盖结构的整体受力和下部结构柱的受力均有较大影响。表 2.14 列出了两个分析模型施工完成阶段 X 向地震、X 向风载和降温三种单工况下的柱顶反力和拉索轴力(X 向为桁架跨度方向)。

支座形式	比较位置	X 向地震	X 向风载	降温
右端滑动	支座剪力/kN	198.9(左)	−117.8(左)	−271.6(左)
	拉索内力/kN	37.0	—	77.1
两侧固定	支座剪力/kN	185.9(左) 186.4(右)	−801.9(左) 964.0(右)	−679.8(左) 684.3(右)
	拉索内力/kN	10.8	—	445.3

从表 2.14 中可以看出,相较于两端固定模型,采用一端滑动的支座形式,屋盖结构下部柱的剪力有明显的减小。预应力索杆结构具有强非线性,荷载作用下结构发生大变形,通过不断调整自身形状和刚度,在新的几何形态下达到平衡状态。一端滑动的支座形式,保证张弦桁架在拉索平面内具有一定的变形空间,从而通过自身位形的调整"消耗"了杆件应力,充分发挥了索杆结构的优势。而两端固支模型,限制了结构变形,外荷载的增加体现在结构内力的增加上。因此,采用一端固支一端滑动的支座形式较为合理。

由于展馆南北侧倒锥形抗风柱顶部与屋盖上弦层相连,水平荷载工况下屋盖的变形在端部受到一定约束,各滑动端支座不能做到完全自由滑动,故其固定端支座不同于单榀分析结果,柱顶会有水平力产生(图 2.91)。

(3) 屋盖位移。

采用 Midas/Gen 建立结构三维模型,进行静力分析,张弦桁架结构最大竖向挠度为 353.8 mm,工况 1.0D + 1.0L + 0.6WX + 0.6T30 −。《空间网格结构技术规程》(JGJ 7—2010)中规定立体桁架屋盖结构(短向跨度)挠度限值为 1/250,本项目控制预应力张弦桁架在恒载和活载标准值作用下的挠度限值为其跨度的 1/400,计算结果表明,最大竖向挠度值为跨度的 1/407,满足设计要求。张弦桁架竖向最大位移如图 2.92 所示。

第 2 章　全张拉空间结构

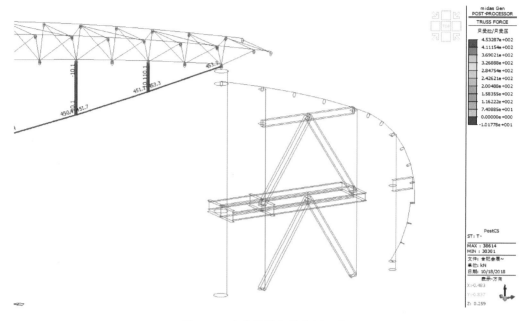

图 2.91　支座边界条件分析示意

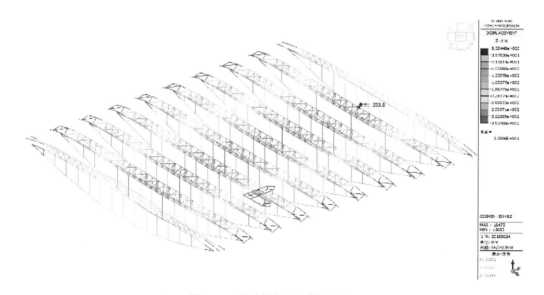

图 2.92　张弦桁架竖向最大位移

（4）杆件应力。

根据最不利荷载组合对结构的杆件进行验算,验算结果表明,桁架构件最大应力在桁架下弦靠近支座处,最大应力比为 0.801;撑杆最大应力集中在各榀张弦桁架跨中处,最大应力比为 0.2;拉索最大应力比为 0.5。杆件截面满足强度要求,主要控制工况为 1.2D + 1.4L + 0.84X 向风,桁架杆件应力比如图 2.93 所示。

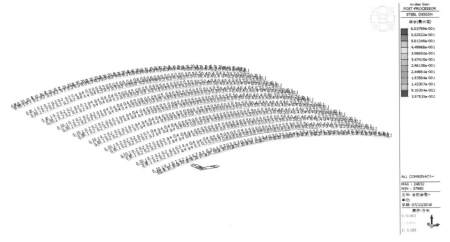

（a）桁架上弦应力比分布（max：0.604）

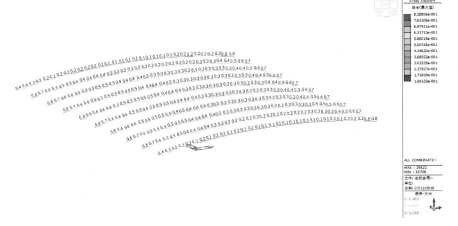

（b）桁架下弦应力比分布（max：0.801）

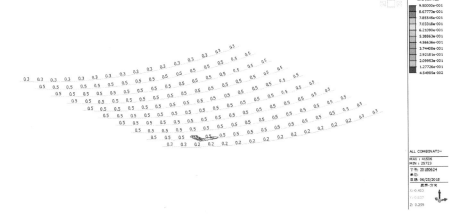

（c）拉索应力比分布（max：0.50）

图2.93 构件应力云图

（5）稳定性分析。

模态屈曲分析时，考虑了三种荷载工况，具体见表2.15。

表2.15　模态屈曲分析的工况

序号	工况名称	具体荷载情况
1	D+L(FULL)	1自重＋1附加恒载＋1活载（全跨）＋1预应力
2	D+L(HalfX)	1自重＋1附加恒载＋1活载（X方向半跨）＋1预应力
3	D+L(HalfY)	1自重＋1附加恒载＋1活载（Y方向半跨）＋1预应力

其中，半跨活载布置详见图2.94。

屈曲模态结果如图2.95所示，全跨和半跨荷载的1阶屈曲模态均呈现张悬主桁架的侧弯失稳。

考虑几何非线性结构的整体稳定性能分析时，按仅隔离出屋盖结构的截断模型和包含下部结构的整体模型两种方式分别进行，分析中考虑了最外侧两榀桁架之间设置平面内支撑。初始缺陷基于模态屈曲分析计算的1阶（整体）模态屈曲引入，最大偏位取跨度的1/300。位移加载控制节点取弹性分析时最大位移的节点。收敛条件采用位移控制，相对精度取为0.001。

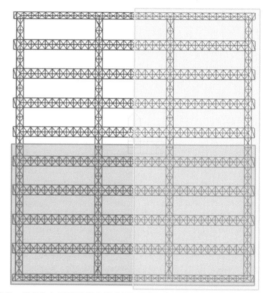

蓝色：沿Y方向半跨活载布置范围；黄色：沿X方向半跨活载布置范围

图2.94　半跨活载布置详图

（a）全跨1阶屈曲模态（特征值11.7）

（b）X向半跨1阶屈曲模态（特征值15.3）

（c）Y向半跨3阶屈曲模态（特征值15.2）

图2.95　结构屈曲模态

经分析,截断模型在全跨荷载分析工况的荷载系数为 4.3 倍(恒载+活载),在沿 X 方向半跨活载分析工况的荷载系数为 4.9 倍(恒载+活载),在沿 Y 方向半跨活载分析工况的荷载系数为 4.8 倍(恒载+活载)。截断模型在各个分析工况的荷载系数均大于 4.2 倍(恒载+活载)。如图 2.96 所示。

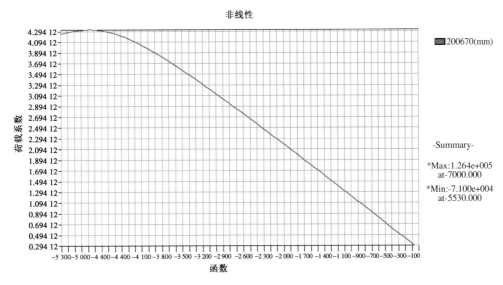

图 2.96　全跨荷载下截断模型单非线性分析位移-荷载曲线

整体模型在全跨荷载分析工况的荷载系数为 4.8 倍(恒载+活载),在沿 X 方向半跨活载分析工况的荷载系数为 5.5 倍(恒载+活载),在沿 Y 方向半跨活载分析工况的荷载系数为 5.3 倍(恒载+活载)。整体结构在各个分析工况的荷载系数均大于 4.2 倍(恒载+活载),结构整体稳定性能能满足要求。如图 2.97 所示。

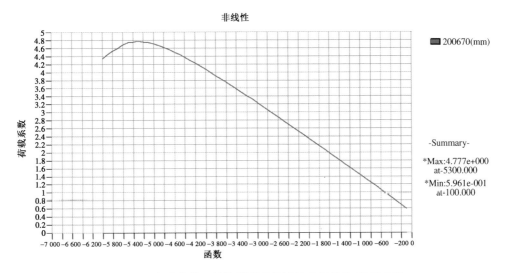

图 2.97　全跨荷载下整体模型单非线性分析位移-荷载曲线

（6）防倒塌分析。

根据屋盖结构特点，在模型中去除中部一榀张弦桁架下部拉索，去除索位置如图2.98所示。

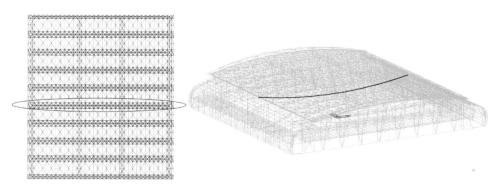

图 2.98　去除索位置示意

计算结果表明，在断掉中部一根索后，结构最大竖向位移为 1 221 mm（图 2.99），位移增加较大。断索处上部桁架最大应力在桁架上弦跨中处，最大应力为 377 MPa（图 2.100），小于钢材屈服强度 390 MPa，可知断索后上部桁架仍然可处于弹性状态。与断索桁架相邻桁架应力增大，杆件最大应力达 379 MPa，应力虽然增加，但是仍处于弹性状态。在截断中部一榀张弦桁架下部拉索后，其余拉索最大内力为 10 580 kN，小于索破断荷载。因此，张弦屋盖一榀桁架退出工作后，屋盖其余杆件仍处于弹性状态，不会发生连续倒塌。

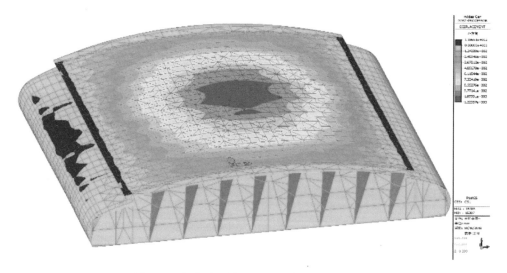

图 2.99　断索后屋盖竖向位移（最大 1 221 mm）

5. 节点和细部构造

张弦桁架两端支座节点为上弦杆和下弦拉索的连接节点，同时也是屋盖上弦桁架腹杆的相交节点，拉索节点穿过节点中心，此处汇交杆件较多，节点受力较为复杂，因此采用

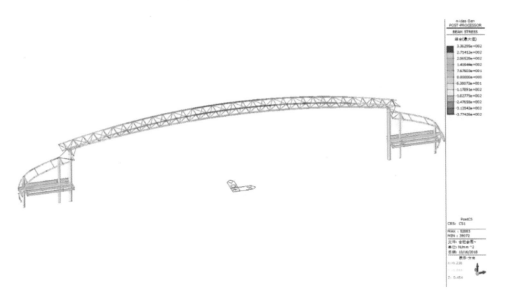

图 2.100　断索后桁架应力(两侧钢结构最大应力为 377 MPa)

铸钢节点,钢管材质为 G20Mn。对该节点建立有限元模型进行具体受力分析,以验证该节点的可靠性,为简化计算,部分后焊的普通 Q355B 材质的钢材均按铸钢件材质代入计算(图 2.101 中绿色部分)。

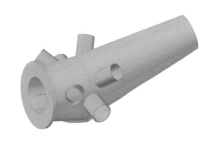

采用有限元软件 ANSYS19.0,节点采用实体单元,各杆件内力均匀加载在杆件截面上,整体铸钢件模型杆件加载情况及支座条件如图 2.102 所示,节点应力云图如图 2.103 所示。

图 2.101　分析节点轴测图

图 2.102　支座条件及杆件内力加载示意

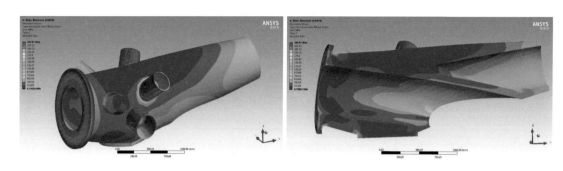

图 2.103　节点应力云图

由分析结果可知,在给定的荷载作用下,铸钢节点的核心区域均处于线弹性状态,大部分应力处于 235 MPa 以内,小于铸钢件设计值。最大 Mises 应力为 244 MPa,位于与铸钢件后焊的绿色 Q355 材质的普通材质杆件上,小于该种材料的强度设计值。铸钢节点杆端的空间最大竖向变形约为 1.2 mm。根据以上结论及《铸钢结构技术规程》(JGJ/T 395—2017)第 5.4.5 条,可认为该节点是安全的。

6. 滑移施工和施工模拟分析

1) 滑移施工概述

结构采用"结构累积滑移"的方式进行安装施工。利用结构条件,在南侧 B 轴及 C 轴位置搭设拼装支撑胎架,最先开始拼装 K 轴和 L 轴的桁架,利用"液压同步顶推滑移"系统将所有桁架结构拼装成整体,并累积整体滑移到设计位置。滑移总体布置如图 2.104 所示。

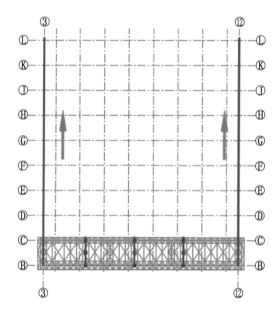

图 2.104　滑移总体布置示意

桁架结构滑移施工共设置 2 条通长滑移轨道,2 条通长滑道分别设置于结构的 3 轴和 12 轴;另外在跨中设置 3 条短轨道,用于桁架索张拉前滑移,桁架结构滑移施工的具体流程如下:

(1) 在结构 B~C 轴线位置搭设桁架结构临时支撑胎架。

(2) 安装桁架结构滑移用临时滑移梁等。

(3) 安装滑道结构,包括轨道、挡板等。

(4) 在拼装胎架上拼装 L 轴线桁架结构及滑移底座。

(5) 安装第一组液压同步顶推设备,包括液压泵站、液压顶推器、油管和传感器等。

(6) 调试液压同步顶推系统的电气系统,并做好滑移准备。

(7) 将 L 轴桁架向前滑移一个柱距,安装拉索并张拉。

(8) 拼装 K 轴桁架。

(9) 将 K~L 轴桁架向 L 轴线滑移一个柱距(18 m),暂停滑移。

(10) 安装 K 轴拉索并张拉。

(11) 按照以上顺序依次完成所有桁架的滑移作业。

(12) 安装支座,并对局部的支座位置进行微调。

(13) 原位吊装最后 1 榀桁架,安装拉索并张拉,拆除液压同步顶推滑移系统。

(14) 完成整个桁架滑移安装作业。

跨中设置 3 条短轨道,采用临时支撑胎架进行搭设,临时支架采用 2 m×2 m 标准胎架,侧向设置揽风绳,揽风绳采用直径 $D=20$ 的钢丝绳,强度等级为 1 770 MPa,靠近 5 轴线及 9 轴线位置,短轨道支架设置在 8.9 m 标高楼面上,楼面上设置 H588 mm×300 mm×12 mm×20 mm 的分配梁,靠近 7 轴线位置的短轨道胎架底部设置独立基础,短轨道具体设置方式如图 2.105—图 2.107 所示。

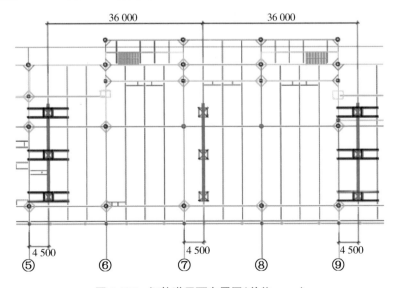

图 2.105　短轨道平面布置图(单位: mm)

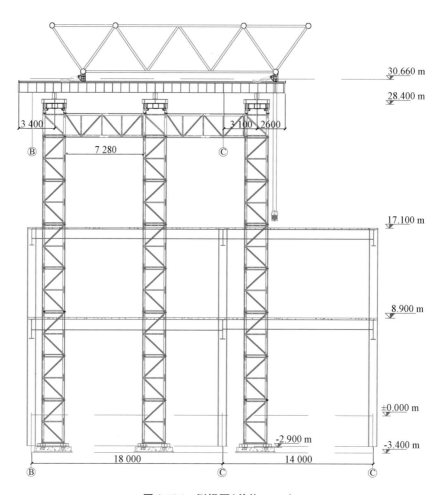

图 2.106　侧视图(单位：mm)

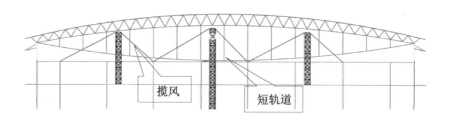

图 2.107　正视图

2) 索张拉施工模拟分析

(1) 分析工况。

对张弦桁架钢屋盖张拉施工过程进行力学分析(表 2.16),提取结构响应,验证施工过程中的索力及结构安全性,并提供张拉施工参数。

表 2.16　施工分析工况

工况号	施工阶段
1	胎架上拼装 L，K 轴张弦桁架及其中间连系桁架
2	张拉 L 轴拉索
3	累积滑移 L～K 轴张弦桁架,安装 J 轴钢构及其连系桁架,并张拉 K 轴拉索
4	累积滑移 L～J 轴张弦桁架,安装 H 轴钢构及其连系桁架,并张拉 J 轴拉索
5	累积滑移 L～H 轴张弦桁架,安装 G 轴钢构及其连系桁架,并张拉 H 轴拉索
6	累积滑移 L～G 轴张弦桁架,安装 F 轴钢构及其连系桁架,并张拉 G 轴拉索
7	累积滑移 L～F 轴张弦桁架,安装 E 轴钢构及其连系桁架,并张拉 F 轴拉索
8	累积滑移 L～E 轴张弦桁架,安装 D 轴钢构及其连系桁架,并张拉 E 轴拉索
9	累积滑移 L～D 轴张弦桁架,安装 C 轴钢构及其连系桁架,并张拉 D 轴拉索
10	累积滑移 L～C 轴张弦桁架,安装 B 轴钢构及其连系桁架,并张拉 C 轴拉索
11	累积滑移第 L～B 榀,并张拉 B 轴拉索
12	安装 A，M 轴悬挑构件,结构成型

(2) 典型工况下的结构响应。

典型工况下,结构位移、内力响应示意如图 2.108—图 2.111 所示。

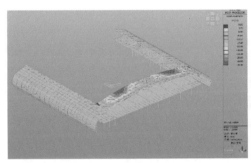

(a) 工况 1　　　　　　　　　　　　　　(b) 工况 2

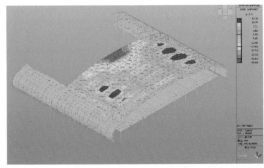
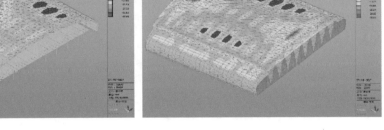

(c) 工况 6　　　　　　　　　　　　　　(d) 工况 12

图 2.108　结构竖向位移云图

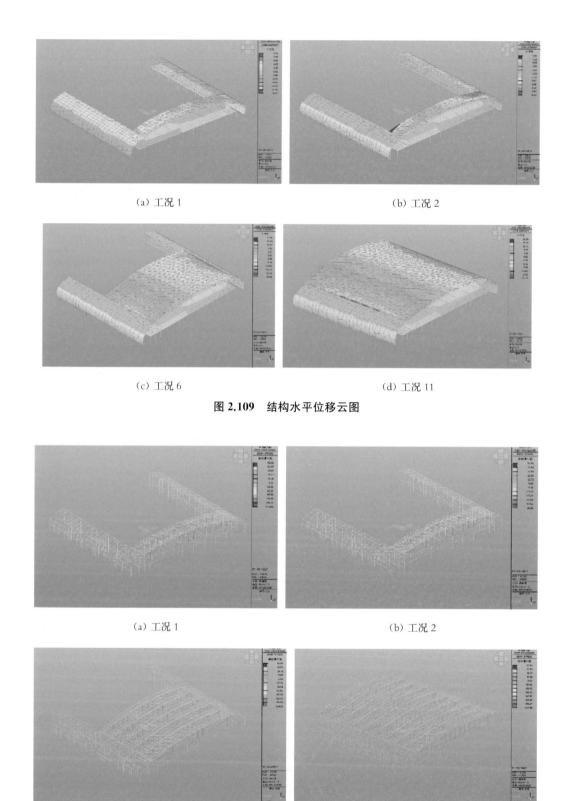

(a) 工况 1　　　　　　　　　　　　　　(b) 工况 2

(c) 工况 6　　　　　　　　　　　　　　(d) 工况 11

图 2.109　结构水平位移云图

(a) 工况 1　　　　　　　　　　　　　　(b) 工况 2

(c) 工况 6　　　　　　　　　　　　　　(d) 工况 11

图 2.110　钢构应力云图

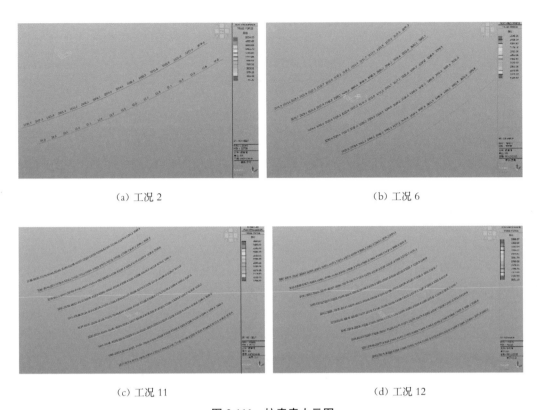

<table>
<tr><td>(a) 工况 2</td><td>(b) 工况 6</td></tr>
<tr><td>(c) 工况 11</td><td>(d) 工况 12</td></tr>
</table>

图 2.111　拉索索力云图

(3) 分析结论。

① 施工过程中结构最大竖向变形为 - 49 mm,出现在前两榀钢桁架安装就位时,结构施工成型后,全结构竖向变形很小。

② 施工过程中结构最大支座位移为 21 mm,出现在工况 6 中 G 轴拉索张拉后。

③ 施工过程中最大索力为 3 687 kN,出现在工况 3,即 K 轴张弦拉索张拉。

④ 施工过程中钢构最大组合应力为 139 MPa,处于弹性应力状态,结构安全。

参考文献

[1] 孙国鼎.张拉整体结构的形态分析[D].西安：西安电子科技大学,2010.

[2] 覃宏良.张拉整体结构的预应力优化设计[J].城市建设理论研究,2016,6(8)：7253-7254.

[3] 余玉洁,陈志华,王小盾.张拉整体结构研究综述：找形、控制、结构设计[C]//首届全国空间结构博士生学术论坛,2012.

[4] 马瑞嘉,马人乐.张拉整体高耸结构的补偿张拉方案设计[J].建筑钢结构进展,2016(5)：49-57.

[5] 全张拉预应力结构体系小品——悬浮家具[EB/OL]. (2014-12-15). http://bbs.zhulong.com/102050_group_100556/detail9085130.

[6] 吴杏弟.体育馆张弦梁无盖钢结构施工关键技术[J].建筑施工,2016(3)：289-291.

[7] 孙文波.佛山体育中心新体育场屋盖索膜结构的整体张拉施工全过程模拟[J].空间结构,2005(2)：

50-52.

［8］陆金钰,武啸龙,赵曦蕾,等.基于环形张拉整体的索杆全张力穹顶结构形态分析[J].工程力学,2015 (S1)：66-71.

［9］郭彦林,田广宇,王昆,等.宝安体育场车辐式屋盖结构整体模型施工张拉试验[J].建筑结构学报, 2011(3)：1-10.

［10］RENÉ MOTRO,吕佳,杨彬.张拉整体——从艺术到结构工程[J].建筑结构,2011(12)：12-19.

［11］WIKIPEDIA. Tensegrity[EB/OL]. https：//en.wikipedia.org/wiki/Tensegrity.

［12］LAZZARI M, VITALIANI R V, MAJOWIECKI M，et al. Dynamic behavior of a tensegrity system subjected to follower wind loading[J]. Computers & Structures，2003, 81(22-23)：2199-2217.

［13］GUAN X, WANG H, SUN Z, et al. Based on theory of random wind load wind turbine transmission system structure reliability analysis[J]. International Journal of Control and Automation, 2015,8(10)： 199-212.

［14］SAFAK E, FOUTCH D A. Vibration of buildings under random wind loads[D]. University of Illinois at Urbana-Champaign，1980.

［15］HONGQI J, SHUNCAI L. The wind-induced vibration response for tower crane based on virtual excitation method[J]. The Open Mechanical Engineering Journal，2014,8(1)：201-205.

［16］于德国,李光军,艾永,等.盘锦体育中心体育场非对称马鞍形索膜结构整体张拉施工技术[J].施工 技术,2015(6)：88-91.

［17］董智力,郭春雨,惠跃荣.空间张拉整体结构的预应力优化设计研究[C]//中国土木工程学会.土木工 程与高新技术——中国土木工程学会第十届年会论文集.中国土木工程学会：中国土木工程学会, 2002(5)：40-44.

［18］董石麟,袁行飞.索穹顶结构体系若干问题研究新进展[J].浙江大学学报(工学版),2008(1)：1-7.

［19］俞锋.索滑移分析的计算理论及其在索杆梁膜结构的应用研究[D].杭州：浙江大学,2015.

［20］郭彦林,江磊鑫,田广宇,等.车辐式张拉结构张拉过程模拟分析及张拉方案研究[J].施工技术, 2009(3)：30-35.

［21］王昆.车辐式张拉结构的体型研究与设计[D].北京：清华大学,2011.

［22］万红霞,吴代华.索和膜结构的力密度法找形分析[J].武汉理工大学学报,2004(4)：77-79.

［23］ZHANG J Y, OHSAKI M. Adaptive force density method for form-finding problem of tensegrity structures[J]. International Journal of Solids and Structures，2005，43(18).

复杂空间结构设计与实践

第 3 章　铝合金空间网格结构

3.1 结构用铝合金材料

铝元素储量丰富,是工业中常用的传统金属。纯铝抗拉强度较低,但通过添加镁、锰、硅、铜、锌、锂等合金元素[1],经过热处理强化,可大幅改善其机械性能,甚至可使其抗拉强度超过 500 MPa[2]。铝合金在建筑结构中的应用可追溯到 20 世纪 30 年代,早期主要用于桥梁结构[3]。经过近一个世纪的发展,铝合金由于其独有的特点,在与空间结构形式相结合的过程中逐渐发挥出优势。其中,铝合金单层网壳以其优秀的表现力和适用性实现了众多建筑和结构设计师的独特设计理念,受到越来越多的关注与青睐[4]。

3.1.1 铝合金分类及性能比较

铝合金可分为锻铝和铸铝两类。锻铝是对未熔化的铝坯进行热加工或冷加工成型,铸铝是将熔化的铝液倒入模具再将其铸造成型。

铸造铸铝时一般需使用砂模或金属模等模具,不同的铸造方法对铸铝的质量和力学性能影响较大,如金属铸模铸造的铸铝力学性能优于砂模铸造的铸铝。相比于锻铝,铸铝的力学性能差异性较大,延展性较低,这是由于铸造过程中会不可避免地在铝合金内部产生孔隙和夹杂氧化物,还与铸造过程中冷却速率的变化有关[3]。由于铸铝塑性较差,受力时易发生脆性破坏,故铸铝不宜用于建筑结构的受力构件;而锻铝塑性好,且便于加工,可经由挤塑成型为各种型材、棒材、管材等,所以在建筑结构中的承重铝合金构件多为锻铝。

锻造铝合金牌号命名规则是由美国铝业协会(AA)于 1954 年提出的[3],现已被广泛接受并采用,我国也采纳并沿用了该命名方法,并借鉴美国规范的状态代号制定了相关规范[5-8]。不同牌号的锻造铝合金的强度、延展性、耐腐蚀性等特性由于其化学成分(铝元素和其他少量添加元素)含量的差异而有所不同,如图 3.1 所示,其中 4×××系列主要用于焊接材料[3],未纳入比较范围,为便于曲线的连续表示,各系列铝合金未按顺序排列,根据是否添加铜元素将 7×××系列铝合金分为两类。除化学成分的影响外,锻造铝合金的后续处理方法也会对其力学性能带来很大影响。在各系铝合金中,2×××、6×××和 7×××系列是可热处理铝合金,通常使用热处理加工方法(T);其他各系为非热处理铝合金,常使用冷加工硬化(H)等方法进行处理。6×××系列中含有镁和硅元素,该系列铝合金具有良好的耐腐蚀性和与 Q235 钢材相近的强度,并且易于挤压成型,建筑结构中使用的大部分铝合金型材均属该系列,如 6061-T6 铝合金,被广泛应用于铝合金空间结构中。

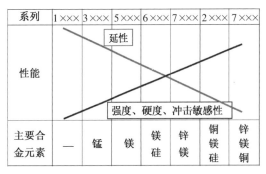

(a) 延性、强度、硬度及冲击敏感性

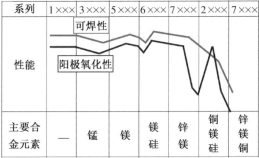

(b) 可焊性和阳极氧化性

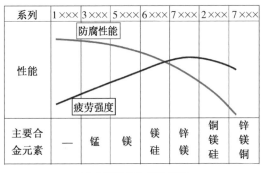

(c) 防腐性能和疲劳强度

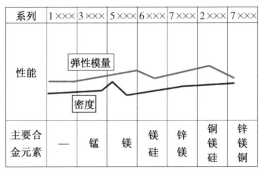

(d) 弹性模量和密度

图 3.1　各系铝合金材料特性

3.1.2　结构用铝合金材料性能及其优缺点

锻造铝合金与结构用钢相似,都具有很好的延展性,高强铝合金强度甚至可与高强钢相比,但其延性略差。在结构设计中铝合金与钢材有诸多相似点,同时也存在着差异,以下通过对比分析阐述铝合金作为结构材料的优缺点。

锻造铝合金密度为 $(2.67 \sim 2.80) \times 10^3 \, kg/m^3$,在结构设计中,为使用方便通常近似取为 $2.70 \times 10^3 \, kg/m^3$,而结构用钢材密度为 $7.85 \times 10^3 \, kg/m^3$,约为铝合金密度的 3 倍[9]。锻造铝合金由于其牌号差异,弹性模量为 $(69.6 \sim 75.2) \times 10^3 \, MPa$[3],钢材为 $205 \times 10^3 \, MPa$,亦约为铝合金的 3 倍。铝合金的弹性模量随环境温度的升高而减小,在 100℃ 时减至 $67 \times 10^3 \, MPa$,升温至 200℃ 时则减至 $59 \times 10^3 \, MPa$。在室温下铝合金的热膨胀系数约为 $23 \times 10^{-6}/℃$,为钢材($12 \times 10^{-6}/℃$)的 2 倍,表明铝合金结构对温度的变化(主要是升温变化)更为敏感,且随温度的升高,铝合金热膨胀系数也逐渐增大,在 200℃ 时可达 $26 \times 10^{-6}/℃$。当铝合金构件不受约束时,由温度变化引起的变形更大[10],这在铝合金空间结构的构件及支座设计、施工时应加以注意[11]。但由于弹性模量低,铝合金构件受到约束时,温度变化引起的变形仅为同条件下钢结构构件的 2/3[2]。

随着温度降低,铝合金的抗拉强度和伸长率提高,其力学性能有较为稳定的改善,且铝合金在低温环境中表现良好。铝合金泊松比近似为 1/3,随温度降低略微减小,但在结构设计中可以忽略该变化[3]。

结构用铝合金材料的焊接性能较差,焊接热影响效应对降低焊接铝合金材料的强度有较为明显的作用,例如建筑结构中常用的 6061-T6 铝合金,焊接会导致其材料强度降低近 50%,所以结构用铝合金的连接宜优先采用机械连接,当必须采用焊接连接时,宜选用焊接后材料强度降低相对较少的铝合金材料,同时宜采取措施减少热影响效应对结构和构件强度降低的影响,焊接位置宜靠近构件低应力区[12]。

铝合金可挤压成型,采用独特的挤压工艺可制作出具有复杂截面的构件,使截面形式更加合理[13]。铝合金构件和节点等可以进行批量预制,再进行装配,这种生产模式对于具有大量重复特征杆件和节点的大型铝合金空间结构具有良好的适用性。另外,铝合金良好的加工性能也使其能够更好地满足复杂建筑造型的要求[12]。

铝合金对各种波长的光线具有良好的反射率,外观色泽好。由于铝合金屋盖对阳光有高反射率,所以铝合金空间结构往往外观华丽,给人们带来视觉上的享受。

铝合金的耐腐蚀性能优于钢材。在建筑结构中,铝合金一般不需要专门的防腐处理,因为铝合金自身在空气中可形成致密氧化膜,使其具有良好的耐腐蚀性能。在游泳馆和溜冰场等水蒸气含量较高的体育馆,采用铝合金结构可以很好地抵御水蒸气的侵蚀,减少后期维护的费用。同样,在石油化工、仓储等防腐要求较高的大型工业建筑中,铝合金网壳也被大量应用[14]。

综上所述,铝合金材料与钢材相比具有自重轻、耐腐蚀的特点并具有特有的功能[15]。而结构工程中充分发挥铝合金上述优点的是大跨度空间结构(如体育场、会议厅和礼堂等)和长期暴露于潮湿、腐蚀性环境的结构(如游泳馆等)[16]。选择以薄膜应力为主的结构体系,如单层网壳结构体系,可使铝合金杆件处于正截面受力状态,尽可能均匀地受拉或受压,同时杆件中弯曲应力较小,使铝合金强度得以充分发挥,满足合理的截面形式。

3.2 铝合金空间网格结构的工程应用

空间网格结构是由大致相同的格子或尺度较小的基本结构单元组合而成,可均匀三向传递力流的空间结构[17]。铝合金空间网格结构包含单、双层网壳和网架[18-21]。

3.2.1 国外工程应用

网壳结构最早可追溯到 1863 年,有"穹顶之父"之称的德国人 Schwedler 设计建造了第一个钢网壳结构[22]。近几十年来,以网壳和网架为代表的空间网格结构飞速发展[23]。相比于钢网壳结构,铝合金网壳结构出现较晚,1951 年建成的英国"探索"穹顶是世界上建成最早的铝合金单层网壳结构[24]。随着加工技术的不断发展、制造工艺的改进、计算分析能力的提升以及设计水平的提高,铝合金网壳结构不但在诸如体育场馆、会展中心、剧场等公共建筑中被采用,而且在大型石油化工产品的储罐、火力发电厂的干煤库及污水处理厂等工业领域也得到了广泛的推广和应用。表 3.1 列举了国外部分具有代表性的铝合金单层空间网格结构,图 3.2—图 3.22 为其工程应用实例。

复杂空间结构设计与实践

表 3.1　国外具有代表性的铝合金单层网壳结构

序号	项目名称	所在地	节点形式	尺寸	竣工年份	图片编号
1	"探索"穹顶	英国伦敦	板式节点	直径 111.3 m,矢高 27.4 m,覆盖面积 10 117 m²	1951	图 3.2
2	洛克菲勒大学礼堂	美国纽约州	板式节点	不详	1957	图 3.3
3	夏威夷乡村酒店穹顶	美国夏威夷州	板式节点	直径 44.2 m	1957	图 3.4
4	国家恐龙公园博物馆	美国康涅狄格州	板式节点	不详	1968	图 3.5
5	史基浦机场航空博物馆	荷兰阿姆斯特丹	板式节点	直径 68 m,矢高 23 m,覆盖面积 2 700 m²	1971	图 3.6
6	埃米拉学院穆雷体育中心	美国纽约州	板式节点	直径 70.7 m	1973	图 3.7
7	南极穹顶	南极	板式节点	直径 50 m,矢高 15.85 m	1975	图 3.8
8	沃拉沃拉社区学院活动中心	美国华盛顿州	板式节点	直径 62.8 m	1977	图 3.9
9	得梅因植物和环境中心	美国艾奥瓦州	板式节点	直径 45.7 m	1979	图 3.10
10	奥兰多迪士尼乐园"地球飞船"	美国佛罗里达州	板式节点	直径 50 m	1982	图 3.11
11	雷诺兹"百鸟林"	美国北卡罗来纳州	板式节点	直径 42.4 m,矢高 16.8 m	1982	图 3.12
12	长滩穹顶	美国加利福尼亚州	板式节点	平面直径 125.6 m,矢高约 40 m,覆盖面积 12 542 m²	1983	图 3.13
13	"信仰"穹顶	美国加利福尼亚州	板式节点	直径 97.5 m	1989	图 3.14
14	C.B.R 水泥公司石灰石储仓	美国加利福尼亚州	板式节点	直径 102.1 m,矢高 23.8 m	1990	图 3.15
15	亚巴拉马州立大学教育基地	美国亚拉巴马州	板式节点	直径 80.8 m,覆盖面积 20 460 m²	1991	图 3.16
16	后河污水处理罐	美国马里兰州	板式节点	单体直径 24.4 m,高度 45.7 m	1992	图 3.17
17	新潟植物园第一温室	日本新潟县	板式节点	覆盖面积 1 490 m²	1998	图 3.18
18	丸瀬布町蝴蝶馆	日本北海道	板式节点	覆盖面积 200.9 m²	1999	图 3.19
19	彭萨科拉基督教大学天文馆	美国佛罗里达州	板式节点	直径 18.3 m	1999	图 3.20
20	银色穹顶	荷兰佐特尔梅	板式节点	不详	2002	图 3.21
21	亨利多利动物园沙漠穹顶	美国内布拉斯加州	板式节点	直径 76.2 m,矢高 36.6 m	2002	图 3.22

图 3.2 "探索"穹顶

图 3.3 洛克菲勒大学礼堂

图 3.4 夏威夷乡村酒店穹顶

图 3.5 国家恐龙公园博物馆

图 3.6 史基浦机场航空博物馆

图 3.7 埃米拉学院穆雷体育中心

图 3.8 南极穹顶

图 3.9 沃拉沃拉社区学院活动中心

图 3.10　得梅因植物和环境中心

图 3.11　奥兰多迪士尼乐园"地球飞船"

图 3.12　雷诺兹"百鸟林"

图 3.13　长滩穹顶

图 3.14　"信仰"穹顶

图 3.15　C. B. R 水泥公司石灰石储仓

图 3.16　亚巴拉马州立大学教育基地

图 3.17　后河污水处理罐

图 3.18 新潟植物园第一温室

图 3.19 丸濑布町蝴蝶馆

图 3.20 彭萨科拉基督教大学天文馆

图 3.21 银色穹顶

图 3.22 亨利多利动物园沙漠穹顶

3.2.2 国内工程应用

空间结构在我国的应用始于 20 世纪 50 年代,其中最具代表性的是 1956 年建成的天津体育馆屋盖[25]。自 20 世纪 90 年代以来,铝合金空间网格结构在我国的应用也逐渐增多。到目前为止,我国各地已建成了多座铝合金空间网格结构。选取其中一部分具有代表性的应用实例列于表 3.2,图 3.23—图 3.33 为其工程应用实例。

表 3.2 国内具有代表性的铝合金单层网壳结构

序号	项目名称	规模	节点形式	铝材牌号	杆件截面形式	螺栓	竣工年份	图片编号
1	上海国际体操中心	平面直径 68 m,矢高 11.88 m,曲率半径 55.37 m,矢跨比 0.175	板式节点	6061-T6	工字形	不锈钢螺栓、硬铝合金螺栓	1997	图 3.23
2	上海马戏城杂技场	直径 50.6 m,矢高 28 m	板式节点	不详	工字形	铝合金栓钉	1999	图 3.24
3	上海科技馆	长轴 67 m,短轴 51 m	板式节点	6061-T6	工字形	紧固螺栓为 305 系列不锈钢,紧固螺帽为 6061 热处理铝合金	2001	图 3.25
4	阳江市体育馆	直径 67.8 m	板式节点	6061-T6	工字形	不详	2001	图 3.26
5	长沙招商服务中心	直径 42 m,矢高 23 m	板式节点	6061-T6	工字形	7A03-T6 铝合金或 A 奥氏体不锈钢材质螺栓	2005	图 3.27
6	义乌游泳馆	直径 110 m,矢高 10 m	板式节点	6061-T6	工字形	不详	2008	图 3.28
7	重庆渝北空港体育馆	最大跨度约85 m,矢高 13 m	板式节点	6061-T6	工字形	铝紧固件为7075-T73,5056,2024 或 2117 铝,不锈钢紧固件为 18-8 或 305 不锈钢	2009	图 3.29
8	现代五项运动协会成都赛事中心游泳击剑馆	最大跨度约 90 m,矢高约 8.5 m	板式节点	6061-T6	工字形	M9.66 不锈钢承压型螺栓连接,材料为 304-HS	2010	图 3.30
9	上海辰山植物园温室	三个单体长度、宽度和高度分别约为 203 m × 33 m × 20.5 m,128 m × 100 m × 17 m 和 110 m×34 m×14 m	板式节点	6061-T6	工字形	紧固螺栓为 305 系列不锈钢或 7075-T73 阳极氧化铝,紧固螺帽为 6061 热处理铝合金	2011	图 3.31

序号	项目名称	规模	节点形式	铝材牌号	杆件截面形式	螺栓	竣工年份	图片编号
10	武汉体育学院综合体育馆	平面投影近似为正方形,跨度 62 m,矢跨比约 0.123	板式节点	6061-T6	工字形	不详	2011	图 3.32
11	南京牛首山佛顶宫	长边约 227 m,短边约 130 m,最高处高度约 54 m	板式节点	6061-T6	工字形	不锈钢紧固件	在建	图 3.33

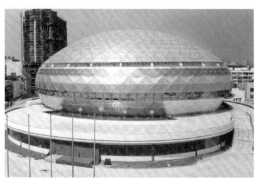

图 3.23　上海国际体操中心

图 3.24　上海马戏城杂技场

图 3.25　上海科技馆

图 3.26　阳江市体育馆

图 3.27　长沙招商服务中心

图 3.28　义乌游泳馆

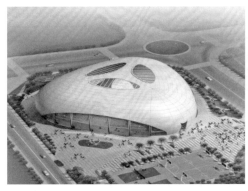

图 3.29　重庆渝北空港体育馆　　　　图 3.30　现代五项运动协会成都赛事中心游泳击剑馆

图 3.31　上海辰山植物园温室

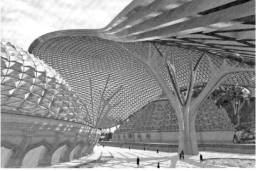

图 3.32　武汉体育学院综合体育馆　　　　图 3.33　南京牛首山佛顶宫

3.3　铝合金单层网壳节点形式

　　空间网格结构是由离散的杆件通过节点连接集成的结构系统,所以节点是结构系统中重要的受力部分,节点不仅要连接构件,同时还起到传递力流的作用。在单层网壳结构中,每个节点应至少连接 3 根构件以保持稳定性,并且既要能抵抗不平衡力产生的扭转效应,又要能抵抗由于施工安装误差在结构体系中产生的残余应力。另外,汇交于节点的轴力构件越多,结构体系的形态学可能性就越大。在空间网格结构的节点体系中,美国 Unistrut 体系和 Temcor 体系、德国 Mero 体系、加拿大 Triodetic 体系、日本 NS 体系等应用较为广泛。由于铝合金可焊接性能差,所以铝合金空间网格结构主要采用机械连接形式的节点,其中应用较为广泛的是螺栓球节点和 Temcor 公司的板式节点,前者主要用于网架和双层网壳,后者用于单层网壳。

3.3.1　板式节点

　　现有的较为成熟的铝合金单层网壳结构节点体系为美国 Temcor 体系。该节点构造的具体形式是在中心汇交若干工字形截面杆件,于上、下翼缘处各设置一块铝合金节点板,每根杆件通过紧固螺栓将上、下翼缘分别与上、下节点板连接。我国已建成并投入使用的多座铝合金单层网壳均采用了该节点体系。

　　钱基宏等[26]指出在板式节点设计中,圆盘的直径、起拱量、螺栓(孔)的规格与数量以及圆盘厚度为关键参数。其中圆盘直径需满足汇交杆件互不干涉的要求,圆盘起拱量取决于相应杆件与节点切平面的夹角。邹磊等[27,28]通过对板式节点进行有限元分析得出,杆件和盖板均在螺栓孔边缘处存在应力集中,并从盖板外边缘向节点中心逐步减轻,杆件与盖板接触面处应力较大,但整体来看杆件与盖板均有较高的安全性;通过关键点的位移计算了节点绕杆件强轴的弯曲刚度,并认为该节点为半刚性节点。由于其模型中未考虑螺栓,所以不能反映螺栓与杆件及节点板的相互作用,也未能对螺栓的应力状态进行研究。为验证铝合金板式节点的强度和刚度,王立维等[29]对其进行了数值模拟,结果表明正常工作状态下节点板和螺栓应力均较小,得到了节点的弯矩-转角曲线,并认为节点刚度满足刚接假定。

　　总体而言,铝合金单层网壳结构板式节点的研究尚存在一些不足,一是试验研究仍相对较少,特别是针对铝合金单层网壳中应用较多的板式节点转动刚度方面的试验研究很少,不能对数值模拟进行试验验证;二是大多数研究仅局限于数值模拟,无论是对节点破坏模式和应力分布的探究还是对节点刚度及承载能力的数值计算均有待试验验证;三是部分有限元分析模型不够精确,有些模型中仅考虑了节点耦合但并未建立螺栓的实体模型,还有些模型虽然建立了螺栓实体,但未考虑螺栓杆与孔壁的摩擦,可能导致数值模拟的精确性不足;四是部分研究虽然对节点的转动刚度和极限抗弯承载力加以计算,但计算模型的数量和模型参数不足,难以得出具有一定适用性的计算公式。

3.3.2　其他形式节点

　　对于其他形式的铝合金单层网壳节点,国内外学者亦进行了一些研究。罗翠[30,31]、施刚等[32,33]对一种用于箱形截面杆件连接的铝合金单层网壳铸铝节点进行了试验研究与数值分析,结果表明,该铸铝节点平面外的抗弯刚度明显高于平面内的抗弯刚度,指出最不利截面在螺栓孔削弱处,设计时在保证强度的前提下应适当减少螺栓孔数量,提出了该铸铝节点承载力的简化设计公式。节点铸铝部分破坏形式为脆性破坏,延性较差,制约了该节点形式的推广。

为分析铝合金单层球面网壳嵌入式节点的刚性,Sugizaki 等[34]进行了详细的试验研究,包括节点的拉压试验、单个三角形网格单元的受压与绕强试验以及弱轴受弯试验,认为该节点为面外刚接、面内半刚接。

Hiyama 等[35]对铝合金单层网壳螺栓球节点进行了试验与数值模拟,提出了节点刚度和承载力近似计算公式,结果表明,薄弱区域不会出现脆性断裂,并且节点刚度和承载力随连接构件截面的增大而提高。

3.3.3 半刚性节点的性能

单层网壳的两个构成要素为节点与杆件,二者的性能均对结构稳定性有着直接且极为重要的影响。节点的刚度直接影响结构刚度分布,从而影响结构的内力分布和变形性能,单层网壳的节点连接刚度往往是介于铰接和刚接之间,为半刚性节点,节点刚度对单层网壳稳定性的影响较大,国内外学者对此做了大量研究。

1. 国外相关研究

Shibata 等[36]对两种形式的螺球节点进行了试验和数值模拟研究,得到了节点在弯矩作用下的弯矩-转角曲线。还分析了节点刚度对结构承载力的影响,得到以下结论:半刚性节点网壳的承载力低于刚性节点网壳,网壳稳定承载力随节点刚度的提高而增大。

Kato 等[37-39]同时考虑了节点刚度及杆件的初始缺陷,对不同节点弯曲刚度的两向和三向单层网壳极限承载力进行了研究,提出了相应的计算公式,并指出在单层网壳极限承载力的计算中,节点的半刚性性能比杆件缺陷造成的影响更大。

Loureiro 等[40]对一种螺栓球节点进行了试验研究,得到了该半刚性节点的弯曲刚度,将该节点刚度引入单层网壳考察其稳定承载力,发现刚接网壳对内部几何初始缺陷十分敏感,而随着节点刚度的减弱,网壳对该缺陷的敏感性逐渐下降。

López 等[41,42]理论分析了节点刚度对单层网壳在对称荷载作用下的稳定承载力的影响,并给出了基于节点初始刚度的网壳承载力估算公式;对节点、网壳单元和一个三向多肋环网壳模型均进行了试验研究,发现理论计算结果与试验吻合良好。

You 等[43]对星形、葵花形和三向网格形式的半刚性节点单层网壳进行了数值计算,杆件单元考虑了几何非线性,经比较表明,葵花形网格单层网壳稳定承载力高于其他两者。

2. 国内相关研究

郭小农等[44]针对工程中应用的一种贯通式节点,通过试验求得截面惯性矩的折减系数和梁端长度,应用分段等效刚度法考虑节点的半刚性,分析了不同荷载工况下节点的转动刚度对单层网壳承载力的影响。

徐箐等[45,46]采用空间梁单元,引入系数 α 对节点刚度进行调节,研究了节点刚度对

K8 型单层球面网壳杆件内力的影响,指出随着系数的增大,杆件内力有减小的趋势。

王伟等[47-49]对圆钢管相贯节点的刚度和承载力进行了试验研究和有限元分析,提出了节点刚度的参数计算公式,建立了节点的弯矩-转角非线性关系模型,并将非刚性节点单元模型通过 COMBIN39 单元引入结构整体非线性分析中,考察了节点性能对结构整体行为的影响效应。

余贞江[22]利用 MATRIX27 单元模拟节点刚度,并通过数值计算研究了节点刚度对 3 种不同网格形式的单层网壳结构整体稳定性的影响。

邱国志等[50,51]对 X 形钢管相贯节点进行了试验研究,并利用 MATRIX27 单元将相贯节点的轴向刚度和平面内、外的弯曲刚度引入单层网壳整体模型,经计算分析发现,节点的非刚性性能对单层网壳的变形及整体稳定性有显著影响。

刘海锋等[52]利用与节点半径等长的刚臂来模拟节点的体积,在刚臂与杆件之间设置弹簧单元来模拟节点的刚度,采用多尺度检验方法进行有限元分析,指出可根据网壳中各杆件的弯曲应变能占总应变能的比例来判断节点弯曲刚度的变化对位移解和应力解的影响。

3.4 国内外铝合金结构设计规范

1978 年,欧洲钢结构协会(European Steel Structure Association, ECCS)制定的《欧洲铝合金结构建议》第 1 版获得通过,这是欧洲首次统一铝合金结构设计准则[53]。2000 年,欧洲标准化委员会 (Comité Européen de Normalisation, CEN) 颁布了 ENV 1999 Eurocode 9,于 2007 年被 EN 1999 Eurocode 9 取代,新的规范同时发行了法语和德语的官方正式版,被欧盟国家广泛采用,该规范至今仍在不断修订中。除欧洲各国外,澳大利亚和新西兰于 1997 年联合颁布了最新铝合金结构设计规范 AS/NZS 1664,取代了 1979 年颁布的旧规范。美国铝业协会(the Aluminum Association, AA)对《铝合金设计手册》(*Aluminum Design Manual*)进行了多次修编,近年来分别于 1994 年、2000 年和 2005 年出版了第 6、第 7 和第 8 版。但美国应用的铝合金结构规范对安全系数的规定存在容许应力法和抗力分项系数法两种方法,二者对系数的规定并不统一,直至 2010 年颁布的第 9 版《铝合金设计手册》才将容许应力设计方法和荷载抗力系数设计方法进行了统一。

相比国外,我国铝合金结构设计规范的研究和编制工作起步较晚。2001 年试行的上海市工程建设规范《铝合金格构结构技术规程》(DGJ 08 - 95—2001)[54]是我国首部铝合金空间网格结构设计规范,规范编制之时国内尚无铝合金结构设计规范和安装标准,且缺乏足够数量的构件材料研究分析及工程实践经验,规范制定存在一定的不足,例如未能根据可靠度分析确定抗力分项系数。为此,学者们开展了系列研究,并于 2007 年修改完善并颁布了《铝合金结构设计规范》(GB 50429—2007)[55],该规范促进了铝合金结构在我国的应用,有效地推动了我国铝合金结构的发展进程。

但无论是诸多的国外铝合金结构设计规范,还是我国的铝合金结构设计规范,均无针对铝合金单层网壳板式节点设计方法的规定;上海市《铝合金格构结构技术规程》(DGJ 08-95—2001)[54]中虽然给出了板式节点的节点板厚度和端部搭接长度等构造要求,但对于板式节点的转动刚度和承载力计算方法均未作规定,也没有规定在铝合金单层网壳的整体计算分析和结构设计中是否应考虑或如何考虑板式节点实际转动刚度的影响,此类问题尚有待于进一步的研究,并完善相关标准或规范。

3.5 铝合金空间网格结构工程实例

3.5.1 上海辰山植物园

1. 项目概况

上海辰山植物园地处上海松江区松江新城北侧、佘山西南,东起佘山中心河,西至千新公路,南抵花辰公路,北达沈砖公路(辰山塘以西)、佘天昆公路。

项目四期工程中的温室建筑(图 3.34)是绿环上的主体建筑。由三座不同的大气候罩、一个有顶棚的室外门厅区、办公区和一个地下的设备区组成。总建筑面积 21 165 m²。展馆分为三个展厅,分别为 8 个不同的植物展区,建筑面积共 12 875 m²。生态温室建筑高度分别为 21.412 m,19.665 m 和 16.917 m,展开面积约为 10 000 m²,7 800 m² 和 4 800 m²。温室群的建筑形态独特,具有弧形的大跨度穹顶,结构采用先进的单层空间网格结构,顶为三角形夹层中空钢化玻璃覆盖。

图 3.34 温室建筑

2. 结构体系

1) 温室结构设计难点

(1) 温室建筑造型新颖、独特,曲面流畅,但无法通过解析方程式的方法得到任意点的坐标,这为结构建模带来困难。

（2）温室曲面为不可解析曲面，故当采用三向网格时，构件非中心对称情况下，必须考虑构件局部坐标系的转角；另外，建筑师要求网格基本为等边三角形，边长为 1.8 m，尽可能均匀，这为自由曲面的网格划分带来很大的困难。

（3）因温室体形复杂，风荷载在其表面的分布及风振系数均比较难以确定。

（4）温室的结构选型及构件布置、节点形式等必须考虑未来温室使用功能的特点，综合考虑美观、防腐、安全、经济、易安装等因素的要求。

（5）因堆置地形的要求，温室结构的支座依堆土高度而变，不但对支座定位带来困难，更重要的是大面积堆土会对基础设计带来不利影响。

（6）温室采用单层网壳结构，且构件安装必须遵循曲面形态，现场安装困难，而安装误差对结构整体稳定性带来的影响必须充分考虑。

（7）铝合金材料热膨胀系数较大，温度变化对结构性能影响较大，因此，必须合理设计结构刚度，同时优化支座形式，满足温度变化时的结构安全性要求。

（8）单层铝合金结构体系对整体稳定性能要求较高，必须通过非线性荷载-位移全过程确定其整体稳定系数。

（9）因铝合金材料的特点，节点应同时满足美观、机械连接的设计要求，从而确保结构节点的安全性、制作精确性、现场易安装性等一系列要求。

2）结构布置

由于结构的受力体系为单层壳组成的拱形结构，沿结构的短跨方向每隔 1.8 m 左右布置一次拱（H300 mm×120 mm×8 mm×10 mm），而每 10 跨布置一主拱（H300 mm×200 mm×8 mm×10 mm），在各拱之间布置斜向杆件（H300 mm×120 mm×8 mm×10 mm），在一圈落地支座之间设置一环梁（H300 mm×200 mm×8 mm×10 mm），如图 3.35 所示。

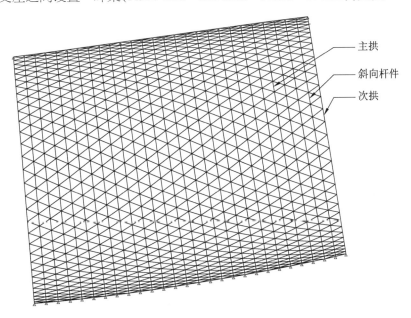

主拱

斜向杆件

次拱

图 3.35　结构网格

为充分发挥壳体刚度,进行了"形体优化",用类似于索网结构的找形方式,"寻找"一种曲面,在满足建筑要求的同时,使结构受力尽可能优化。形体优化的目的在于:

(1) 改进结构的造型,进而获得比较美观而且容易建造的自然曲面。

(2) 增大结构"拱效应",提高跨度平面内的竖向刚度。

(3) 尽可能使结构承受轴力,而非受弯,从而充分发挥构件的材料潜力。

结构找形的方法为把整个结构倒置,所有杆件设为两端铰接,求结构在自重作用下的形态即为所要求的形体。"形体优化"前后的曲面对比如图 3.36 所示,可见曲面两侧区域向内移动,顶面区域向外移动。其情况类似于膜结构自重作用下的变形。

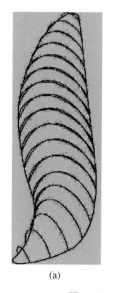
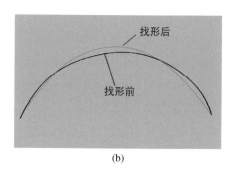

(a)

(b)

图 3.36 温室形体优化前后曲面对比示意

3. 结构分析

1) 计算参数

(1) 材料和截面。

温室结构所用铝合金材料为 6061-T6,钢材为 Q345B;温室结构外表面覆盖双层夹胶(6+6)超白钢化玻璃;温室结构杆件除门框采用矩形钢管外,其余均采用铝合金工字形截面,为与建筑玻璃幕墙相配合,杆件主轴须与杆件所处位置处曲面法向或网格法向同向,主要杆件尺寸见表 3.3。

表 3.3 铝合金结构体系构件截面   单位:mm×mm×mm×mm

主拱	次拱	斜向网格梁	边界环梁	门框
H300×200×8×10	H300×120×8×10	H300×120×8×10	H300×200×8×10	B300×200×20×20

(2) 荷载。

恒载取值:玻璃面板(厚度 12 mm)自重取 0.5 kN/m²;结构骨架自重由程序自算;风机吊挂荷载,在离地面 6 m 处每隔 3 m 施加 1 kN 竖向荷载。

活载取值:0.5 kN/m²(按全跨、半跨分别施加)。

风荷载取值:$w_0 = 0.55$ kN/m²,风载体型系数和风振系数均根据风洞试验结果取值。上海的年主要风向角为东南风和西北风,而在该风向角下的风洞试验结果除了温室单体 A 外,其余两单体的风作用响应均明显较小,因此取结构风作用响应最大的风向角进行计算,对于温室单体 A 取风向角 60°和 285°进行风载计算。

(3) 结构模型。

在各单体的中间部位 4 根拱的两端落地点设立固定铰接支座；在其余每根拱（包括主拱和次拱）的两端落地点均设立单向弹性铰接支座，以减小温度应力，在支座的 x 轴设弹簧（ y 和 z 两方向线位移约束），弹簧的刚度取为 200 N/mm，其方向根据个体的外形确定，如图 3.37 所示。

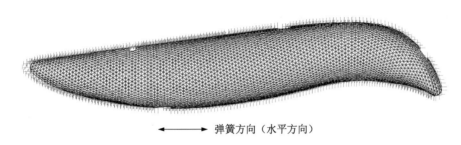

弹簧方向（水平方向）

图 3.37　温室单体 A 计算模型

2）静力分析结果

(1) 结构位移。各工况下节点的最大、最小位移如表 3.4 所列，各典型组合 z 向位移如图 3.38 所示。

表 3.4　各工况下节点的最大、最小位移　　　　　单位：mm

支座方向	x 向最大	x 向最小	y 向最大	y 向最小	z 向最大	z 向最小
位移大小	88.18	−72.8	112.51	−221.57	74.44	−116.71

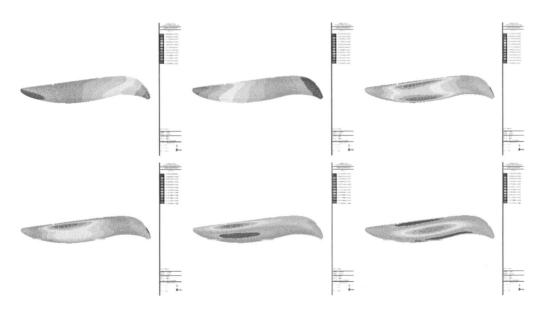

图 3.38　各典型组合 z 向位移

（2）支座反力及弹簧变形。各工况下弹簧支座最大、最小反力如表 3.5 所列,固定支座最大、最小反力如表 3.6 所列。

表 3.5 各工况下弹簧支座最大、最小反力(局部坐标) 单位：kN

支座方向	x 向最大	x 向最小	y 向最大	y 向最小	z 向最大	z 向最小
反力大小	879.934	− 678.372	74.765	− 71.570	212.717	− 152.284

表 3.6 固定支座最大、最小反力 单位：kN

支座方向	x 向最大	x 向最小	y 向最大	y 向最小	z 向最大	z 向最小
反力大小	21.714	− 28.059	375.041	− 535.668	562.679	− 397.883

注：支座弹簧刚度 $k = 200$ N/mm,弹簧单方向的变形能力最少为 $28×5 = 140$ mm。

（3）应力比。

大部分结构杆件在静力荷载工况下的应力比都要小于 0.6,应力较大的杆件主要分布在边界变化较大处,且数量较少。

3) 整体稳定性能

（1）线性屈曲分析。前 20 阶屈曲荷载系数如表 3.7 所列。

表 3.7 前 20 阶屈曲荷载系数(D＋L)

1 阶	2 阶	3 阶	4 阶	5 阶	6 阶	7 阶	8 阶	9 阶	10 阶
8.490	10.829	13.936	15.839	16.490	18.027	19.251	21.869	22.596	22.910

11 阶	12 阶	13 阶	14 阶	15 阶	16 阶	17 阶	18 阶	19 阶	20 阶
23.645	25.913	26.805	27.662	28.392	29.772	29.926	30.178	30.581	30.708

前 3 阶屈曲模态如图 3.39 所示。

(a) 第 1 阶   (b) 第 2 阶   (c) 第 3 阶

图 3.39 前 3 阶线性屈曲模态

(2) 非线性屈曲分析。

非线性屈曲分析时模型考虑 $L/300$ 初始缺陷、几何非线性、材料线弹性。分析表明，良好的形态和适当的杆件截面可以保证温室单体具有良好的整体稳定性能，特征值屈曲荷载系数都在 8.0 以上，考虑初始缺陷和几何非线性的条件下屈曲荷载系数也在 4.0 以上。

4) 抗震性能

(1) 自振特性。前 10 阶周期如表 3.8 所列。

表 3.8　前 10 阶周期　　　　　　　　　　单位：s

第 1 阶	第 2 阶	第 3 阶	第 4 阶	第 5 阶	第 6 阶	第 7 阶	第 8 阶	第 9 阶	第 10 阶
1.377	0.988	0.661	0.606	0.595	0.501	0.440	0.414	0.406	0.393

前 3 阶振型如图 3.40 所示。

(a) 第 1 阶　　　　　　　　　(b) 第 2 阶　　　　　　　　　(c) 第 3 阶

图 3.40　前 3 阶振型

(2) 多遇地震下结构的抗震性能。

地震设计参数为：丙类建筑，7 度(0.1g)，Ⅳ类场地($T_g = 0.9$ s)，设计地震分组为第一组。采用反应谱法计算时，地震影响系数曲线采用上海市工程建设规范《建筑抗震设计规程》(DGJ 08-9—2003　J10284—2003)第 5.1.5 条规定的曲线。

多遇地震下结构的受力和变形性能分别采用反应谱法和线弹性时程分析方法进行计算(分析结果对比见表 3.9)，其中进行反应谱分析时取前 200 阶振型(Ritz 向量法)进行计算，时程分析采用直接积分法(Newmark，$\gamma = 0.5$，$\beta = 0.25$)，加速度峰值采用 35 cm/s²，地震波数据采用 3 条上海波 SHW1，SHW3，SHW4(其中 3 条波的计算时间分别选取 30 s，40 s，40 s)，3 条波的时程曲线如图 3.41 所示。采用反应谱计算时，提取前 200 阶振型得到的振型参与质量系数分别为：x 向——99.20%，y 向——92.35%，z 向——96.18%。

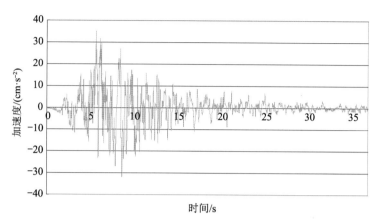

（a）SHW1 波

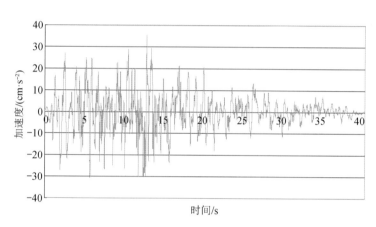

（b）SHW3 波

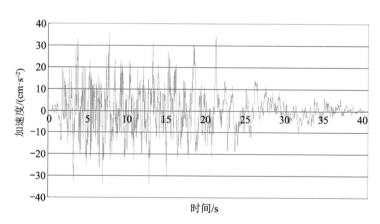

（c）SHW4 波

图 3.41 上海波时程曲线

表 3.9 反应谱法与弹性时程分析结果对比

项 目		反应谱法（x 向）	SHW1（x 向）	SHW3（x 向）	SHW4（x 向）
基底总反力（整体坐标）/kN	x 向	762.79	650.623	685.785	661.337
	y 向	97.267	85.862	120.675	110.842
	z 向	17.689	15.647	16.192	22.671
弹簧支座最大反力（局部坐标）/kN	节点号 x 向	697 0.728	2478 0.5424	643 0.6963	697 0.725
	节点号 y 向	396 10.44	396 9.3325	357 12.669	396 10.585
	节点号 z 向	2877 36.534	2877 31.573	2877 34.044	2877 35.185
固定支座最大反力（局部坐标）/kN	节点 147 x	288.6	249.210	263.605	261.049
	y	41.769	36.075	38.110	37.652
	z	2.552	2.608	3.074	3.036
	节点 180 x	306.552	261.984	277.785	260.915
	y	39.236	33.628	35.722	33.620
	z	5.539	3.929	6.651	6.226
节点最大位移/mm	节点号 x 向	2 300 3.159	2 307 3.267	3 420 3.705	3 420 3.862
	节点号 y 向	2 148 5.058	2 118 6.290	2 148 11.915	2 175 11.371
	节点号 z 向	1 963 2.674	1 759 3.795	2 235 6.117	2 012 6.647
杆件最大组合应力（$N/A \pm M_y/W_y \pm M_z/W_z$）/MPa	杆件号 组合应力	10 363 31.4	10 363 36.3	10 363 38.5	10 363 38.2
支座最大位移（即弹簧最大变形）/mm	节点号 x 向	697 3.64	2 478 2.712	643 3.481 5	697 3.625

从表 3.9 可以看出，反应谱法的计算结果与时程分析比较接近，并且满足规范有关时程分析与反应谱分析结果的要求。《建筑抗震设计规范》(GB 50011—2001) 第 5.1.2 条和上海市工程建设规范《建筑抗震设计规程》(DGJ 08-9—2013　J1 0284—2013) 第 5.1.2 条规定：弹性时程分析时，每条时程曲线计算所得结构底部剪力不应小于振型分解反应谱法计算结果的 65%，多条时程曲线计算所得结构底部剪力的平均值不应小于振型分解反应谱法计算结果的 80%。从表中还可以看出，竖向地震作用下结构的响应与水平地震作用相比明显较小。

有地震参与组合下(反应谱法结果参与组合)网壳结构的变形及受力性能如表3.10—表3.12所列。

表 3.10　有地震参与组合下各工况弹簧支座最大、最小反力(局部坐标)　单位：kN

支座方向	x 向最大	x 向最小	y 向最大	y 向最小	z 向最大	z 向最小
反力大小	2.02	-7.6	109.7	-163.5	216.7	-143.1

表 3.11　有地震参与组合下各工况固定支座反力(局部坐标)　　单位：kN

支座方向	x 向		y 向		z 向	
节点号	147	180	147	180	147	180
反力大小	470.99	306.43	78.11	25.42	53.14	74.67
	-334.85	-418.50	-37.98	-60.96	23.93	-30.39

表 3.12　有地震参与组合下各工况各种截面的最大、最小组合应力　　单位：N/mm²

截面	主拱		次拱及斜向网格梁		边界环梁		门框	
	最大	最小	最大	最小	最大	最小	最大	最小
应力大小	32.48	-54.82	55.17	-67.66	94.09	-75.93	40.49	-52.28

由表 3.11 中 x 向的最大、最小反力可知,在有地震参与组合的荷载工况下,弹簧的最大变形和最小变形分别应为 $2.02\times5=10.1$ mm 和 $-7.6\times5=-38$ mm。从各种截面的最大组合应力可知,有地震参与组合的荷载工况下结构各杆件截面的受力较小。

(3) 罕遇地震下结构的抗震性能。

罕遇地震下网壳结构的抗震性能采用非线性弹性时程分析方法(考虑几何非线性,不考虑材料非线性)和弹塑性时程分析方法(材料非线性采用塑性铰的方式来考虑)分别进行计算,直接积分法采用 Newmark 法 ($\gamma=0.5$, $\beta=0.25$),时程分析是基于 D+0.5L 继续加载的。罕遇地震时程分析采用的加速度峰值为 220 cm/s², 三向加速度峰值比为 1：0.85：0.65。

(4) 罕遇地震下非线性弹性时程分析结果(表 3.13)。

表 3.13　罕遇地震下非线性弹性时程分析结果

项　　目		地震波		
		SHW1	SHW3	SHW4
基底总反力 (整体坐标)/kN	x 向	3 518.433 6	3 742.402 1	3 582.132 1
	y 向	2 599.663 8	4 153.656 4	3 463.865 3
	z 向	9 838.097 5	9 920.829 1	10 003.343

复杂空间结构设计与实践

项　　目			地震波		
			SHW1	SHW3	SHW4
弹簧支座最大反力 （局部坐标）/kN		节点号 x 向	643 13.582	643 16.96	643 14.57
		节点号 y 向	357 −332.159	357 −484.224	357 354.692
		节点号 z 向	82 493.204	82 695.535	82 502.896
固定支座最大反力 （局部坐标）/kN	节点 147	x	1 576.955	1 743.622	1 595.351
		y	248.915	273.3	251.267
		z	98.362	111.235	97.195
	节点 180	x	1 423.58	1 557.105	1 457.962
		y	174.158	187.289	182.651
		z	145.181	196.269	147.047
最大节点位移/mm		节点号 x 向	645 68.468	645 85.870	645 73.460
		节点号 y 向	2 120 320.692	2 120 418.816	2 120 279.783
		节点号 z 向	2 235 150.248	2 235 210.413	2 235 135.631
杆件最大组合应力 （$N/A \pm M_y/W_y \pm$ M_z/W_z）/MPa		杆件号 组合应力	10 363 222.852	10 363 246.418	10 363 229.389
最大支座位移 （即最大弹簧变形）/mm		节点号 x 向	643 67.91	643 84.8	643 72.85

表 3.13 分析结果表明，温室具有良好的抗震性能，在多遇地震作用下，结构基本上处于弹性状态；而在罕遇地震作用下，少数杆件进入塑性，结构产生了较大变形，但未发生坍塌或者屈曲。

（5）罕遇地震下弹塑性时程分析结果。

通过定义单元塑性铰（PMM 铰）来考虑材料非线性。因此选取响应最大的地震波 SHW3 对结构进行弹塑性时程分析。分析结果如图 3.42 和图 3.43 所示。

结构在 6 s 之后相继有两根边界环梁杆件两端出现塑性铰，而在地震波作用完后没有更多的杆件出现塑性铰，并且在已经出现的 4 个塑性铰中只有一个部位的塑性铰完全失效，另外 3 个部位的塑性铰还处于屈服阶段。

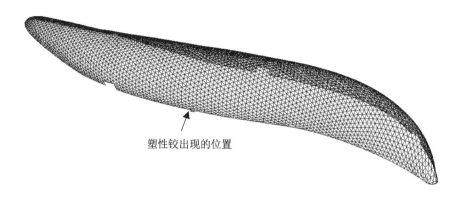

塑性铰出现的位置

图 3.42　6.11 s 有一根杆件两端出现塑性铰

复杂空间结构设计与实践

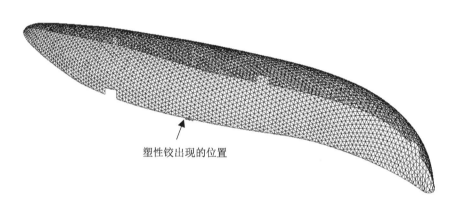

塑性铰出现的位置

图 3.43　6.35 s 左右相邻一根杆件两端也出现塑性铰

通过弹塑性时程分析,进一步验证了结构的抗震性能,即结构在罕遇地震作用下,除了局部杆件出现塑性铰外,大部分杆件基本上还处于弹性阶段,究其原因是结构的外形变化较大,受力分布不均匀,造成局部杆件应力大。

(6) 多点输入对结构抗震性能的影响。

地震波以有限速度传播使得其达到各支撑点时存在相位差,即形成行波效应。地震波在介质中反射和折射,加上震源本身具有一定的范围,使从震源发出的地震波来自不同的部位,这些不同方向和不同性质的波在空间上的每个位置都会产生不同的叠加效果,从而导致相干的部分损失,形成部分相干效应。地震波传播过程中能量不断耗散,形成波的衰减效应;大跨度结构及大型桥梁的支撑点可能位于不同的场地上,从而使地震波在不同支撑处的幅值和频率成分均产生显著的差异,形成局部场地效应。研究表明,地震传播过程的行波效应、相干效应和局部场地效应对大跨度空间结构的地震效应有不同程度的影响,其中,以行波效应和场地效应的影响较为显著,一般情况下,可不考虑相干效应。对于周边支承空间结构,行波效应影响表现在大跨屋盖系统和下部支承结构上;对于两线边支承空间结构,行波效应通过支座影响到上部结构。

根据现场实际情况及地下结构布置,本项目基于如下条件来考虑地震多点输入对结构受力性能的影响:①结构所在场地范围的场地土假定为均匀的;②结构下部支承基础结构刚度分布均匀;③计算时采用同一条地震波;④只考虑行波效应对结构受力性能的影响;⑤单向水平地震多点输入(长度方向)。

本项目采用时程分析方法来分析行波效应对结构受力性能的影响,上海波 SHW1,加速度峰值为 35 cm/s²。地震观测证实,一般情况下地震动水平视波速大于 1 000 m/s,因此取 500 m/s,800 m/s,1 000 m/s,5 000 m/s 4 种视波速分别计算行波效应对结构变形和受力性能的影响。

从表 3.14 可以看出,多点激励法考虑行波效应后的基底剪力随着地震波视波速的增大而逐步接近一致激励法的结果。当视波速为 5 000 m/s 时,多点激励法计算得到的基底剪力与一致激励法结果相等;而当视波速小于 5 000 m/s 时,多点激励法计算得到的基底剪力均比一致激励法结果小。

表 3.14 基底剪力

分析方法		x 向剪力/N	比值
一致激励法		− 374 681	—
多点激励法	$v = 500$ m/s	− 361 464	0.965
	$v = 800$ m/s	− 372 989	0.995
	$v = 1 000$ m/s	− 374 550	0.999 7
	$v = 5 000$ m/s	− 374 681	1

注:v 为视波速。

从表 3.15 可以看出,当视波速小于 1 000 m/s 时,行波效应对杆件内力影响较大,而且随着视波速的减小而增大;当视波速大于 1 000 m/s 时,行波效应对杆件内力影响非常小,完全可以忽略不计,其原因是当视波速很小时,支座之间的相对位移比较大,由于支座的变形不一致将产生很大的杆件内力。

表 3.15 杆件轴力

分析方法		主拱/N	比值	次拱/N	比值	斜向杆件/N	比值
一致激励法		572		555		− 1 789	
多点激励法	$v = 500$ m/s	1 666	2.91	1 209	2.18	− 2 246	1.26
	$v = 800$ m/s	712	1.24	659	1.19	− 1 769	0.99
	$v = 1 000$ m/s	572	1	554	1	− 1 795	1
	$v = 5 000$ m/s	572	1	555	1	− 1 789	1

注:v 为视波速。

根据以上分析可以看出,由于本结构下部支承结构连成一体,刚度相对均匀,而土体没有明显的性质差异,可以不考虑地震相干效应和局部场地效应对结构变形和受力的影响。由于地震波视波速大于 1 000 m/s,根据分析结果可知,行波效应对结构的受力和变形性能影响很小,可以不用考虑。

5) 支座影响

由于建筑造型及室内环境的要求,不允许结构进行设缝。而不设缝的超长结构,受其温度应力的影响是非常大的。铝合金结构的伸缩变形主要来自周围环境温度的变化,而空间网格的伸缩变形很大程度上取决于结构的支承方式,尤其是支座处侧向约束的定位与方向。除了温度变化引起的伸缩变形外,支座还必须在空间网格和它的支承结构之间传递由风荷载或地震作用形成的水平力。为了有效地抵抗侧向荷载,最低限度的侧向约束还是必需的。这些约束的方位将取决于支承结构的布置及刚度,而且该支承结构也必须设计成能抵抗这些侧向力。

通过研究不同支座条件下(包括约束数量、支座释放方式、支座弹簧刚度的大小)网壳结构的变形和受力特性分析,选出一种相对较优的支座方案,本节将分成三部分来进行比较分析。计算模型的边界环梁(支座设置位置)平立面如图 3.44 所示。

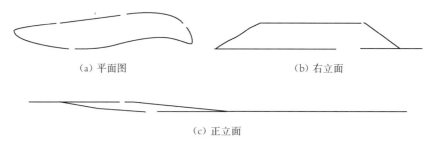

(a) 平面图　　　　　　　　　　　　　　　　(b) 右立面

(c) 正立面

图 3.44　边界环梁平立面

(1) 支座约束数量对网壳结构变形和受力性能的影响。

通过比较不同支座约束数量对网壳结构的变形及受力性能的影响,得出的主要结论为:对于同为利用结构抵抗温度应力的情况(即通常所说的"抗"),约束所有主次拱杆件落地点是最为有利的方案,但是此方案支座数量多。其余几种情况,由于支座数量减少,支座反力变大,使得靠近支座的杆件和边界环梁应力变大,支座数量越少,这种变化越明显。因此,在采取"抗"的方案中,支座数量越多越好,越能使结构杆件的受力趋于均匀,同时还能减少支座反力,有利于支座和下部结构的设计。

(2) 支座释放方式对网壳结构变形和受力性能的影响。

按支座释放方式的不同,研究其对网壳结构性能的影响。这里所说的支座释放并不是完全释放,而是加上具有一定刚度($k = 1 000$ N/mm)的弹簧。本部分内容研究的结构支座约束数量为所有主次拱均设置铰接支座。

① 切向释放。

切向释放是指先把支座节点的局部坐标 x 轴设置在环向边界曲线在该节点的切线方向上,然后在 x 轴加上弹簧,并约束其局部 y 轴与 z 轴的位移,如图 3.45 所示。

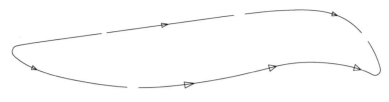

图 3.45 支座切向释放

② 切向及部分法向释放。

切向及部分法向释放是把网壳两端部分支座的局部 y 轴加弹簧,并约束其 x 轴与 z 轴位移,其余情况同①,如图 3.46 所示。

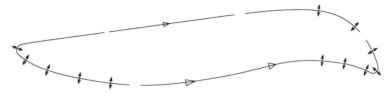

图 3.46 切向及部分法向释放

③ X 向释放(X 为整体坐标轴)。

X 向释放就是不改变支座节点的局部 x 坐标,使其与整体 X 轴一致,然后在支座的局部 x 轴加弹簧,并约束其 y 轴与 z 轴的位移,如图 3.47 所示。

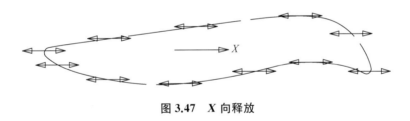

图 3.47 X 向释放

以上 3 种支座释放方式,对网壳结构性能的影响列于表 3.16。

表 3.16 支座释放方式对网壳结构性能的影响

评价指标		约束情况		
		① 切向释放	② 切向及部分法向释放	③ X 向释放
标准组合下 x 向最大位移/mm	最大值	83.92	47.18	70.15
	最小值	−79.01	−47.48	−60.43
标准组合下 y 向最大位移/mm	最大值	135.0	150.95	132.64
	最小值	−131.35	−173.77	−130.37
标准组合下 z 向最大位移/mm	最大值	62.76	71.86	63.83
	最小值	−95.48	−96.99	−94.02

评价指标		约束情况		
		① 切向释放	② 切向及部分法向释放	③ X 向释放
温度作用下 x 向最大位移/mm	最大值	53.27	41.07	56.07
	最小值	− 74.35	− 23.39	− 56.48
温度作用下 y 向最大位移/mm	最大值	40.62	131.67	30.17
	最小值	− 53.8	− 53.2	− 22.48
温度作用下 z 向最大位移/mm	最大值	44.54	58.96	27.62
	最小值	− 8.13	− 26.15	− 2.88
基本组合下杆件最大组合应力/MPa		781.12	593.98	238.52
温度作用下杆件 最大组合应力/MPa	最大值	128.27	309.98	59.89
	最小值	− 516.63	− 386.24	− 139.76

由表 3.16 对比发现,不管是从位移分布还是从杆件应力方面来看,方案③都是最优的。从位移和应力分布来看,方案③的释放是最充分的,温度作用下其在 X 向(结构长方向)的变形是我们所期望的位移模式,而方案①是最不充分的。

(3) 支座弹簧刚度对网壳结构变形和受力性能的影响。

本部分内容将研究在不同弹簧刚度(k = 10 000 N/mm, 5 000 N/mm, 1 000 N/mm)下网壳的变形和受力性能,这里的弹簧与(2)中的一样,是指用于释放部分支座约束的工具,采用的是 X 向释放模型,所有主次拱落地点均设置铰接支座。

以上 3 种弹簧刚度对网壳结构性能的影响列于表 3.17。

表 3.17　支座弹簧刚度对网壳结构性能的影响

评价指标		弹簧刚度		
		$k_1 =$ 10 000 N/mm	$k_2 =$ 5 000 N/mm	$k_3 =$ 1 000 N/mm
标准组合下 x 向最大位移/mm	最大值	36.14	42.96	70.15
	最小值	− 35.86	− 40.91	− 60.43
标准组合下 y 向最大位移/mm	最大值	134.05	135.29	132.64
	最小值	− 120.60	− 122.27	− 130.37
标准组合下 z 向最大位移/mm	最大值	61.94	62.27	63.83
	最小值	− 96.90	− 96.36	− 94.02
温度作用下 x 向最大位移/mm	最大值	34.78	39.93	56.07
	最小值	− 30.03	− 36.87	− 56.48

评价指标		弹簧刚度		
		$k_1 =$ 10 000 N/mm	$k_2 =$ 5 000 N/mm	$k_3 =$ 1 000 N/mm
温度作用下 y 向最大位移/mm	最大值	71.69	64.35	30.17
	最小值	− 49.68	− 41.87	− 22.48
温度作用下 z 向最大位移/mm	最大值	42.97	39.65	27.62
	最小值	− 17.30	− 13.07	− 2.88
基本组合下杆件最大组合应力/MPa		321.72	291.19	238.52
温度作用下杆件 最大组合应力/MPa	最大值	95.68	66.86	59.89
	最小值	− 189.86	− 162.46	− 139.76

由表 3.17 对比发现,弹簧刚度越小即支座释放越充分,杆件的应力越小。当然,由于结构要抵抗水平风荷载和地震荷载,弹簧刚度不能太小,否则在水平荷载作用下支座将产生很大的位移。

（4）结论。

通过比较不同支座约束条件下网壳结构的变形和受力性能,可以得出采用主次拱落地点全约束及释放支座 X 向约束的方案是较优的,由于支座释放大大减少了杆件的温度应力,使得杆件在温度作用下的变形与我们所期望的位移模式基本一致。弹簧刚度的选取除了要考虑温度应力之外,还得考虑结构抵抗水平荷载的需要,本工程在考虑了以上因素后最终选取了弹簧刚度为 200 N/mm 的弹簧。基于以上分析,本结构采用如下支座方案:所有主次拱落地点均设置 X 向释放的铰接支座,并在每个支座的 X 向设置刚度 $k =$ 200 N/mm 的弹簧。

4. 工程实景

温室内、外景分别如图 3.48 和图 3.49 所示。

图 3.48　温室内景

图 3.49 温室外景

5. 关键技术成果

(1) 发表论文。

[1] 李亚明,周晓峰,张良兰,等.辰山植物园温室铝合金结构滑动支座试验[J].工业建筑,2011,41(11)。

[2] 张良兰.滑动支座摩擦系数对结构性能的影响[J].建筑钢结构进展,2014,16(3)。

[3] 周晓峰,张良兰,胡佳轶,等.辰山植物园温室铝合金结构设计[J].工业建筑,2011,41(11)。

(2) 授权专利。

专利名称	专利类型	专利号
辊轴滚动滑移限位止推弹簧支座	发明专利	CN102345325B

3.5.2 世博文化公园温室

1. 项目概况

本项目位于在建的上海世博文化公园内 C04-01(b)地块内,将建设一座世界一流温室花园,基地面积约 27 897.8 m²。基地东侧和北侧与公园规划的水系相连,西侧边界为规划的济明路,南侧为绿地及马术馆,东南为规划的 48 m 高的山体景观"双子山"项目。本项目总建筑面积约 36 983.4 m²,其中,地上建筑面积约 28 031.7 m²,地下建筑面积约 8 951.7 m²。

温室花园包含主入口游客中心建筑 P1、3 个温室(云之花园 P4、热带雨林 P3、多肉世界馆 P2)、温室间走廊和钢结构桁架,项目设置一层地下室。其中主入口游客中心建筑地上一层,层高 11.8 m,局部设置夹层,3 个温室 P2,P3,P4 高度分别为 15.0 m, 22.0 m, 19.0 m。镂空钢桁架跨越 3 个温室上方,温室间室外步道下部仅设置少量钢柱,周边设置吊杆悬挂于上部钢桁架,其中温室 P4 屋顶上也设置吊杆悬挂于钢桁架,钢桁架上弦顶标高为 25.5 m。温室弧形边界由相切的直线和圆弧组成,圆弧只有 5 种不同的半径。温室立面和屋顶均采用玻璃幕墙,其中立面弧形区采用弧形玻璃幕墙,且立面幕墙全部直接利用主体钢密柱支托,不另设置龙骨,形成幕墙与主体结构一体化系统。每个温室的屋顶结构采用 3% 单向坡度排水。本项目已在施工中。图 3.50 和图 3.51 分别为温室建筑效果图和平面布置图。

(a) 整体效果

(b) 立面效果

图 3.50 温室建筑效果图

热带雨林馆

老工业桁架

多肉世界馆

悬挂走廊

云之花园

主入口建筑

图 3.51　温室平面布置图

2. 结构体系

1）设计条件

温室建筑功能为种植植物,使用过程中室内湿度、温度均较高,温室屋顶均采用铝合金结构。本项目平面布置不规则,结构通透轻盈,对风荷载比较敏感,结构体系新颖,受力复杂,以下为主要荷载输入条件和控制参数。

（1）风荷载。

本项目属于风敏感建筑,地面粗糙度为 B 类,基本风压为 0.55 kN/m²(50 年一遇),0.60 kN/m²(100 年一遇)。体型系数、风振系数是根据华建集团上海建筑科创中心提供的数值风洞计算报告进行结构风荷载计算。

（2）温度荷载。

上海最高温度 36℃,最低温度 −4℃,计算考虑温差 +30℃(升温温差),−30℃(降温温差)。合龙温度 16℃ ± 5℃。考虑施工升温 50℃。

（3）雪荷载。

本项目属于大跨度轻型结构,属于雪荷载敏感结构,基本雪压为 0.20 kN/m²(50 年),0.25 kN/m²(100 年)。雪荷载考虑半跨分布、积雪不均匀分布。按照《索结构技术规程》(JGJ 257—2012)附录 A 分析温室不均匀分布雪荷载。

（4）地震作用。

依据《建筑抗震设计规范》(GB 50011—2010,2016 版),抗震设防烈度 7 度,设计基本地震加速度为 0.10g,抗震分组为第二组,特征周期 0.90 s,场地类别Ⅳ类,考虑竖向地震。

（5）设计控制参数。

建筑结构安全等级：一级；

重要性系数：1.1；

地基基础安全等级：一级；

设计使用年限：50年；

设计基准期：50年；

抗震设防类别：乙类；

地基基础设计等级：甲级；

桩基础设计等级：甲级；

温室不上人屋面恒载＋活载挠度：1/250(温室屋面考虑预起拱措施)；

温室不上人屋面活载挠度：1/500；

温室风荷载组合水平位移：1/300；

温室地震作用水平位移：1/250；

钢结构楼面主梁、桁架挠度：1/400(悬挂步道跨钢桁架1/500)；

温室屋面预起拱：$L/300(D+0.5L)$；

悬挂步道/走廊竖向振动控制：3 Hz；

钢柱长细比：1/120(根据钢材等级进一步换算,温室钢柱采用非线性直接算法)。

2）结构体系及构件布置

主入口建筑P1、热带雨林P3和多肉世界馆P2在结构上均为独立的单体,其中P1结构体系为钢框架-支撑结构体系,局部设置夹层,屋顶局部为轻钢结构屋盖,夹层范围对应屋顶为压型钢板组合楼板屋盖。

热带雨林P3和多肉世界馆P2结构体系为异形上弦双向拉索空间张弦网格结构体系,温室屋顶根据采光及建筑圆形窗要求形成多边形铝合金结构上弦,周边设置受压钢环梁与上弦平面传递结构水平力,下部设置双向拉索形成曲面索网,通过设置于索网和上弦之间的竖向撑杆形成温室自平衡屋盖结构,屋盖结构坐落于内部核心筒柱顶和外围密柱顶,环梁与柱顶采用铰接,内筒柱间设置支撑,内筒钢柱和外围钢柱底部全部采用刚接形式。结构体系说明及三维图(图3.52)如下。

（1）屋面自平衡屋盖系统：屋面上弦铝合金组成多边形网格面,下部设置双向拉索形成索网面,通过竖向撑杆连接拉索与上弦,在内部核心筒顶部和外围钢柱顶设置钢环梁,拉索和上弦杆均连接于环梁,形成自平衡屋盖体系。

（2）竖向支撑系统：外围设置钢密柱,内部设置钢柱组成核心筒,柱底刚接,柱顶与环梁铰接,形成竖向支撑系统。

（3）抗水平力系统：温室内部设置钢柱和斜向支撑形成核心筒,与顶部环梁铰接形成整体,抵抗结构水平力,外围钢柱底部刚接也可抵抗部分水平荷载。

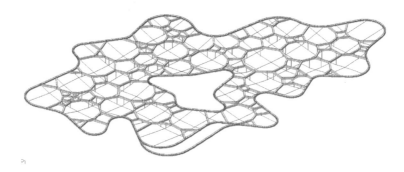

（a）屋盖自平衡体系

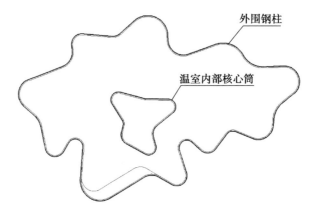

外围钢柱

温室内部核心筒

（b）竖向支撑及抗侧力系统

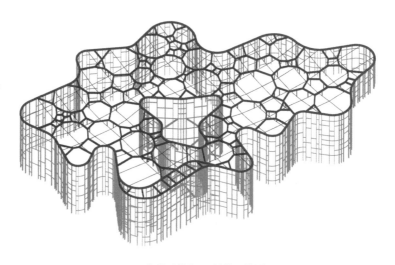

（c）热带雨林馆 P3 结构三维图

图 3.52　温室结构体系说明简图

　　根据建筑屋顶圆形窗和采光要求布置屋顶结构,云之花园 P4 屋盖由铝合金构件形成多边形平板网格面,采用"日"字形铝合金截面杆件,平板屋盖通过合金钢拉杆悬挂于上部钢桁架,周边和中部核心筒区域支撑于下部钢柱顶,钢柱顶均设置矩形钢环梁,屋盖与柱顶的钢环梁采用铰接。温室内设置两个核心筒,核心筒钢柱之间设置斜撑。屋顶上部吊杆垂直向下,不设置斜向吊杆,吊杆两端铰接只承担竖向荷载。结构体系说明及简图(图3.53)如下。

(1) 多边形铝合金屋面层:屋面由铝合金杆件组成多边形网格面,杆件节点均为刚接,铝合金杆件与柱顶钢环梁也为刚接。

(2) 竖向支撑系统:屋面多边形网格面上部设置垂向两端铰接吊杆,悬挂于上部钢桁架,温室和钢桁架之间只传递竖向荷载,不传递水平荷载。温室外围设置钢密柱,内部设置钢柱组成核心筒,柱底刚接,柱顶与环梁铰接,形成竖向第二支撑系统。

(3) 抗水平力系统:温室内部设置钢柱和斜向支撑形成核心筒,与顶部环梁铰接,抵抗结构水平力,外围钢柱底部刚接也可抵抗部分水平荷载,温室水平力全部由自身核心筒和钢柱承担。

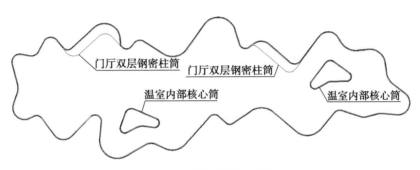

(a) 竖向支撑及抗侧力系统

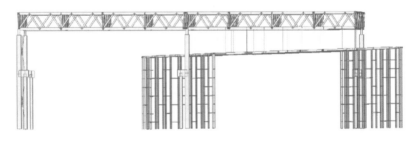

(b) 剖面图

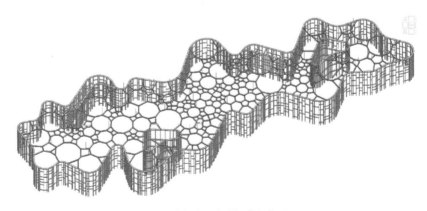

(c) 上弦杆"日"字形铝合金截面

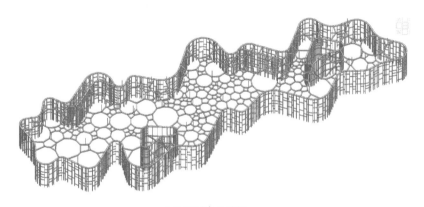

(d) 屋顶合金吊杆

图 3.53 云之花园 P4 结构体系

钢结构桁架位于上海世博文化公园温室单体上部,主要覆盖云之花园温室及温室间步道的上方。钢结构桁架总平面大小为 210 m×80 m,由南、北两跨桁架组成,每跨 40 m。结构体系主方向采用单片桁架形式,次方向设置单片次桁架,相邻两榀主桁架间距为 15 m,共 15 榀。钢结构桁架顶标高为 25.5 m,桁架高度 3.5 m。

钢结构桁架下方悬挂温室间步道和云之花园温室屋盖结构,桁架上方局部设置钢结构观景平台。由于温室平面布置局部与桁架冲突,钢结构桁架局部不能设置桁架柱,形成局部沿纵向桁架跨度 30 m,需对此桁架进行加强,保证钢结构桁架的整体性。钢结构桁架上、下弦及腹杆截面主要为 H 型钢,桁架柱主要采用箱形截面杆件,桁架上弦水平支撑、柱间竖向支撑采用交叉钢拉杆。钢桁架三维图如图 3.54 所示。

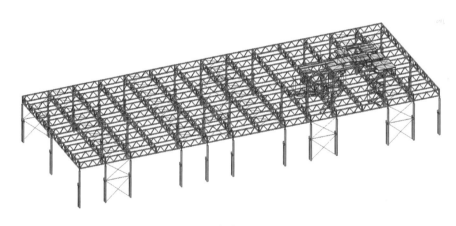

图 3.54 钢桁架三维图

3. 结构计算分析

1) 抗震设计

根据《高层民用建筑钢结构技术规程》(JGJ 99—2015)及《超限高层建筑工程抗震设防专项审查技术要点》(2015)中有关结构性能设计的要求,本项目抗震设防类别为乙类,确定该建筑的抗震总体性能目标为 C 级,即多遇地震下满足第 1 水准,设防烈度地震下满足第 3 水准,旱遇地震下满足第 4 水准。

由于热带雨林馆屋盖结构体系新颖,虽然传力明确,但结构设计有必要进行构件性能化设计,控制关键构件性能目标,基本遵循规范"三水准两阶段"的抗震设防思想,进行第一阶段的抗震设计,来满足"小震不坏,中震可修",通过概念设计及抗震措施来满足第 3 水准设防目标,即"大震不倒"。该建筑构件抗震设防性能目标见表 3.18。

表 3.18 抗震设防性能目标

地震水准		多遇地震	设防烈度	罕遇地震
性能水准		1	3	4
位移角限值		1/250	—	1/50
构件性能	温室钢密柱	弹性	弹性	弹塑性,部分构件中度损伤
	屋盖铝合金构件	弹性	不屈服	弹塑性,中度损伤,少量比较严重损伤
	双向拉索	弹性	弹性	弹性,不发生断裂
	屋盖竖向撑杆	弹性	弹性	弹性,不发生断裂
	不落地钢柱悬挑梁	弹性	弹性	弹性,不发生断裂
	温室立面横隔梁	弹性	不屈服	弹塑性,中度损伤,部分比较严重损伤

采用 Midas Gen 软件结构模型计算程序(2019 版),结构抗震计算按照扭转耦联振型分解反应谱法进行,并采用 SAP2000(V15.2 版)计算程序对 Midas 模型计算结果进行了校核,同时对两个软件计算结果进行了对比。

本项目单体计算得到的周期较短,不存在长周期现象,且振型计算数足够,振型质量参与系数均满足大于 90%的要求,计算剪重比均满足规范要求的 0.8%限值(表 3.19)。

表 3.19 单体基地剪力、剪重比统计

计算指标	Midas Gen		SAP2000		规范限值
	x 向	y 向	x 向	y 向	
基底剪力/kN	3 809.81	3 813.09	3 667.483	3 715.022	—
剪重比	4.53%	4.54%	4.37%	4.42%	0.8%
振型质量参与系数	99.79%	99.81%	99.68%	99.79%	90%

由表 3.19 可知小震下最人剪重比为 4.54%。

由计算结果可知,单体计算位移角均小于规范限值 1/250,说明整体平动刚度控制较好,满足小震下的刚度要求。热带雨林温室在地震作用及风荷载作用下,位移角及位移比指标如表 3.20 所列。

表 3.20　温室位移角、位移比统计

水平作用	控制指标	方向	Midas Gen	SAP2000	规范值
地震作用	顶点位移/mm	x 向	41.3	39.2	—
		y 向	42.9	35.8	—
	最大层间位移角	x 向	1/532	1/561	1/250
		y 向	1/512	1/614	1/250
	最大位移比	x 向	1.17	1.16	1.20
		y 向	1.16	1.12	1.20
风荷载作用	顶点位移/mm	x 向	33.5	31.2	—
		y 向	37.1	35.9	—
	最大层间位移角	x 向	1/656	1/705	1/300
		y 向	1/593	1/612	1/300
	最大位移比	x 向	1.17	1.15	1.20
		y 向	1.18	1.16	1.20

　　由于屋盖结构为钢-铝混合结构,属于大跨度结构,采用反应谱方法对结构进行竖向地震分析,得到结构竖向位移如图 3.55 所示。

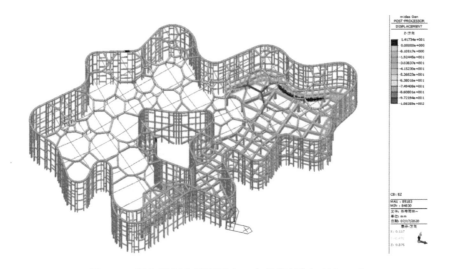

图 3.55　竖向地震作用下温室 z 向位移(最大 108 mm)

　　由以上结果可知,结构在竖向地震作用下,温室屋盖最大竖向位移为 108 mm,挠跨比为 1/315,可满足屋盖挠度限值 1/250 的要求。

　　为了解结构在实际地震下的反应,验证反应谱分析的适用性,根据上海市《建筑抗震设计规程》第 5.1.2 条要求,采用时程分析方法进行了多遇地震下的补充计算。计算用地震波选取上海规定地震波 SHW1, SHW3, SHW4,其中 SHW1 为人工波,SHW3 和

SHW4 为天然波。时程曲线的平均地震影响系数曲线与振型分解反应谱法所采用的地震影响系数曲线在统计意义上相符。时间间隔为 0.02 s,计算时间大于 40 s。计算中加速度峰值 35 gal。计算结果与反应谱法求得结果有较好的可比性。

热带雨林温室在地震波 SHW1,SHW3,SHW4 的作用下,x 方向位移最大值均发生于第 82289 号点,y 方向位移最大值均发生于第 84429 号点,位移数值及位移比见表 3.21。根据表中数据可知,在地震波 SHW1,SHW3,SHW4 的作用下,热带雨林位移角均小于规范限值 1/250,满足规范要求。

表 3.21 时程分析结果汇编——热带雨林温室位移、位移角

地震波名称		位移/mm		位移角	
		x 向	y 向	x 向	y 向
天然波	SHW3	71.5 (No.82 289)	70.9 (No.84 429)	1/307	1/310
	SHW4	59.8 (No.82 289)	46.6 (No.84 429)	1/368	1/472
人工波	SHW1	49.9 (No.82 289)	48.1 (No.84 429)	1/441	1/457
振型分解反应谱法		31.8	50.3	48.1	1/437

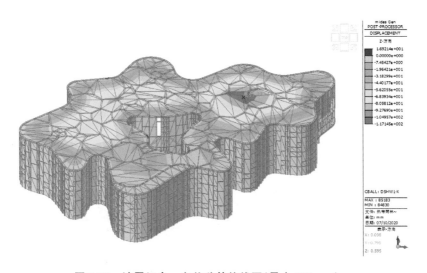

图 3.56 地震组合 z 向位移等值线图(最大 117 mm)

有两条时程波在主方向上楼层底部剪力的计算结果大于 CQC 法曲线,施工图设计取时程分析最大值包络设计、结构设计时放大反应谱计算结果进行结构设计。小震弹性时程分析与反应谱分析结果基本一致,位移角满足规范要求,小震分析结构构件均为弹性状态,构件验算均能满足规范要求。从 SAP2000 和 Midas Gen2019 反应谱计算结果来看,其大部分计算结果相差在 5%以内,结构动力特性一致,说明计算程序选择合适,计算结果可

靠。计算得到的周期、层间位移角及位移比值等指标均在合理范围内,并满足现行规范的各项要求。

2) 抗风设计

温室结构属于轻型结构,风荷载比较敏感,本项目进行了数值风洞模拟分析(图 3.57),风荷载取值按数值风洞计算结果,典型风向的风压云图如图 3.58 所示。热带雨林馆

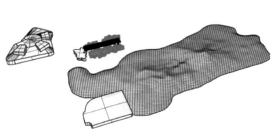

(a) 数值风洞整体三维几何模型　　　　　　(b) 数值风洞建筑物网格划分

图 3.57　温室及其周边建筑三维几何模型及网格划分

共划分为 648 个分块。热带雨林馆温室在立面幕墙处由于流动分离形成相对较大的负压值,局部负体型系数值较大,发生在 150°风向角,最大正体型系数为 1.42,发生在 240°风向角。

将数值模拟风荷载转换为节点荷载施加至结构计算模型,进行各荷载组合工况计算分析,风荷载布置如图 3.59—图 3.61 所示。

图 3.58　30°风向风压云图

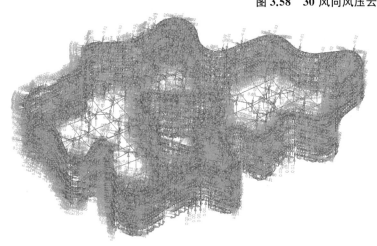

图 3.59　0°风向角风荷载

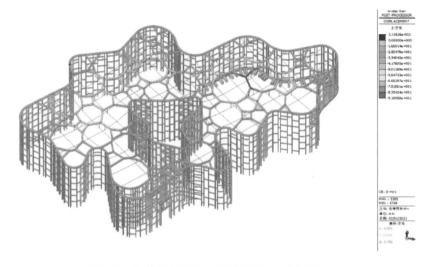

图 3.60　荷载 D＋W 作用下竖向位移(最大 92 mm)

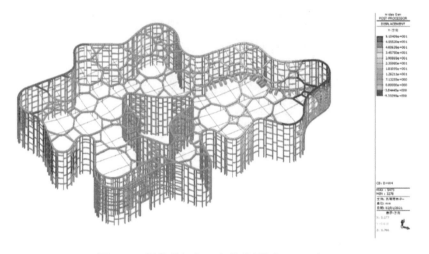

图 3.61　风荷载组合 y 向位移(最大 51 mm)

屋盖进行了预起拱,竖向挠度与跨度之比为 1/650,可满足铝合金屋盖竖向位移限值 1/250 的要求;活载下挠度与跨度之比为 1/1 064,可满足活荷载竖向位移限值 1/500 的要求;风荷载下位移角为 1/323,可满足风荷载下水平位移限值 1/300 的要求。结构变形均能满足要求。

3) 稳定性计算

对于复杂的空间钢结构受力体系,杆件的计算长度系数该如何取值,是杆件设计面临的一个重要问题,也对整个结构的安全性、经济性有很大的影响。事实上,结构和构件的稳定问题都是一个整体性问题,各杆件互相支承、互相约束,任何一个构件的屈曲都会受到其他构件的约束作用,因此,杆件的计算长度系数应该通过结构的整体屈曲分析才能合理地确定。在 Midas Gen 计算程序中进行整体模型屈曲分析,屈曲分析荷载组合为1.0D(常量) + 1.0L(变量),计算结果见表 3.22。

表 3.22　线性屈曲荷载系数

屈曲模态	第 1 阶	第 2 阶	第 3 阶	第 4 阶	第 5 阶	第 6 阶
特征值	21.34	29.16	29.19	29.39	29.87	30.56

使用 Midas Gen 2019 结构有限元分析软件对温室进行几何非线性分析。初始几何缺陷对稳定性、承载力有较大影响,应在计算中考虑。以结构的第 1 阶线性屈曲模态(图 3.62)的形式施加初始几何缺陷,进行几何非线性分析,最大缺陷为 1/300。

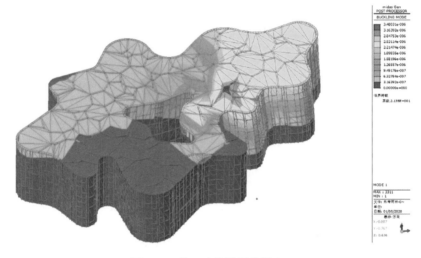

图 3.62　第 1 阶线性屈曲模态

由图 3.63 可知,结构荷载系数大于 8.0,满足《空间网格结构技术规程》(JGJ 7—2010)中第 4.3.4 条的相关要求,极限承载力不小于 4.2 倍设计荷载的安全系数要求。

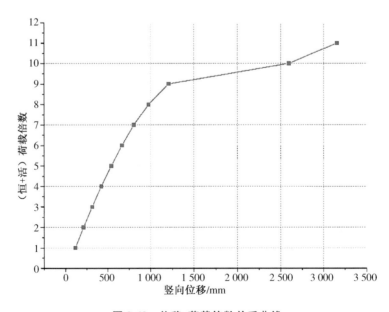

图 3.63　位移-荷载倍数关系曲线

4. 结构设计难点分析

本项目结构体系新颖,拉索找形、节点设计、加工及施工安装难度均较大,屋面铝合金构件采用"日"字形截面,在建筑中作为主体结构首次使用。下面以热带雨林馆为例进行说明。

为了找到合理的索网面,首先将温室平屋面作为初始状态,在自重受力模式下进行找形分析。找形分析采用小模量几何非线性方法,按照最大矢高进行控制找形完成状态,经分析,最大矢高确定为 2.8 m。找形后索网理想分布曲面如图 3.64 所示。

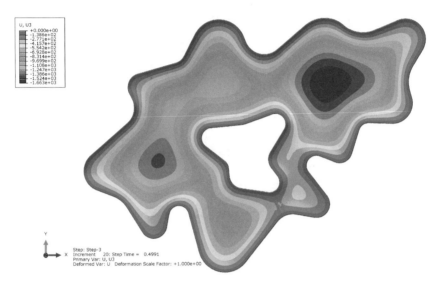

(a) 平面图

(b) 立面图

图 3.64 索网面找形状态

得到找形后的曲面,进行网格化,分析屋面找形后的主应力分布,然后确定合理的索网布置方向,屋面主应力流分布如图 3.65 所示。将找形后的曲面形成几何曲面模型,并在生成的几何曲面上进行索网划分,重新建立计算模型。采用小模量几何非线性方法进行第一次索网找形分析,此时索网间曲面只用于传导荷载,不考虑其刚度,得到索网找形后的形态如图 3.66 所示。

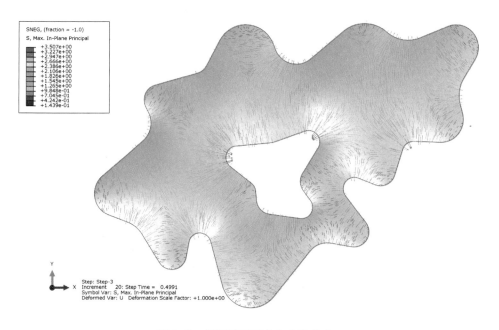

图 3.65 屋面找形后主应力流分布

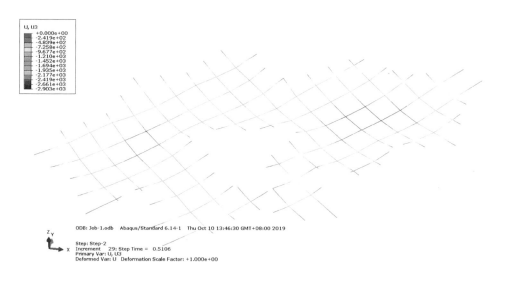

图 3.66 索网第一次找形后的形态

将找形后的索网和上弦铝合金网格面合并,俯视图如图 3.67 所示。由图可见,上弦铝合金多边形网格节点和索网节点不能重合,在投影视图中铝合金杆件和索网的交点处设置竖向撑杆,按照受力特点和间距合理设置竖向撑杆,撑杆布置位置可能不交于上弦铝合金节点,也不交于索网节点,撑杆只连接于上部杆件和单根索网。由于索网计算中两节点之间为直线,布置撑杆后,撑杆可能交于索的直段而不是交点,因此需要进行第二次索网找形分析,找形后状态如图 3.68 所示。

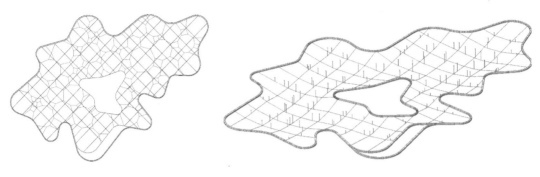

图3.67 俯视图(粉色为上弦铝合金
　　　　网格,蓝色为索网)

图3.68 第二次索网找形

以第二次找形后索网几何形态作为初始状态,对索网施加初始预应力,得到屋盖结构在恒载作用下和各组合工况下的状态,并进行各工况验算。通过控制初始预应力的大小和采取预起拱的措施来满足结构变形要求。边界条件的不规则造成曲面索网的不规则,部分拉索存在反弯,与常规张弦结构受力存在较大差异,结构找形、刚度控制、节点设计、施工安装均为本项目设计的技术难题。

5. 节点及细部设计

本项目中铝合金节点采用铝合金板式节点,铝合金构件截面为"日"字形,根据结构刚度的要求,杆件节点均需要刚接设计。选取一典型节点进行说明,选取的3根铝合金构件夹角分别呈131°,124°和105°,对汇交处节点进行有限元分析,将28 mm厚铝合金板切割形成近似等边三角形的不规则节点板,上下两个尺寸、构造完全相同的节点板对称布置,并于3个方向的铝合金构件交汇处分别设置112个螺栓孔,将节点板与铝合金构件的上下翼缘固定,在节点板中心设置三向芯构件固定铝合金构件中心腹板,每一方向的芯板设置5个螺栓孔与铝合金中心腹板固定,在"日"字形构件边缘设置边缘腹板连接件,将3个方向的铝合金构件两两连接,各腹板连接件分别设置40个螺栓孔。节点构造如图3.69所示。

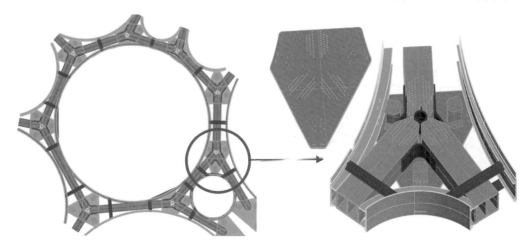

图3.69 铝合金节点构造

采用有限元分析软件 ABAQUS 分析节点在平面内的刚度、设计荷载下的应力及承载力极限,如图 3.70—图 3.72 所示。

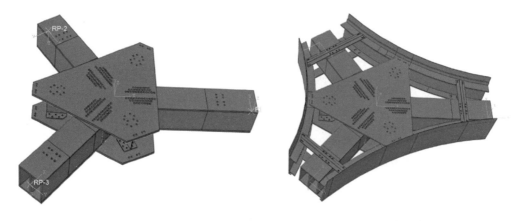

(a) 铝合金节点模型(不考虑 π 键)   (b) 铝合金节点模型(考虑 π 键)

图 3.70   ABAQUS 几何模型

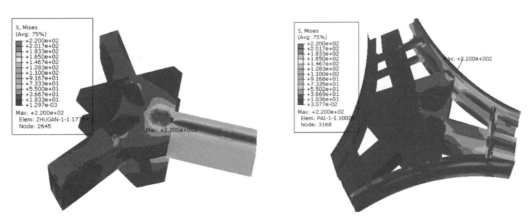

(a) 不考虑 π 键   (b) 考虑 π 键

图 3.71   开始进入塑性阶段的节点应力云图

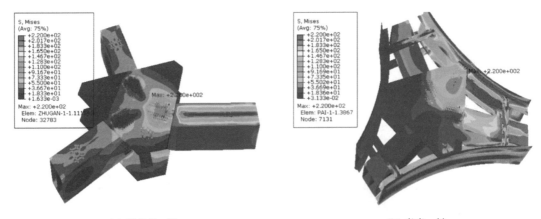

(a) 不考虑 π 键   (b) 考虑 π 键

图 3.72   达到极限承载力的节点应力云图

复杂空间结构设计与实践

1) 材性设置

将铝合金材料本构模型简化为二折线模型,铝合金弹性模量取 70 GPa。真实应变由塑性应变和弹性应变两部分构成。铝合金屈服应力为 220 MPa,塑性应变为 0.002。模型中采用"硬接触"模拟铝合金板面间的接触,不考虑摩擦。

2) 节点平面内刚度

为评价节点平面内刚度,将两根杆件分别固定,对最不利杆件(与其余两杆夹角最大)主杆施加弯矩进行加载。有限元计算结果如图 3.71 和图 3.72 所示。

为了评价节点平面内刚度,在主杆端部施加弯矩,求得节点弯矩-转角曲线如图 3.73 所示。节点不考虑 π 键时原点切线刚度为 186 797.4(kN·m)/rad,节点考虑 π 键时原点切线刚度为 7 157 012.0(kN·m)/rad。计算结果显示,在线弹性阶段铝合金节点的刚度随荷载增加基本不发生变化,但该结构螺栓数量较多,整体节点刚度大,其中节点加劲杆件对平面内刚度贡献很小。不考虑 π 键时节点延性较差,达到极限承载力后立即破坏;考虑 π 键时节点延性较好,承载力成倍提高。

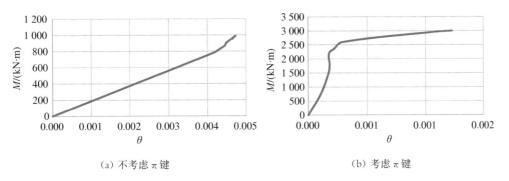

(a) 不考虑 π 键　　　　　　　(b) 考虑 π 键

图 3.73　节点弯矩-转角关系曲线

3) 节点试验

根据试验要求,首先建立有限元模型,对节点构造进行深入分析和计算,确定加载水平和变形情况,从而指导节点加载试验,进而验证节点设计的安全性和构造的合理性。

节点面内抗弯刚度试验:

(1) 根据计算模型得到杆端轴力分别为 100 kN 和 300 kN,制作两组试件分别试验。

(2) 对两种节点分别建立有限元模型,计算分析加载量及节点刚度,从而指导设计加载过程,确定面内弯曲刚度的加载终点。

(3) 对任意一组试验,先安装 π 形件,施加轴力后分级单调加载侧向力,直至上述终点,维持结构在弹性阶段,此时为非破坏性试验;加载结束后拆除 π 形件,采用同样方法加载。

(4) 得到各种情况下节点板关键点处应变和杆端位移,换算得到节点面内抗弯刚度。

节点面外极限承载力试验:

(1) 根据模型计算结果,确定面外加载量。

（2）对节点再次安装 π 形件，此时使用新的紧固件，试验反力架如图 3.74 所示，施加侧向力及轴力，并分级单调加载面外荷载直至节点破坏，得到极限承载力和破坏模式。

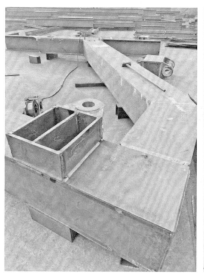

图 3.74　反力架加工

6. 施工模拟设计

温室结构体系新颖，拉索张拉及屋面形态控制难度较大，需要进行施工方案专项评审。热带雨林馆和多肉植物馆屋盖结构为铝合金和拉索组成的张弦组合结构，下部双向拉索组成屋面索网面，屋盖安装过程较复杂，既要保证索网和铝合金结构的整体形态，又要确保索内力满足要求。表 3.23 为屋盖施工分析步。

表 3.23　屋盖施工分析步

步骤	轴测视图	x 轴立面视图	关键参数
1			外围钢柱及柱间分隔梁安装就位
2			安装钢柱、内部核心筒顶部环梁

复杂空间结构设计与实践

步骤	轴测视图	x 轴立面视图	关键参数
3			安装屋顶铝合金构件，同时设置满堂临时支撑，支撑起铝合金屋盖
4			将双向拉索挂到钢环梁上，根据拉索标定位置采用索夹将双向拉索固定
5			安装竖向撑杆，撑杆设置成可调节长度，保持临时支撑不拆除
6			安装屋面圆窗及次结构
7			逐步拆除临时支撑，对结构变形及应力进行测试

参考文献

［1］钱基宏.铝网架结构应用研究与实践[J].建筑钢结构进展，2008，10(1)：58-62.

［2］DWIGHT J. Aluminium Design and Construction[M]. London and New York：E & FN Spon，1999.

［3］KISSELL R J，FERRY R L. Aluminum Structures：A Guide to Their Specifications and Design[M]. New York：John Wiley & Sons，2002.

［4］VALENCIA G. Recent aluminum roof structures in Colombia［C］// Proceedings of the 2001 Structures Congress and Exposition，Washington DC，USA，2001：1-9.

［5］国家技术监督局.变形铝及铝合金牌号表示方法：GB/T 16474—1996［S］.北京：中国标准出版社，1996.

［6］国家技术监督局.变形铝及铝合金状态代号：GB/T 16475—1996［S］.北京：中国标准出版社，1996.

［7］国家质量监督检验检疫总局，中国国家标准化管理委员会.变形铝及铝合金牌号表示方法：GB/T 16474—2011［S］.北京：中国标准出版社，2011.

［8］国家质量监督检验检疫总局，中国国家标准化管理委员会.变形铝及铝合金状态代号：GB/T 16475—2008［S］.北京：中国标准出版社，2008.

［9］张铮.铝合金结构压弯构件稳定承载力研究［D］.上海：同济大学，2006.

［10］钱鹏，叶列平.铝合金及 FRP-铝合金组合结构在结构工程中的应用［J］.建筑科学，2006，22(5)：100-105.

［11］居其伟，朱丽娟.上海国际体操中心主馆铝结构穹顶设计介绍［J］.建筑结构学报，1998，19(3)：33-41.

［12］杨联萍，邱枕戈.铝合金结构在上海地区的应用［J］.建筑钢结构进展，2008，10(1)：53-57.

［13］石永久，程明，王元清.铝合金在建筑结构中的应用和研究［J］.建筑科学，2005，21(6)：7-11.

［14］赖盛，方小芳，刘宗良.大型储罐顶盖结构形式及铝合金网壳的应用［J］.石油化工设备技术，2004，25(5)：10-14.

［15］MAZZOLANI F M. Competing issues for aluminium alloys in structural engineering［J］. Progress in Structural Engineering and Materials，2004，6(4)：185-196.

［16］MAZZOLANI F M. Structural applications of aluminium in civil engineering［J］. Structural Engineering International，2006，16(4)：280-285.

［17］海诺·恩格尔.结构体系与建筑造型［M］.林昌明，罗时玮，译.天津：天津大学出版社，2002.

［18］中华人民共和国住房和城乡建设部.空间网格结构技术规程：JGJ 7—2010［S］.北京：中国建筑工业出版社，2010.

［19］董石麟.中国空间结构的发展与展望［J］.建筑结构学报，2010，31(6)：38-51.

［20］钱若军，杨联萍，胥传熹.空间格构结构设计［M］.南京：东南大学出版社，2007.

［21］HANAOR A. Design and behaviour of reticulated spatial structural systems［J］. International Journal of Space Structures，2011，26(3)：193-203.

［22］余贞江.节点刚度对单层球面网壳结构整体稳定性的影响［D］.济南：山东大学，2009.

［23］沈世钊.大跨空间结构的发展——回顾与展望［J］.土木工程学报，1998，31(3)：5-14.

［24］BRIMELOW E I. Aluminium in Building［M］. London：MacDonald，1957.

［25］董石麟，姚谏.网壳结构的未来与展望［J］.空间结构，1994，1(1)：3-10.

［26］钱基宏，赵鹏飞，郝成新，等.大跨度铝合金穹顶网壳结构的研究［J］.建筑科学，2000，16(5)：7-12.

［27］赵金城，许洪明.上海科技馆单层网壳结构节点受力分析［J］.工业建筑，2001，31(10)：7-9.

［28］邹磊.重庆空港体育馆铝合金穹顶结构分析［D］.重庆：重庆大学，2009.

［29］王立维，杨文，冯远，等.中国现代五项赛事中心游泳击剑馆屋盖铝合金单层网壳结构设计［J］.建筑结构，2010，40(9)：73-76.

复杂空间结构设计与实践

[30] 罗翠,王元清,石永久,等.网壳结构中铸铝节点承载性能的非线性分析[J].建筑科学,2010,26(5)：57-61.

[31] 罗翠.空间网壳结构铸铝和铸钢螺栓连接节点受力性能研究[D].北京：清华大学,2010.

[32] 施刚,罗翠,王元清,等.铝合金网壳结构中新型铸铝节点承载力设计方法研究[J].空间结构,2012,18(1)：78-84.

[33] 施刚,罗翠,王元清,等.铝合金网壳结构中新型铸铝节点受力性能试验研究[J].建筑结构学报,2012,33(3)：70-79.

[34] 杉崎健一,河村繁,半谷裕彦.アルミニウム単層トラスの構造挙動に関する実験的研究[J].日本建築学会構造系論文集,1996,61(480)：113-122.

[35] 桧山裕二郎,高島英幸,飯島俊比古.アルミ合金単層ラチスドームに用いるボールジョイントの載荷試験及び弾塑性解析[J].日本建築学会構造系論文集,1997,62(502)：85-92.

[36] SHIBATA R, KATO S, YAMASHITA S. Experimental study on the ultimate strength of single-layer reticular domes [C]//Proceeding of the Forth International Conference of Space Structures, Surry, England, 1993：237-246.

[37] KATO S, MUTOH I, SHOMURA M. Collapse of imperfect reticulated dome with semi-rigid connections [C]//Proceedings of International Conference on Advances in Steel Structures, Oxford, 1996：315-320.

[38] KATO S, MUTOH I, SHOMURA M. Collapse of semi-rigidly jointed reticulated domes with initial geometric imperfections[J]. Journal of Constructional Steel Research, 1998, 48(2-3)：145-168.

[39] KATO S, YAMASHITA T, NAKAZAWA S, et al. Analysis based evaluation for buckling loads of two-way elliptic paraboloidal single layer lattice domes[J]. Journal of Constructional Steel Research, 2007, 63(9)：1219-1227.

[40] LOUREIRO A, GOÑI R, BAYO E. A one step method for buckling analysis of single layer lattice structures with semi-rigid connections [C]//Proccedings of Space Structure Conference：Space Structures 5, London, 2002：1481-1490.

[41] LÓPEZ A, PUENTE I, SERNA M A. Numerical model and experimental tests on single-layer latticed domes with semi-rigid joints[J]. Computers and Structures, 2007, 85(7)：360-374.

[42] LÓPEZ A, PUENTE I, SERNA M A. Direct evaluation of the buckling loads of semi-rigidity jointed single-layer latticed domes under symmetric loading[J]. Engineering Structures, 2007, 29(1)：101-109.

[43] YOU K H, KIM S D. A study on structural characteristics of latticed domes by bending rigidities [C]//Proceedings of the IASS Symposium 2010, Spatial Structures-Permanent Temporary, Shanghai, China, 2010：293-294.

[44] 郭小农,沈祖炎.半刚性节点单层球面网壳整体稳定性分析[J].四川建筑科学研究,2004,30(3)：10-12.

[45] 徐菁,容健,杨松森.节点刚度对凯威特型单层球面网壳内力的影响[J].钢结构,2005,20(4)：15-17.

[46] 徐菁,杨松森,郑少瑛,等.单层球面网壳节点刚性反应的内力分析研究[J].空间结构,2005,11(3)：51-53.

［47］王伟,陈以一.圆钢管相贯节点局部刚度的参数公式［J］.同济大学学报(自然科学版),2003,31(5)：515-519.

［48］王伟,陈以一.圆钢管相贯节点的非刚性能与计算公式［J］.工业建筑,2005,35(11)：5-9.

［49］王伟.圆钢管相贯节点非刚性性能及对结构整体行为的影响效应［D］.上海：同济大学,2005.

［50］邱国志,赵金城.相贯节点刚度对某单层网壳结构整体稳定性的影响［J］.建筑结构,2010(3)：97-99.

［51］QIU G Z,ZHAO J C. Analysis and calculation of axial stiffness of tubular X-joints under compression on braces［J］. Journal of Shanghai Jiaotong University(Science),2009,14(4)：410-417.

［52］刘海锋,罗尧治,许贤.焊接球节点刚度对网壳结构有限元分析精度的影响［J］.工程力学,2013,30(1)：350-358.

［53］张其林,季俊,杨联萍,等.《铝合金结构设计规范》的若干重要概念和研究依据［J］.建筑结构学报,2009,30(5)：1-12.

［54］同济大学,上海建筑设计研究院.铝合金格构结构技术规程(试行)：DGJ 08-1995—2001［S］.

［55］中华人民共和国建设部.铝合金结构设计规范：GB 50429—2007［S］.北京：中国计划出版社,2008.

复杂空间结构设计与实践

第 4 章 现代胶合木空间结构

4.1　胶合木材料特点

木材,被称为"会呼吸的材料",具有轻质、抗压强度高、易加工、环保等特性,同时还具有储存二氧化碳和调节室内湿度的功能。因此,木结构建筑具有节能、低碳、抗震性能好、居住适宜等特征,且能够进行工厂预制、装配化施工,其自身的美感丰富而独特,是重要的绿色建筑形式之一。

空间结构的特点是规模大、跨度大,且结构形式多样,是一种集优异的力学性能与优美的建筑外观于一体的结构形式。近 30 年来,我国在大跨空间结构方面已经有了长足的发展,从某种程度上来说,大跨空间结构的发展状况已经成为衡量一个国家建筑科学技术水平的重要标志之一。

木材材料各向异性,顺纹和横纹受力性能差异较大,强度差别也较大,在受力复杂的空间结构中难以直接使用。胶合木一般是指以厚度为 20～45 mm 的板材沿顺纹方向叠层胶合而成的木制品,其材料受力性能有较大改善。胶合木材料截面示意如图 4.1 所示。胶合木构件虽然通过人工干预使其材性均匀、稳定,但是胶合木仍然是各向异性材料。各向异性胶合木的数值计算存在一定困难,尤其对大跨度空间结构,构件受力往往非常复杂,工程应用中一般参照钢结构数值分析方法,为了验证数值计算的准确性只能进行试验。

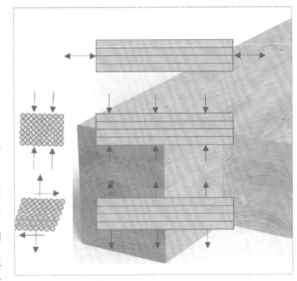

图 4.1　胶合木材料截面

胶合木材料参数列于表 4.1,由表可知,虽然胶合木材料比原木有较大的改善,但胶合木仍然是各向异性材料,横纹强度远小于顺纹强度,相差约 8.4 倍。

表 4.1　胶合木材料参数

胶合木 TC24 性能	参数
密度/(kg·m^{-3})	400
弹性模量/(N·mm^{-2})	11 000
热膨胀系数	8.00×10^{-6}

胶合木 TC24 性能	参数
顺纹抗压强度/(N·mm⁻²)	21
顺纹抗拉强度/(N·mm⁻²)	15
横纹抗压强度/(N·mm⁻²)	2.5

1. 胶合木材料与其他建筑材料性能比较

将胶合木材料与其他建筑材料的各项参数列于表 4.2 中。

复杂空间结构设计与实践

表 4.2　各建筑材料参数

材料性能	胶合木 TC24	铝合金 6061－T6	钢材 Q345	混凝土 C30
密度/(g·cm⁻³)	0.4	2.7	7.8	2.5
弹性模量/(N·mm⁻²)	11 000	70 000	210 000	30 000
热膨胀系数	8.00×10⁻⁶	2.30×10⁻⁵	1.20×10⁻⁵	1.00×10⁻⁵
抗压强度/(N·mm⁻²)	21	200	295	14.3
抗拉强度(N·mm⁻²)	15	200	295	1.43

由表 4.2 可知,胶合木密度、弹性模量、热膨胀系数最小;胶合木强度大于混凝土;胶合木热膨胀系数与钢材接近,与铝合金相差较大,因此,钢木组合结构在温度作用下的变形基本协调。

2. 胶合木材料与其他建筑材料参数比较

将胶合木材料参数与其他建筑材料参数进行比较,得到各项参数的比值见表 4.3。

表 4.3　胶合木材料参数与其他材料参数比值

材料性能	胶合木/铝合金	胶合木/钢材	胶合木/混凝土
密度	0.15	0.05	0.16
弹性模量	0.16	0.05	0.37
热膨胀系数	0.35	0.67	0.80
抗压强度	0.11	0.07	1.47
抗拉强度	0.08	0.05	10.50

由表 4.3 可知,胶合木材料密度比较小,属于轻质材料,胶合木抗压和抗拉强度均大于混凝土结构,与混凝土结构相比具有明显的轻质、高强的材料性能。

3. 胶合木材料强度与弹性模量、密度的比值

将各种材料强度与弹性模量、密度分别相比,得到各项参数的比值见表 4.4。

表 4.4　材料强度与弹性模量密度比值

材料	强度/弹性模量	强度/密度
胶合木	2.0×10^{-3}	52.5
铝合金	2.8×10^{-3}	74
钢材	1.4×10^{-3}	38
混凝土	0.47×10^{-3}	5.7

由表 4.4 可知,胶合木强度与弹性模量的比值均大于钢材和混凝土,胶合木强度与密度的比值均大于钢材和混凝土,胶合木是一种受力效率很高的材料。

4.2　大跨木空间结构优势及发展前景

4.2.1　胶合木结构优势

随着能源和环境问题接踵而至,人们开始崇尚绿色生态的建筑观念,而木材作为可再生生态建筑材料,重新回归人们的视野,得到了世界范围内广泛的关注,越来越多的研究机构和建筑师投入到了对木材的研究实践中。随着木材加工技术和建造手段的进步,大量的新型木结构建筑出现,构成了丰富多样的木构体系。其中胶合木作为一种性能优越的结构用材,在建筑中的应用潜力最大、可用范围最广。近几十年来,在发达国家和地区,胶合木的应用已经日趋普遍和成熟。但在国内,现代木结构技术却才刚刚起步,国内建筑师对于胶合木的应用还处于探索阶段,胶合木相关的文献也大多是关于材料自身性能的技术类研究,并没有从建筑设计的角度深入探讨胶合木的应用。大跨度空间结构形式多样,结构体系复杂,从建筑设计的视角出发,以具体的国内外建筑案例分析为研究基点,对胶合木网壳结构体系进行研究,为今后国内的胶合木应用提供有效借鉴。

空间结构的卓越工作性能不仅仅表现在三维受力,还在于它们通过合理的曲面形态来有效抵抗外荷载的作用,具有受力合理、结构刚度大、质量轻、用材节约等优点。尤其当跨度增大时,空间结构就越能显示出它们技术经济的优越性。事实上,当跨度达到一定程度后,我们就很难在保证结构具有一定经济性的同时采用平面结构了。1963 年,美国著名建筑师史密斯对 166 个已建成的大跨度钢结构工程进行了统计分析,对刚架、桁架、拱、网架和网壳(穹顶)每平方米用钢量进行分析后,得到以下结论:当跨度不大时,各种结构用钢量大体相当;随着跨度的增加,网架和不同形式的网壳(穹顶)均比平面结构节省钢材。据报道,英国伦敦的"千年穹顶",其用钢量仅为 20 kg/m²。作为对比,古罗马人用砖石建造的 40 多米跨度的拱结构,结构自重为 6 400 kg/m²。

事实上,虽然木材在强度上低于钢材,但其承载效率却要高于钢材,且远远高于混凝土。承载效率可以定义为强度与密度的比值,国内研究单位已对不同材料的承载效率进行了对比分析,得出以下结论:不论从抗拉、抗压或是弯曲的承载效率来看,木材均高于钢材、混凝土等传统材料。因此,木材较高的性价比这一特点得以体现,而这一特点能够在结构受力、经济性等要求更高的空间结构中展现出巨大的优势。

从建设单位角度看,木结构建筑也开始逐渐拥有更大的市场。在2017年度木结构项目的应用调研中,旅游开发项目、私人住宅、园林景观是木结构项目最重要的三个市场。其中,旅游开发项目中应用木结构仍然是最大市场。能够预测,在未来的发展过程中,随着我国经济水平的提高,大跨木空间结构的市场需求将会越来越大,主要原因在于:在新建项目中,将会针对旅游、展览、赛事而包含更多的体育场馆、展览馆、温室、接待中心等建筑,而这些建筑往往需要横跨较大的空间范围,因此大跨空间结构将成为非常好的选择。

木结构本身展现出的独特美感也是不容忽视的一大优势,而这一点也受到了国内外建筑设计师的广泛认同。大跨空间结构中采用木材作为主体结构材料,能够实现造型美观和绿色自然的效果。

鉴于我国对大跨度木空间网壳结构的研究与应用还较少的现状,本书通过归纳整理,综述了大跨木结构的应用现状及需要研究的重点方向。

胶合木在大跨空间结构中的应用现状:

(1)尽管木结构建筑在国内正逐渐增多,但多集中于低层、多层的住宅类建筑中,而具有代表性的典型大跨空间木结构建筑目前仍然很少。

(2)以胶合木材作为结构材料的大跨网壳结构工程案例还相对较少。

(3)胶合木大跨空间结构的研究与应用在我国还处于起步阶段,仍然需要不断探索研究。

大跨木空间结构优势及发展前景:

(1)大跨度空间结构发展方向是"轻、远",空间结构的优势显然也是大跨木结构的优势。

(2)木材尽管在强度上低于钢材,但其承载效率却要高于钢材和混凝土。

(3)木结构建筑在国内具有更大的市场,一大批旅游项目、园林项目、展示场馆都非常适合采用木材作为建筑材料。

(4)木结构独特的建筑效果受到国内外建筑师的广泛认同,非常适合用于造型美观、绿色自然的作品。

综上,木材具有很高的承载效率,性价比高,且与大跨空间结构的要求不谋而合,因此大跨木空间结构具有很好的发展前景。

4.2.2 胶合木结构工程应用

目前在国外,尤其是北美、欧洲和日本等国家及地区,已有大量可供参考的大跨木空间结构案例,同时也已取得了一定的研究成果。国内的应用正在逐渐扩展,近几年,已有一定数量的大跨公共建筑采用木空间结构的形式,例如上海崇明体育训练基地游泳馆、海口市民活动中心、成都天府中心(在建)、江苏省园艺博览会木结构主题展览馆、天津华侨城欢乐谷演艺中心木结构网壳及太原植物园木网壳结构项目(图4.2)。

　　上述这些项目的落地实施,能够更进一步促进中国木结构,尤其是大跨木结构市场的发展,为今后的工程实践提供足够多的项目先例以供参考,同时为今后的研究工作提供一定的工程依据。

(a) 上海崇明体育训练基地游泳馆

(b) 海口市民活动中心

(c) 成都天府中心(在建)

（d）江苏省园艺博览会木结构主题展览馆　　　（e）天津华侨城欢乐谷演艺中心

（f）太原植物园

图 4.2　近年国内木空间结构项目案例

4.2.3　研究重点方向

近年来国内外在木空间结构相关方面做了很多研究,取得了一些成果。但是木材材质复杂,空间结构形式多样,仍有许多值得进一步研究与探索之处。木空间结构的分析方法在很大程度上都与钢结构相类似,但是木材与钢材有很多不同点,主要体现在以下几方面。

（1）钢材材料较为均匀,一般可以按各向同性材料分析,而木材存在明显的各向异性。

（2）钢材在受力的初始阶段处于完全弹性状态,卸载后变形可以完全恢复,而木材是黏弹性材料,受力初期就会产生不可恢复的塑性变形。

（3）钢材在长期荷载作用下其力学性能不会发生明显变化,而木材会发生明显的蠕变现象。

因此,大跨木空间结构的研究有其特殊性,近年来,研究人员从多个方面着手,不断丰富研究成果,以下几个方面是当前的研究难点,也是必须解决的研究重点,是大跨木空间结构中的关键技术。

（1）合理选用材料本构关系。

木结构在加载初期由于缺陷、木纤维管压实等原因会呈现出一些不可恢复的变形，即加载初期塑性发展。这种塑性发展对不同类型的空间结构会产生不同程度的影响。同时木结构的较大蠕变特性致使其本构关系可以继续向时间维度发展。研究人员对木材的本构关系研究经历了很长的历程，提出了许多很好的本构模型。复杂的本构关系模型固然可以得到更加准确的数值分析结果，但是会大大增加计算工作量，影响其工程实用性。所以应该研究如何正确地选取合理的材料本构关系，使模拟时采用的本构关系在保证精度的前提下更加高效和易用。

（2）节点形式的创新。

目前，针对多高层木结构、轻型木结构等结构形式，已有较为成熟及常用的节点连接形式，保证节点的刚度、承载力与设计一致。事实上，随着大跨木空间结构的推广，对于特定结构形式，例如木网壳式、网架式、张弦式的木空间结构所适用的节点连接方式应当做到同步推进，尽可能满足设计要求的刚度、承载力要求。同时，设计也应当能够与实际节点性能相结合，做到全面考虑节点的力学性能。

（3）减少蠕变对结构整体性能的影响。

大蠕变特性在木空间结构研究中是无法回避的，正确地选取结构体系可以减少蠕变对结构整体性能的影响，正确地采取结构构造措施也可以减少蠕变对整体性能的影响，比如在张拉节点处可靠锚固或加固等。因此，具体的结构体系和构造措施还需要进一步研究，在结构设计时必须充分考虑设计基准期内蠕变对结构的影响。

（4）数值模型的试验验证。

某些特定的结构形式，如柔性木空间结构，已经有了比较系统的数值分析方法。对于其他的结构形式，也可以从相应钢结构的数值分析方法中吸取经验，建立相应的数值模型。但是对木空间结构的试验研究目前很少，几乎没有试验研究可以验证这些模型的准确性，所以需要进行更多的相关试验研究。

（5）动力特性的研究。

木材具有质量轻的特点，被普遍认为是抗震性能良好的材料。但是对木空间结构的动力特性的研究尚缺乏。木空间结构的质量分布特征及阻尼特性都与钢结构不同。由于所受地震力相对小，对抗震设防的要求也有所不同，基于性能的抗震目标有待确定，这些需要进一步的理论和试验研究。

（6）体系可靠性研究。

木材是一种非常复杂的材料，所以对其可靠性的研究是充分发挥木材材料性能的重要支撑。目前已经存在描述木材材性的随机模型，但是对该模型的试验研究支撑依然不足。对木结构节点的可靠性研究仍然较少。对于采用木材单元制成的结构体系，其可靠性的评估也相应比较复杂，需要进一步的研究。

4.3 大跨木空间结构分类

4.3.1 木网格结构

网格结构由许多形状和尺寸都标准化的杆件与节点组成,它们按一定规律相连接形成空间网格状结构。研究表明,网格结构中杆件主要承受轴力,所以容易做到材尽其用,节省材料,减轻自重。具体来说,网格结构又可以分为"网架结构"与"网壳结构"两种。其中,网架的外观呈平板状,主要承受整体弯曲内力;而网壳的外观往往呈曲面状,主要承受整体薄膜内力。

1. 木网架结构

木网架结构是由多根木杆按照一定规律组合而成的网格状高次超静定空间杆系结构,总体呈平板状,与钢网架结构十分类似。在节点处一般使用钢板将木杆相互连接。该结构体系具有空间刚度大、构件规格统一、施工方便等特点,多用于公共建筑。

图 4.3 为两个典型的木网架结构案例,(a) 为西班牙的拉科鲁尼亚大学体育馆,(b) 为意大利的阿戈尔多文化中心。结构木杆为胶合木方管或方形截面,前者节点通过螺栓与球状钢节点连接,后者通过螺钉、销钉等连接件与内插节点板连接。

(a) 拉科鲁尼亚大学体育馆(西班牙)　　　　　(b) 阿戈尔多文化中心(意大利)

图 4.3　典型木网架结构

2. 木网壳结构

木网壳依据网壳层数、几何形状,杆件分布形式等,还可以细分为多种网壳形式,此处不作过多赘述,仅对网壳结构作简要的介绍,附以几个典型工程案例。

网壳结构是将杆件沿着某个曲面有规律地布置而组成的空间结构体系,其受力特点与薄壳结构类似,是以"薄膜"作用为主要受力特征的,即大部分荷载由网壳杆件的轴向力承受。由于它具有自重轻、结构刚度强等一系列特点,可以覆盖较大的空间。不同曲面的网壳可以提供各种新颖的建筑造型,因此也是建筑师非常乐意采用的一种结构形式。

图 4.4 为两个著名的大型木网壳结构案例，(a)为德国的曼海姆多功能厅，(b)为美国的塔科马穹顶。

前者由著名建筑师弗雷奥托于 1974 年设计完成，并作为当时世界上最大的自立式自由曲面木网壳结构，至今仍广为称赞。结构由二维平面双向交叉网格通过弹性弯曲变形形成无抗剪刚度的双曲率壳体空间结构，并通过第三方向杆件约束或固定连接节点的方式来使结构固定。它的基本单元不是相邻两个节点之间的短直线段，而是贯通整体跨度的长板条，这些板条通常在工厂采用指接方式拼接成一定长度，再在现场使用胶合工艺达到需要的长度。国内有学者也称其为"可延展预应力网格结构"。

后者于 1980 年建成，直径达 162 m，建筑物最高处达 45.7 m，由三角形木网格组成，主要构件采用弯曲性，通过钢夹板节点连接，用木檩条支撑屋面。其抗震性能很好，2001 年发生的 6.8 级地震没有对其主要结构造成损伤。

(a) 曼海姆多功能厅(德国)　　　　　　　　(b) 塔科马穹顶(美国)

图 4.4　典型木网壳结构

4.3.2　木张弦结构

木空间张弦结构是指木构件与施加预拉力的钢拉杆或索、膜配合形成的结构体系。这种结构体系充分利用了木材抗压性能好和钢材抗拉性能好的优点，使结构材料更省、跨度更大、造型更丰富。具体来说，木空间张弦结构又可以分为木悬索结构和木张拉整体结构等。

图 4.5 为两个木张弦结构典型案例，(a)为日本白龙穹顶，(b)为日本天城穹顶。

前者为木悬索结构，以木结构作为钢悬索的支承，外荷载通过索的轴向拉伸传递到木拱上，再由木拱传递到基础。合理的悬索结构有较好的抗风和抗震能力，对木拱可能发生的变形有很好的适应性。结构落成于 1992 年，中心采用胶合木拱作为悬索的支撑结构，平面规模为 50 m×47 m，最高高度达 19.5 m。

后者为木张拉整体结构，木材作为体系中的压杆，配合施加了预应力的钢索形成结构刚度。该体系初始预应力的值对结构的外形和结构刚度的大小起决定作用。结构撑杆采用木杆，通过钢节点与拉索连接，采用膜材覆盖，有轻盈精致之感，跨度达 54 m，矢高达 9.3 m。

(a) 白龙穹顶(日本)　　　　　　　　　　　　(b) 天城穹顶(日本)

图 4.5　典型木张弦结构

4.4　现代木空间结构设计工程实例

太原植物园温室建成于 2020 年,是目前国内跨度最大的全木网壳结构,在设计实践过程中,为实现建筑美观与结构传力的融合,基于胶合木特性,开发了多项新型节点技术,为复杂胶合木空间结构的技术实现提供解决方案和参考。

1. 项目概况

太原植物园(图 4.6)一期项目位于山西太原市晋源区,其中包括 3 个温室建筑,分别为 1#,2#,3# 温室,内部种植热带植物、沙生植物,跨度依次为 89.5 m,54 m,43 m,最大的温室为 1# 温室,其高度约 29 m。温室建筑外观造型呈网壳结构,建筑效果为全木结构,温室外围护为玻璃幕墙,内部不设吊顶。温室结构采用胶合木网壳结构体系,结构采用双向交叉上、下叠放木梁形成网壳,为了提高结构整体性和刚度,在网壳下部增设双向交叉索网,索网布置方向与木梁斜交,索网和木结构网壳之间通过拉杆连接形成整个温室结构体系。上部结构支承于下部钢筋混凝土结构顶部,北侧较高处支承于墙体顶部,南侧较低处支承于基础梁顶部,上部结构与下部混凝土结构之间通过半刚接支座连接。本工程于2020 年 10 月 1 日开始试运营。

2. 结构体系

1) 设计条件

温室建筑功能为种植植物,使用过程中室内湿度、温度均较高,胶合木材料有一定优势,但胶合木质量轻,对风荷载敏感,受雪荷载影响也较大,以下为主要荷载输入条件。

(1) 风荷载。

本项目属于风敏感建筑,按重现期 100 年考虑,基本风压为 0.45 kN/m²。体型系数、风振系数需根据物理风洞试验结果取值。

（a）整体效果

（b）室内效果

图 4.6　太原植物园温室实景

（2）温度荷载。

合龙温度控制在(15±5)℃,太原最高气温 34℃,最低气温－16℃,考虑正温 30℃、负温－36℃进行各工况组合。

（3）雪荷载。

根据荷载规范,本项目属于大跨度轻型结构,属于雪荷载敏感结构,雪荷载取值按 100年重现期,本项目取 0.4 kN/m²,考虑雪荷载不均匀分布。根据《索结构技术规程》(JGJ 257—2012)考虑半跨、不对称、不均匀分布雪荷载,并同时考虑雪荷载的不均匀分布系数。

（4）地震荷载。

依据《建筑抗震设计规范》(GB 50011—2010,2016 版),本项目位于山西省太原市晋源区,抗震设防烈度 8 度(0.20g),设计抗震分组第二组,地震影响系数最大值 0.16,特征周期0.40 s,场地类别Ⅱ类,考虑竖向地震。

2）结构体系组成

本项目建筑造型呈网壳结构,材料采用胶合木,结构跨度较大,达到 89.5 m,是目前建成跨度最大的全木网壳结构建筑(图4.7)。若采用传统的单层网壳结构形式,结构刚度较弱,连接节点刚度不足,结构难以实施,因此,结构体系需要创新研究,开发一种新的结构体系,既可满足建筑外观,又可满足结构受力需求。

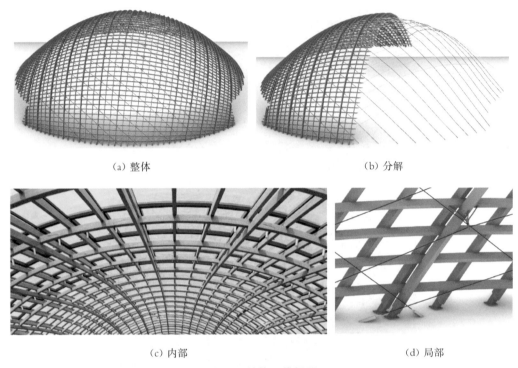

(a) 整体　　　　　　　　　　　　　　　　(b) 分解

(c) 内部　　　　　　　　　　　　　　　　(d) 局部

图 4.7　结构三维视图

　　结构采用双向交叉上、下叠放木梁形成网壳,在纵向(南北向)木梁对应位置下部间隔3根梁增设木梁进行加强,纵向(南北向)木梁夹住横向(东西向)木梁,其中纵向(南北向)木梁截面均为 200 mm×400 mm,间隔双层加强,横向(东西向)木梁截面均为 200 mm×300 mm,横向木梁上表面与纵向木梁下表面平齐,横向木梁下表面与纵向加强木梁上表面平齐。在网壳外表面实现木梁面平齐,便于玻璃幕墙的固定。为了提高结构整体性和稳定性,在网壳下部设置斜交双向拉索,双向拉索形成曲面索网面,索网面和木梁之间通过不锈钢拉杆连接形成整个温室结构体系,木梁、拉索上部结构与下部混凝土结构之间通过半刚接支座连接。

　　(1) 本项目结构体系具有以下特点:

　　① 与常规网壳结构不同,三层双向木梁交叉叠放形成网壳结构,三层木梁不共面。

　　② 在节点区木梁贯通不断开。

　　③ 木梁以受压为主。

　　④ 双向斜交拉索主要作用为控制网壳稳定性、整体性。

　　(2) 本项目设计难点主要有以下几点:

　　① 胶合木构件为单曲和双曲构件,构件需要进行拼接,要求加工精度非常高,为了建

筑效果,常规钢板螺栓节点不适用,需要开发新型拼接节点。

② 胶合木梁上、下交叉叠放不共面,连接处结构受力较复杂,连接较困难,需要研究开发新型连接节点。

③ 由于胶合木材料的特殊性,需要进行材性试验,为了验证节点的可靠性,需进行足尺节点试验研究,确定节点刚度及极限承载力。

④ 有限元计算模型假定节点刚接、铰接均不符合实际,需将试验结果代入计算模型进行整体计算和稳定性计算,确定结构稳定性和承载力是否满足要求。

⑤ 拉索形成曲面索网,拉索施工安装较困难,不能采用两端张拉方式,而需要开发研究施工方案。

3. 结构计算分析

1) 抗风设计

位移计算:图 4.8 为结构几何模型。风荷载组合结构位移计算如图 4.9 所示。

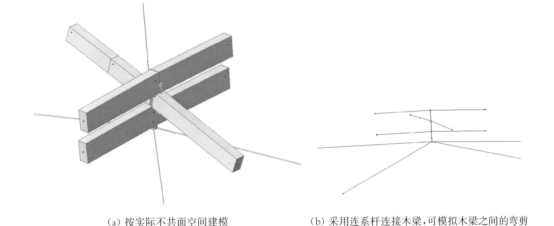

(a) 按实际不共面空间建模　　　　(b) 采用连系杆连接木梁,可模拟木梁之间的弯剪

图 4.8　几何模型

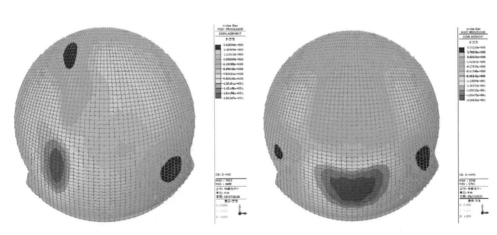

(a) DL + W0°最大 z 向位移(18.6 mm)　　　　(b) DL + W90°最大 z 向位移(20.7 mm)

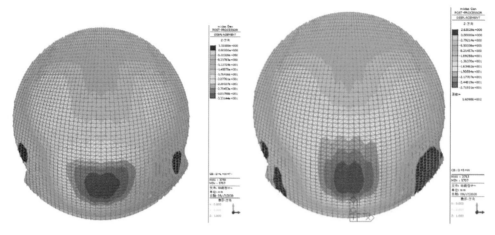

（c）DL + LL + W90° + T － 最大 z 向位移（33.3 mm）　　（d）DL + S + W90°最大 z 向位移（27.2 mm）

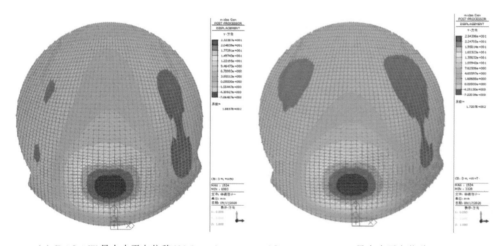

（e）D + L + W 最大水平向位移（23.2 mm）　　（f）D + L + W + T － 最大水平向位移（25.4 mm）

图 4.9　风荷载组合结构位移

计算结果显示,在荷载组合工况下,DL + LL + W + T － 组合为最不利工况,结构竖向位移最大,胶合木应力最大。

2）抗震设计

木结构属于轻型结构,地震作用影响不大,图 4.10 为地震组合结构位移。

3）整体稳定设计

进行线性屈曲分析,以第一阶屈曲模态(图 4.11)的形式施加初始几何缺陷进行几何非线性分析(图 4.12)。可得出以下结论:

（1）本工程结构在 4(DL + LL)荷载作用下,结构竖向位移与荷载基本呈线性关系。

（2）随着荷载的增大,结构表现出了非线性特征,但是在 6(DL + LL)的作用下,结构仍未出现失稳,可以认为设计计算模型按照弹性全过程分析时,安全系数满足《空间网格结构技术规程》(JGJ 7—2010)中对安全系数的要求。

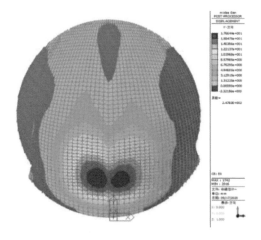

（a）x 向地震最大水平向位移（17.6 mm）

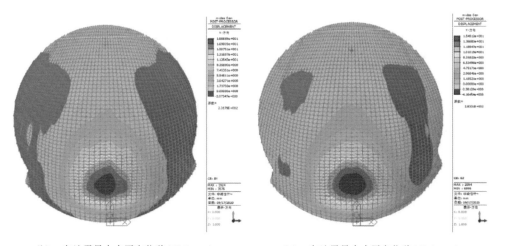

（b）y 向地震最大水平向位移（18.9 mm）　　　　（c）z 向地震最大水平向位移（15.4 mm）

图 4.10　地震组合结构位移

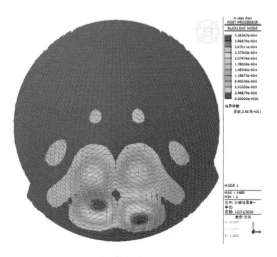

图 4.11　设计计算模型第 1 屈曲模态

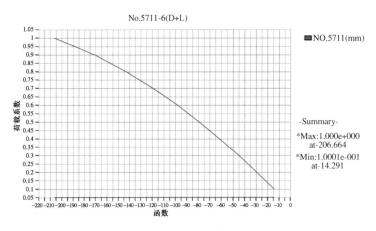

图 4.12 几何非线性荷载-位移曲线

4）节点及细部设计

对于胶合木结构而言，"节点"设计是关键。而木空间结构杆件跨度大，且兼具木材变异性显著、各向异性、蠕变收缩对力学性能影响大等特点，故节点分析更为复杂。一般来说，从连接形式上划分，木空间结构的节点形式主要包括钢板销式节点、植筋节点和叠合式节点等。其中，钢板销式节点最为常见，研究成果也最为丰富，而其他的新型节点形式多在特定工程实例中出现，应用与研究均不多见。太原植物园胶合木网壳结构其结构体系新颖，常规节点已无法满足建筑效果及温室建筑功能特点的需要，需要在胶合木连接节点进行创新研究，开发新型胶合木连接节点，应用于工程实践，填补规范中胶合木节点形式的缺失。

（1）"Z"形拼接节点。

空间网壳中的杆件以轴向受力为主，弯矩和剪力较小，因此可以使用"Z"形拼接节点，"Z"形拼接节点的特点在于需要保证轴向受力可靠，也可承担弯矩和剪力的要求。传统的木结构杆件中间连接节点往往做法复杂，需要预留槽口或使用型钢连接，现场安装施工耗时，连接可靠性和连接后的建筑外观效果不佳。因此，针对空间网壳结构提出一种木结构杆件"Z"形拼接节点构造（图 4.13），简化节点加工工艺，在保证受力性能的基

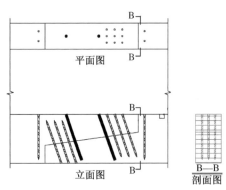

图 4.13 "Z"形拼接节点

础上,提高现场施工效率和施工安装精度,同时保持整根木梁外观的连续性和美观是非常有意义的。

按图 4.14 进行节点纯弯加载并考虑轴向限位的加载工况,试验得到的弯矩-挠度曲线如图 4.15 所示,结果表明,部分节点将由于下部接缝处的张开而发生突然的脆性破坏。在后续试验中,采取竖向加载前先对梁轴向施加一定数值的压力,使得节点处预先处于受压状态的措施,可延缓节点下部接缝的张开。

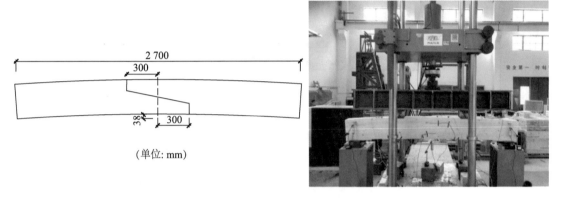

图 4.14　节点试验

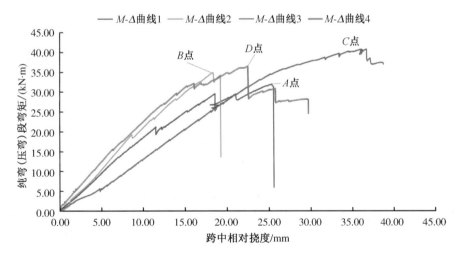

图 4.15　弯矩-挠度曲线

由图 4.16 可以看出,图中裂缝开展得越来越小。2 号试件采取了加固措施,打入了层间螺钉,从而限制了该处裂缝的开展;3 号、4 号试件施加了轴向约束,从而进一步限制了图示裂纹的开展。施加了轴向约束后,3 号、4 号试件在极限状态时,受压区的压应力较大,发生了压弯破坏,在靠近梁中上部的区域内出现了明显的劈裂裂纹或者由于天然缺陷导致的破坏,如图 4.17 所示。

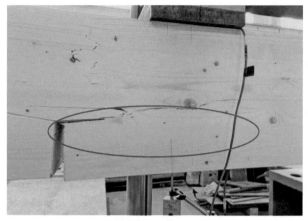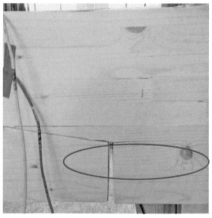

（a）试件 1 号节点区破坏   （b）试件 2 号节点区破坏

复杂空间结构设计与实践

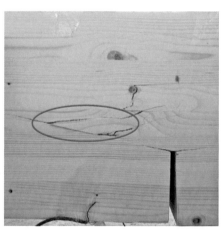

（c）试件 3 号节点区破坏   （d）试件 4 号节点区破坏

图 4.16 试验破坏示意

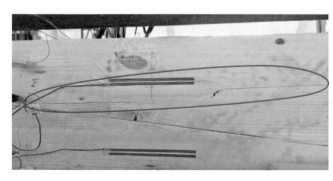

（a）3 号试件   （b）4 号试件

图 4.17 3 号、4 号试件截面中上部破坏情况

(2) 主次叠放搭接节点。

基于太原植物园温室结构体系,需要开发一种通过高强螺钉机械连接形成的空间网壳结构。该木梁间连接节点能够承受不同方向的剪力作用,对木结构梁基本没有削弱,施工安装精度高。传统的木结构连接节点更多是承受单一方向剪力,传统的木结构杆件连接节点往往做法复杂,需要预留槽口或使用钢板、螺栓连接,对木结构削弱较大,现场安装施工耗时,连接可靠性和连接后的建筑外观效果不佳。另外,叠放木梁的搭接节点处对木材凹槽处的形状要求更低,木梁截面可以是平行四边形,均可按此节点连接。因此,针对空间网壳结构提出一种胶合木结构梁双向三层叠放剪式铰接连接节点连接构造(图4.18),在保证受力性能的基础上,提高现场施工效率和精度,减小连接区对木结构的削弱,建筑外观效果佳是有意义的。

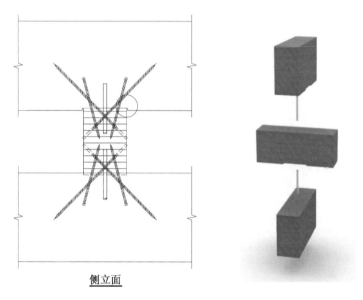

侧立面

图 4.18　胶合木叠放搭接节点

① 试验加载方案。

将节点试件放置于地梁上,安装好钢柱、钢梁作为限位,保证装置与试件紧密贴合,且无初始力(图 4.19)。

主向加载试验主构件在产生顺纹方向的位移时,次构件发生滚动。在次构件发生滚动时,主次构件的连接节点处将产生造成错动的"剪力"和造成界面脱离的"弯矩"(图4.20)。节点处的销轴主要抵抗该"剪力"作用,而自攻螺钉辅助抵抗该"剪力"并同时抵抗该"弯矩"作用。加载过程中,在主次构件界面脱离处,螺钉出现了一定的拔出;并且由于螺钉斜向构造的原因,一部分木材发生了剥离。由于试件的破坏现象具有一致性,加载过程中,试件没有发生明显的脆性破坏,故在承载力达到峰值的80%以下时,停止加载,节点处的变形较大,节点的延性较好。

（a）主向加载　　　　　　　　　　　　（b）次向加载

图 4.19　加载试验

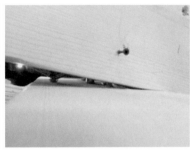

图 4.20　主向加载试验破坏现象

次向加载试验的加载方向沿着次构件的顺纹方向及主构件的横纹方向,因此,节点在加载直至破坏的过程中,发生了主构件的横纹劈裂破坏;同时,在次构件的顺纹方向,自攻螺钉发生了较大的剪切滑移,但自身没有破坏(图 4.21)。由于试件的破坏现象具有一致性,从开始到结束的整个加载过程中,试件随着加载力的增加其变形不断增大,但始终没有发生突然的脆性破坏,表明节点的延性较好。

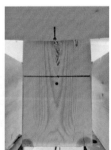

图 4.21　次向加载试验破坏现象

② 节点剪切刚度。

通过曲线观察,加载的初期,节点加载曲线近似处于线性,通过 CSIRO 方法确定屈服点,通过 CSIRO 方法确定图 4.22 中曲线的屈服点 $Y_1 \sim Y_3$,从而计算节点在沿次构件轴向方向的力作用下发生错动时的剪切刚度,其中选用的数据点和计算得到的节点刚度见表 4.5 和表 4.6。具体计算方法如下。

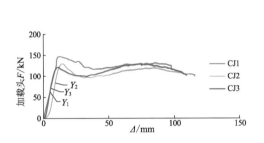

图 4.22　次向剪切试验荷载-变形曲线

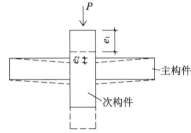

图 4.23　次向试验节点刚度计算示意

通过位移计测得图中次构件及主构件在加载方向上的位移 e_1,e_2,其差值即为主次构件剪切错动的距离;而剪力大小取为作动器力值 P 的一半,从而依据式(4.1)求得刚度。

$$K = \frac{P/2}{e_1 - e_2} \tag{4.1}$$

表 4.5　次向试验刚度计算数据选取

试件号	起始点		屈服点	
	主次构件剪切位移 $e_1 - e_2$/mm	剪力/kN	主次构件剪切位移 $e_1 - e_2$/mm	剪力/kN
CJ1	1.0	7.89	4.9	36.95
CJ3	2.2	6.60	5.6	36.13

表 4.6　节点次向剪切刚度

试件号	节点剪切刚度/(kN·mm⁻¹)
CJ1	10.236
CJ3	8.687
平均值	9.462

(3) 可调支座节点构造。

轻型木结构空间网壳结构跨度大、质量小,经常采用拼装成整体后现场吊装的方式进行安装,由于网壳结构中杆件数量多,形体复杂,存在加工和拼装误差,容易在支座部位存在几何误差的累积。若上述几何误差不经释放强行安装,则这种强制位移在空间网壳结构的超静定约束下会形成初始内力,影响结构受力性能。因此设计出在安装过程中可以释放掉几何误差的可调轻型木结构支座节点构造是非常有意义的。

因木结构加工精度很高,安装工业化程度较高,该节点主要为了考虑加工和施工误差,避免安装有冲突的问题,将全部误差在支座节点进行调节。本节点用于木结构支座节点的安装,将作为胶合木杆脚部的方钢管与通过锚栓和抗剪件埋置在混凝土基础中的支座底板相互连接,安装过程中通过调节螺杆释放支座顶板和支座底板之间的水平误差和竖向误差,然后通过螺栓和垫片的安装以及支座侧板的焊接实现节点固定。节点示意如图 4.24 所示。

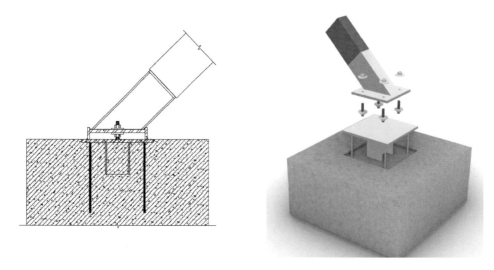

图 4.24　可调支座节点示意

（4）拉索拉杆节点及安装方法。

大跨空间网壳结构工程案例几乎都为钢结构和铝合金结构,胶合木结构在工程中使用较少,主要是因为木结构材料材质不均匀,横纹受力较弱,木梁之间的连接实现刚性困难,造成较多结构体系不适用,目前大跨木结构建筑工程案例较少,因此,木结构体系需要不断开发研究,充分利用胶合木结构的诸多优点。胶合木轻质、绿色环保、施工安装便捷、可实现装配化施工,非常适用于一些有特殊使用功能的建筑,或者有木结构建筑效果需要的建筑。木结构材料属于可再生资源,也符合绿色环保、装配化安装的大方向,因此有必要开发出一种大跨胶合木建筑网壳结构体系。但是随着跨度的增加,木结构网壳结构刚度变弱,需要在木结构内侧增加双向拉索,以提高结构整体刚度,从而保证结构的稳定性。连接木结构和双向拉索的节点和张拉安装方法存在技术难题,因此,开发一种连接节点及安装方法非常有必要,可为该类结构的设计提供重要技术支撑。

为了满足上述木结构拉杆节点设计及安装施工的需求,本节点设计需提供一种拉索拉杆节点(图 4.25)及安装方法(图 4.26)。本节点安装过程如下:

① 将 4 个不锈钢爪件拧到主铸造件上,形成一个支撑组件(倒四角锥铸造件),用螺钉穿过 4 个钢板上孔,将支撑组件固定到胶合木主向梁和次向梁上。

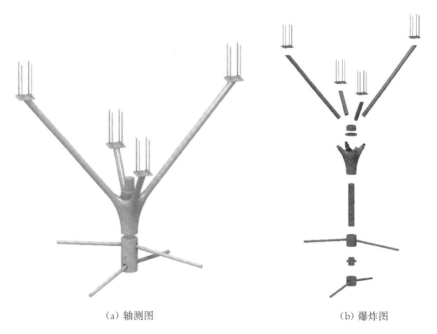

| (a) 轴测图 | (b) 爆炸图 |

图 4.25   拉索拉杆节点

② 安装拉索底部与混凝土连接件,将可调节螺杆连接件与预埋锚栓进行连接,根据计算对拉索下料长度进行标记,将穿过拉索的部件布置到标记的位置。根据施工现场条件分别布置两层拉索,采取临时固定措施将拉索固定在胶合木结构上。如图 4.26(a)所示。

③ 将连接螺杆拧到上、下两个过索部件中,将 M56 螺杆拧到过索部件中(拧入过索部件后需保证双向拉索能够自由滑动)。将 M56 螺杆穿过支撑组件,拧上螺母和垫圈,只需拧紧螺母,直到螺纹接合,支撑组件和过索部件之间应有 100 mm 的外露螺纹。如图 4.26(b)所示。

④ 此时把拉索底部与混凝土连接处螺栓拧紧,螺杆拧到计算预设长度,初始张力控制约 5 kN。

⑤ 从穹顶的中心开始,拧紧 M56 螺母,将拉索逐渐拉向胶合木。从中心向外逐点拧紧螺母,直到外露的螺杆长度为 50 mm,如图 4.26(c)所示。从中心向外重复本步骤操作,逐点张紧拉索,使用拉索张力检测仪对每部分的拉索进行检测,并与施工模拟计算结果进行对比分析。

⑥ 完成第一轮张紧后,按照相同的步骤从穹顶中心开始,完成 M56 螺母的第二轮张紧,根据计算此时拉索的张力达到(40±5)kN。

⑦ 逐点固定过索部件,将上层拉索固定到位。

⑧ 按照步骤⑦,逐点固定下部过索部件,拧紧连接螺杆,将下层拉索固定到位。

⑨ 向每个过索部件注入 Hilti HIT-RE 500 V3 环氧树脂结构胶。环氧树脂结构胶应从一个加注孔流入,从另外一个加注孔流出,以验证节点是否加注满。

⑩ 完成拉索安装就位,使用拉索张力检测仪对每部分的拉索进行检测,并与计算结果进行对比。

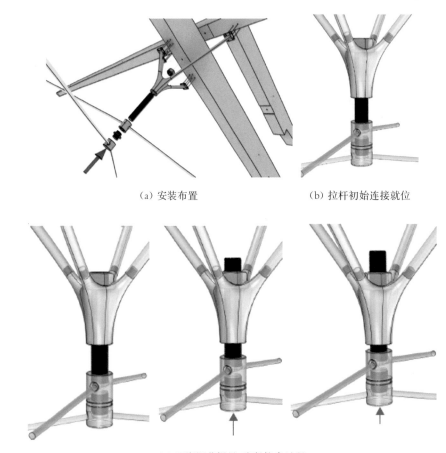

(a) 安装布置   (b) 拉杆初始连接就位

(c) 逐渐调节螺母,张紧拉索过程

图 4.26　拉索拉杆安装

拉索加载试验如图 4.27 所示。

图 4.27　拉索加载试验

(a) 正常使用极限状态抗剪试验。

依据试验方案,试验加载速度为 5 mm/min,试验加载至 15 kN,30 kN 及 45 kN 时,分别持荷 1 min。加载完毕后,试件在柱肢与 CA-90 的连接处发生了一定的塑性变形,如图 4.28 所示。抗剪试验荷载-变形曲线如图 4.29 所示。

(a) 试件整体发生倾斜

(b) CA-90 与柱肢连接处变形

图 4.28 拉索节点装置正常使用极限状态抗剪试验加载现象

图 4.29 正常使用极限状态抗剪试验荷载-变形曲线

(b) 极限抗拉承载力试验。

在使用阶段抗拉试验的试件卸载至零后,继续进行极限抗拉承载力试验,加载速度为 2 mm/min,直至试件发生破坏。试件在达到最大承载力 303.1 kN(对应作动器竖向位移 17.0 mm)时,发生了某一柱脚处焊缝拉裂的脆性破坏,且观察其他柱脚可以发现,柱脚处焊接的钢板发生了较大的平面外挠曲;另外,CA-90 与柱肢连接处也有一定的变形(图 4.30)。抗拉试验荷载-变形曲线如图 4.31 所示。

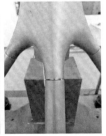

图 4.30 极限抗拉破坏模式

图 4.31 承载能力极限状态抗拉试验荷载-变形曲线

4. 施工模拟设计

胶合木构件均在工厂进行数控 CNC 切割加工,确保加工精度要求。对胶合木梁进行编号,在现场工厂内进行区块拼装,采用吊车将工厂拼装的区块吊装到位后,将各区块之间构件进行现场连接,最终完成整体结构安装,如图 4.32 和图 4.33 所示。整个施工过程可实现装配化安装。

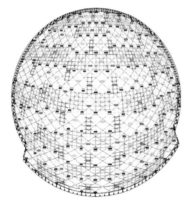

图 4.32　温室区块划分

复杂空间结构设计与实践

图 4.33　现场分块吊装

拉索安装从壳体顶部逐渐向外围扩展,如图 4.34 所示。

由于拉索安装难度较大,且在张紧过程中结构内力有变化,需进行施工过程模拟分析,如图 4.35 所示。拉索安装过程中逐渐张紧拉索,共分 14 个阶段安装张紧拉索,后面再进行附加恒载及活载,进行几何非线性施工过程模拟分析。在前 14 个阶段中,拉索一次张紧 1 根,在随后的阶段中,较短的拉索一次张紧 2 根。第一次张紧拉索,缩短撑杆上的螺杆 75 mm,使拉索张紧,使拉索节点向外移动相同的量,此过程根据安装阶段逐根安装进行施工模拟分析,计算得到拉索内力。在每个分析阶段,荷载包括胶合木、撑杆和拉索的自重以及当前阶段和所有先前阶段的拉力。

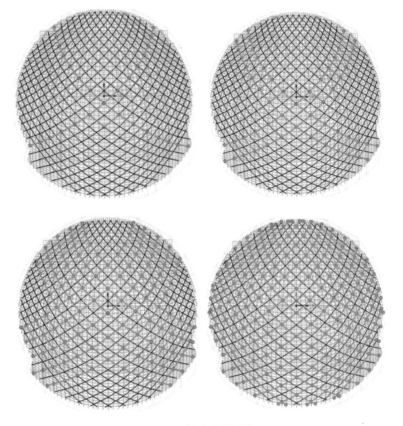

图 4.34　拉索张紧过程

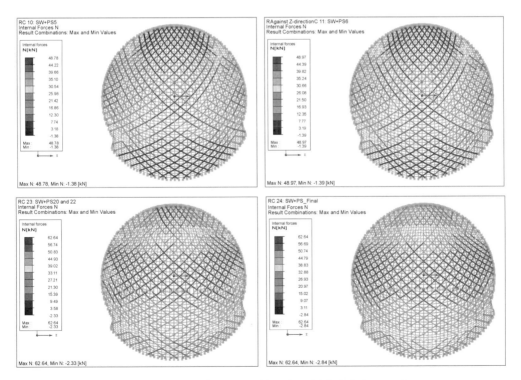

图 4.35　拉索安装施工过程模拟分析(最大索内力 64 kN)

5. 关键技术成果

(1) 发表论文。

[1] 李亚明,李瑞雄,贾水钟,等.太原植物园胶合木半搭接节点受力性能试验研究[J].建筑技术,2020,51(3)。

[2] 贾水钟,李亚明,李瑞雄.太原植物园胶合木双向叠放梁连接节点剪切试验研究[J].建筑结构(2020 录用)。

[3] 贾水钟,李亚明,李瑞雄.太原植物园温室进口胶合木材性试验研究[J].建筑结构(2020 录用)。

[4] 贾水钟,李瑞雄,李亚明.太原植物园销轴-钢插板支座节点受力性能试验研究[J].建筑结构(2020 录用)。

[5] 李瑞雄,贾水钟,李亚明.太原植物园温室胶合木网壳结构设计关键技术研究[J].建筑结构(2020 录用)。

(2) 授权专利。

专利名称	专利类型	专利号
木质空间网壳结构及木结构支座节点构造	实用新型专利	ZL2019 2 1688355.9
木构件拼接节点构造、杆件及空间网壳结构	实用新型专利	ZL2019 2 1542956.9
一种木构件间连接节点及木质空间网壳结构	实用新型专利	ZL2019 2 1689306.7
一种木结构间连接节点	实用新型专利	ZL2019 2 1479964.3
一种胶合木网壳结构	实用新型专利	ZL2020 2 0312596.X
一种网壳结构	实用新型专利	ZL2020 2 0312597.4
一种用于张拉索的拉杆	实用新型专利	ZL2020 2 1313092.6

参考文献

[1] 尹婷婷.大跨木结构的发展及在我国的应用前景[J].建筑施工,2018,40(12):2163-2166.

[2] 党文杰.中国木结构产业发展报告(2018 年)[R].中国木材保护工业协会,2018.

[3] 奥珅颖.胶合木在当代建筑设计中的应用研究[D].南京:南京大学,2016.

[4] 中华人民共和国住房和城乡建设部.胶合木结构技术规范:GB/T 50708—2012[S].北京:中国建筑工业出版社,2012.

[5] 何敏娟,孙晓峰.现代多高层木建筑的结构形式与特点[J].建设科技,2019(391):59-63.

[6] 何敏娟,王希珺,李征.往复荷载下正交胶合木剪力墙的承载能力与变形模式研究[J].土木工程学报,2020(9):60-67.

[7] 何敏娟,倪淑娜,马人乐,等.木结构钢填板预应力套管螺栓连接性能试验[J].同济大学学报(自然科学版),2013(41):1353-1358.

[8] YASUMURA M,KOBAYASHI K,OKABE M,et al. Full-scale tests and numerical analysis of low-

复杂空间结构设计与实践

rise CLT structures under lateral loading［J］. Journal of Structural Engineering, 2016, 142 (4)：E4015007, 1-E4015007.

［9］ GAVRIC I, FRAGIACOMO M, CECCOTTI A. Cyclic behavior of CLT wall systems：experimental tests and analytical prediction models［J］. Journal of Structural Engineering, 2015, 141 (11)：04015034, 1-04015034.

［10］ National Lumber Grading Authority. Standard grading rules for Canadian lumber［S］. Vancouver：National Lumber Grading Authority, 2014.

［11］ GAVRIC I, FRAGIACOMO M, CECCOTTI A. Cyclic behaviour of typical metal connectors for cross laminated (CLT) structures［J］. Materials and Structures, 2015, 48 (6)：1841-1857.

［12］ PEI S, POPOVSKI M, van de Lindt J W. Analytical study on seismic force modification factors for cross-laminated timber buildings［J］. Canadian Journal of Civil Engineering, 2013, 40(9)：887-896.

［13］ 何敏娟,陶铎,李征.多高层木及木混合结构研究进展［J］.建筑结构学报,2016,37(10)：1-9.

［14］ 何敏娟,陶铎,李征,等.重组木框架梁柱节点力学性能试验研究［J］.东南大学学报（自然科学版）,2018(48)：1013-1020.

［15］ 杨会峰,凌志彬,刘伟庆,等.单调与低周反复荷载作用下胶合木梁柱延性抗弯节点试验研究［J］.建筑结构学报,2015,36(10)：131-138.

［16］ 李征,王康郦,何敏娟.预应力胶合木梁柱节点的抗侧力性能研究［J］.南京工业大学学报（自然科学版）,2016,38(5)：28-33.

［17］ 冷予冰,陈溪,许清风,等.重组竹和钢板加固胶合木梁柱节点抗侧性能研究［J］.建筑结构,2018,48(10)：56-60,35.

［18］ 何敏娟,赵艺,高承勇,等.螺栓排数和自攻螺钉对木梁柱节点抗侧力性能的影响［J］.同济大学学报（自然科学版）,2015,43(6)：845-852.

［19］ 刘慧芬,何敏娟.自攻螺钉参数设置对胶合木梁柱节点受力性能的影响［J］.建筑结构学报,2015,36(7)：148-156.

第 5 章 | 大型装配式组合结构

5.1 建筑工业化的发展

5.1.1 建筑工业化的萌芽

纵观建筑工业化的发展历史,特别是工业化住宅的发展,其重要的契机和推动力,早期主要来自以下几个方面[1-7]。

(1)工业革命。

技术的进步带来现代建筑材料和技术的发展。图5.1为第一座装配式大型公共建筑——伦敦水晶宫。与此同时,城市发展使得大批农民向城市集中,导致城市化运动急速发展,城市住宅问题严重。

图5.1 工业革命的重要成果：第一座装配式大型公共建筑——伦敦水晶宫

(2)战争与灾难引发的需求。

建筑工业化真正的高速发展始于第二次世界大战后,欧洲国家及日本等国房荒严重,迫切要求解决住宅问题,促进了装配式建筑的发展。早期的建筑工业化先行者,如法国的现代建筑大帅勒·柯布西耶便曾经构想房子也能够像汽车底盘一样工业化成批生产,于是开发了一种名为Citrohan的装配式小住宅(与雪铁龙谐音)。他的著作《走向新建筑》奠定了工业化住宅、居住机器等最前沿建筑理论的基础。此间,为促进国际间的建筑产品交流合作,建筑标准化工作也得到很大发展。富勒则将自己想创造的房子取名为福特,他梦想建筑业能像汽车行业一样实现模数化制造。

（3）共产主义与乌托邦思想主导的城市建设。

以苏联为典型的东欧国家，在乌托邦思想的主导下，城市建设大赶快上，通过不断增加工人阶层、减少农民，快速建立一个工业文明的社会。这一时期苏联的建筑工业化得到了很大的发展。首先，在 20 世纪 30 年代的工业建筑中推行建筑构件标准化和预制装配方法。第二次世界大战后，为修建大量的住宅、学校和医院等，定型设计和预制构件得到了快速发展。1958—1962 年，对两三种定型单元的"经济住宅"开始采用工厂化生产；1963—1971 年，适用于不同气候区的定型单元定型设计增加到 10 种。图 5.2 为 20 世纪 60 年代莫斯科展会。

复杂空间结构设计与实践

图 5.2　20 世纪 60 年代的莫斯科展会：埋入导管的混凝土预制板，镶嵌水管的单元墙体

5.1.2　建筑工业化 1.0 时代——大量性与个性化

20 世纪初，欧洲工业革命引起城市人口剧增，原有城市住宅不堪重负。第一次世界大战让住房矛盾愈加尖锐化，迫切要求大量兴建住宅。法国作为最早将钢筋混凝土运用到建筑上的国家之一，混凝土技术应用发展迅速。至 1902 年，混凝土的应用技术大约可以分为 5 类。在《混凝土》中，柯林斯总结为"常规的（conventional）""未来主义的（futuristic）""骨架的（skeletal）""塑性的（plastic）""贴面的（veneered）"。由此可见混凝土技术在当初的成熟程度。

该时期内，法国涌现出多位善于利用钢筋混凝土材料的建筑师，其中最为著名的是建筑师奥古斯都·佩雷（Auguste Perret）。1903 年，佩雷和他两个兄弟一起建造的巴黎富兰克林 25 号公寓（图 5.3），被公认是现代建筑历史中第一幢明确展现框架的钢筋混凝土建筑。1968 年建成的马利纳城（图 5.4，玉米楼），楼高 65 层，高 177 m，为两座并列多瓣圆形平面的公寓综合体，是当时世界最高的预制混凝土建筑。建筑内部拥有剧院、健身房、游泳池、溜冰场、保龄球馆、19 层室内停车场、零售商店、餐馆、码头、洗衣房及顶部 360°观光阳台在内的所有配套设施，其设计目标是要让过去十几年间搬到郊区的芝加哥人重新回到城里。马利纳城的设计强调了模块化、预制化和曲线化概念，每层由 16 片完全一样的

"花瓣"围绕中间的核心筒体组成。马利纳城是美国战后第一个高层住宅区，也是美国第一栋采用塔式起重机建造的建筑(该起重机也是美国第一台塔式起重机)。

图 5.3　巴黎富兰克林 25 号公寓

图 5.4　马利纳城主体结构及弧形预制构件

这些高层建筑中,建筑师自觉地运用预制构件,住宅大多具有强烈的工业化特色的外观,集艺术性、技术性于一身,成为高层工业化建筑发展史上具有特殊意义的事件。

5.1.3 建筑工业化 2.0 时代——大尺度、通用化与体系化

进入 20 世纪 70 年代以后,各国开始将工业化建筑由补充数量向提高质量和追求体系通用化、多样化的方向转变(表 5.1)。新材料、新工业化技术发展迅速,具体表现在以下各方面:各国出现成熟的高层工业化建筑体系,构件呈大尺度、多样化趋势,模数制得到进一步发展;预制技术水平大大提高,形状和材料对构件的制约性变小;工业化住宅产品化,可为客户实现多种形式的定制;同时,复合墙体得到发展,例如当时被称为三明治外墙板(Sandwich Panels)的一种复合墙体,其具体构造是将保温隔热的轻质材料加入内部蜂巢结构腔中,以提高墙体的物理性能;除了注重墙体性能之外,混凝土外墙板造型的艺术性得到提高(图 5.5),混凝土外墙板的造型也越来越多样化。此后的装配式建筑更注重美学、功能、结构与经济性的一体性。

表 5.1　各国高层工业化建筑设计与建造的发展状况

国别	发展趋势	工业化举措	主要设计方法	主要建造方法
法国	① 改造原有住宅; ② 工程规模趋向小型化和分散化; ③ 体系多样化、通用化; ④ 预制构件大尺寸化	① 25 种新样板住宅,主体结构模板现浇(1968); ② 通用体系(1971); ③ "构件委员会"(ACC,1977); ④ "协调模数空间"概念(1978); ⑤ 25 种高、多层共用体系,钢筋混凝土预制结构为主(1981)	① 模块化; ② 标准化; ③ 轴线法和相切法定位	ACC 五规则:模数制;外墙方向水平协调;隔墙水平方向协调;轻质隔断水平方向协调;楼板的垂直方向协调
民主[a]德国	淘汰小型预制构件,推广大型预制件	大力推行大型预制件的工业化	标准定型化设计	大板建造方式
瑞典	① 改造原有住宅; ② 以通用体系化为工业化发展方向; ③ 最大的轻钢结构制造国	① 发展通用部件(1940 年代); ② 建筑部品规格化纳入瑞典工业标准(SIS)并出台成套标准(1960 年—1970 年代)	① 标准化; ② 通用化	预制装配单元式
日本	① 整治住宅部件生产群; ② 发展长寿命产业化住宅	① 举办设计竞赛征集高层工业化住宅方案(1980 年代); ② 工业化住宅性能认定制度(1990 年代)	① SPH(公团住宅的标准设计); ② NPS(New Plan System)	预制化、机械化、装配化

注:[a] 民主德国是德意志民主共和国的简称(1949 年 10 月 7 日—1990 年 10 月 3 日)。

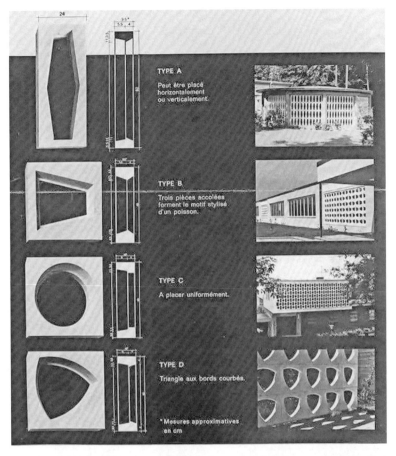

图 5.5　外墙板构件尺度大、多样化

5.1.4 建筑工业化3.0时代——智能化与可持续

进入20世纪90年代，全球化、信息化促进了国际政治、经济、文化的交流与合作，使得国家之间的科学技术、知识和经验的纵横向交流与传播变得通畅无阻。发达国家的工业化住宅技术在全世界范围内得到了广泛的借鉴、发展和应用，全球范围内工业化住宅的发展进入了绿色制造阶段，目标转向可持续发展：注重智能、节能，降低住宅的能耗和对环境的负荷，关注对资源的循环利用，倡导绿色、生态的居住建筑，追求功能、经济、社会文化和生态环境的可持续目标。

工业化建筑技术体系方面，各国均依据自己的国情发展了适合本国经济、文化、地质条件和居住需求的工业化体系。例如，瑞典的工业化住宅以大型混凝土预制板的技术体系为主；美国、加拿大大城市住宅的结构体系以混凝土和钢结构体系为主，小城镇多以轻钢、木结构住宅体系为主；英国的工业化住宅以钢结构体系为主；德国的工业化住宅以混凝土体系和钢木结构体系为主；日本的工业化住宅木结构体系占比超过40%，多高层集合住宅主要为钢筋混凝土体系；法国的工业化住宅以预制装配式混凝土结构为主，钢结构、木结构体系为辅。

同时，各国将焦点纷纷集中在技术上的可持续和艺术上的个性化探索阶段，转向关注高效、集成、节能的新型材料和新技术，高层住宅的立面设计更加个性化、风格化。比较有代表性的工业化住宅有：含500个曲边结构混凝土预制阳台板的35层澳大利亚波浪住宅大厦(2006)；精装修盒子结构的纽约迷你公寓(2015)；融合天然材料和高科技的斯科特街公寓等(图5.6)。

(a) 澳大利亚波浪住宅大厦   (b) 纽约迷你公寓   (c) 斯科特街公寓

图5.6　工业化住宅代表作品

5.2　建筑工业化与装配式建筑

我国的建筑工业化起始于 20 世纪 50 年代,第一个五年计划(1953—1957 年)期间,苏联采用预制装配技术援建的新中国 156 项工业项目,奠定了新中国的工业基础,同时,这些工业建筑工业化的设计与建造经验为我国工业化住宅发展提供了难得的经验和技术。六七十年代,我国为快速解决城市人口居住问题,通过大量的住宅项目,进行了砌块结构、砖混结构体系和大板体系等多层工业化住宅技术的研发,并大量建造实践。

1978 年十一届三中全会的召开是我国经济发生翻天覆地变化的起点,也是建筑业迅速发展的开始。在总结前 20 年建筑工业化发展的基础上,提出了"四化、三改、两加强",即房屋建造体系化、制品生产工厂化、施工操作机械化、组织管理科学化;改革建筑结构、改革地基基础、改革建筑设备;加强建筑材料生产、加强建筑机具生产。

80 年代末至 90 年代中期,我国工业化住宅的发展出现迟缓甚至停滞状态,全国工业化住宅的进程骤然减缓,部分地区甚至止步,多数生产线被悄然拆除,究其原因,主要包括以下几点:

(1) 唐山大地震引发对工业化住宅性能的质疑。

(2) 已建工业化住宅出现裂缝、渗水、保温等质量问题。

(3) 大量农民工入城为城市建筑业提供廉价劳动力。

(4) 现浇混凝土的发展和商品混凝土的兴起。

(5) 原有定型产品规格不能满足日益多样化需求。

1999 年,国务院办公厅发布了《关于推进住宅产业化提高住宅质量的若干意见》(国办发〔1999〕72 号文),并建立了国家住宅产业化促进中心。但现浇钢筋混凝土结构体系仍占主流,尤其是 2002 年,国家颁布行业标准《高层建筑混凝土结构技术规程》(JCG 3—2002),预制构件的应用受到许多制约。由于预制构件节点处理较为复杂,加上随着商品混凝土、泵送混凝土以及工具式模板的技术日益成熟和广泛应用,现浇钢筋混凝土结构的整体性能和构造处理的优势更为明显。因此,现浇钢筋混凝土结构体系的住宅在很长一段时间内占据全国高层住宅市场的主导地位。

2010 年后,《国民经济和社会发展第十二个五年规划纲要》提出"十二五(2011—2015)"时期全国城镇保障性安居工程建设任务 3600 万套,标志着我国进入保障性住房大规模建设时代。保障性住房以政府为主导,具备标准化、同质化的特点,因此,其为推进高层工业化住宅的发展提供了历史性的发展机遇。在此背景下,国家和地方政府分别出台了一系列建筑产业化、工业化及装配式建筑的政策文件,为工业化住宅的发展营造良好氛围。同时,全国各地地方政府从各区经济发展情况出发,陆续成立专职推进机构,出台地方标准,推进保障性住房试点项目建设,探索出"面积奖励""成本列支""土地供给倾斜"

"资金引导"等一系列卓有成效的政策措施,取得了积极的工作成效,完善了工业化住宅建筑部品和结构体系,住宅科技含量和质量性能都有了飞跃性的提高。2015 年 12 月 20 日,中央城市工作会议提出大力推动建造方式创新,推广装配式建筑,促进建筑产业转型升级。此后,我国发布了《中共中央关于进一步加强城市规划建设管理工作的意见》(中发〔2016〕6 号)、《关于大力发展装配式建筑的指导意见》(国办发〔2016〕71 号)等一系列政策措施,我国工业化建筑进入全面发展期。

装配式建筑的发展是建筑工业化的关键环节,也是工业化建筑最终实现的先决条件[8-16]。目前,根据不同的预制程度,装配式建筑所采用的预制单元一般可分为杆件单元、板墙单元和模块单元几种,其所对应的建筑结构体系为直接装配式结构体系、预制板墙结构体系和模块化建筑结构体系[17]。直接装配式结构所采用的杆件均按设计尺寸在工厂制造,其中包括构件主要的打孔,然后构件以单根杆件形式运至现场,采用螺栓或自攻螺钉对其进行连接,杆件安装均在现场完成,其结构形式可为传统钢结构或采用冷弯薄壁型钢的轻钢结构等。预制板墙结构体系采用带骨架的墙板、屋面板及屋架在现场组装而成,其中板体单元均是由特定的模具在工厂预制而成,然后运输至现场进行组装。模块化建筑结构体系通常以整个房间作为单个空间模块单元在工厂进行预制,并可对模块单元的内部空间进行布置与装修。之后运输到施工场地,通过吊装使模块可靠地连接为建筑整体。

展望未来,伴随着 BIM 技术的成熟和 3D 打印等高科技技术手段进入建筑领域,在工业 4.0 时代,建筑设计不再被模数所限制,工业化建筑完全有可能实现现代主义大师们最初的设想——像制造汽车一样制造住宅产品,甚至留给我们更多的想象空间。

5.3 装配式钢结构的研究及应用

目前国内相关地区对建筑工业化发展的热点主要聚焦于装配式混凝土结构。最近 10 年,钢结构作为一种预制化、工厂化程度高的结构形式在民用建筑和工业建筑中也得到了推广应用,其应用比例已达 5% 左右[18-21]。在民用建筑方面,国内大跨度公共建筑如体育馆、会展中心、航站楼、大型火车站的站房与雨棚都普遍采用钢结构,高层建筑也有一定比例采用钢结构,超高层建筑基本都采用外钢框架 + 混凝土核心筒的混合结构体系;国内还进行了钢结构住宅的研究与试点推广应用工作。在工业建筑方面,大多数工业建筑都采用钢结构,单层工业厂房大量采用轻型门式刚架或钢结构排架体系,多层重型工业厂房也都采用钢框架结构。伴随我国钢铁产能过剩,政府鼓励使用钢材,钢结构建筑作为一种工业化建筑同样具有广阔的应用前景。2017 年 5 月 4 日,住房和城乡建设部发布《建筑业发展"十三五"规划》,提出到 2020 年城镇绿色建筑占新建建筑的比重达到 50%,装配式钢结构比重不低于 15%。

5.3.1 装配式钢结构连接节点

节点连接是装配式钢结构的关键技术之一,装配式节点构造直接影响着结构的整体性能。直接装配式结构可完全采用螺栓连接,端板连接节点是最典型的装配式钢结构梁柱节点形式[22],如图 5.7(a)所示。端板通过对接焊缝焊在梁端,所有焊接工作均在工厂完成,施工现场仅需安装高强螺栓,适用于开口截面。李黎明等[23]为将端板连接应用于闭口截面,提出了一种适用于方钢管柱-H 型钢梁的外套管式连接节点[图 5.7(b)],其连接方式类似于端板连接。刘学春等[24,25]借鉴钢管结构法兰连接,提出一种新的柱座连接节点[图5.7(c)],并进行了滞回性能试验和有限元分析。研究结果表明:该类节点转动刚度较大,节点承载力高,延性、耗能能力、塑性转动能力均较好,但焊缝质量、板件厚度、螺栓布置等因素对节点的力学性能和破坏模式影响较大。

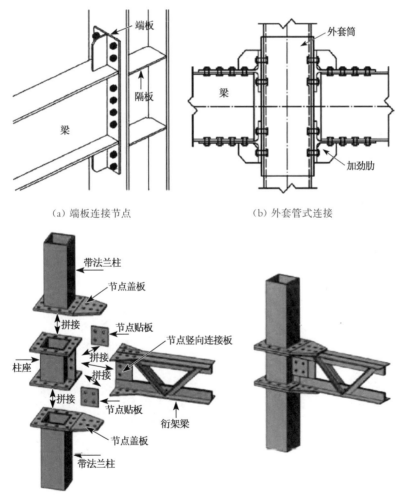

（a）端板连接节点　　　　　　　　　（b）外套管式连接

（c）柱座法兰连接节点

图 5.7　装配式钢结构梁柱节点

随着建筑工业化水平的提高,钢结构建筑的集成化程度不断提高,可实现结构层面的模块化作业,典型的模块单元为钢箱式模块。陈志华等提出了一种钢框架-箱式模块之间的连接节点[26]和箱式模块之间的"梁梁"连接节点[27],分别如图5.8(a),(c)所示,其基本设计思路是将方形截面钢管柱插入铸头连接件中,在现场通过焊接或者对穿螺栓将相邻模块连接。Deng 等[28]提出一种箱式模块间的铸头-十字板连接节点[图5.8(b)],柱插入焊接在十字形节点板上的铸头中,并通过螺栓将相邻模块框架梁连接,与图5.8(c)相比,该节点形式建议模块梁采用 C 型钢,避免使用长对穿螺栓。这类节点的安装一般先完成结构模块单元的连接工作之后才能进行隔墙、楼板等建筑功能构件的实施,也就是说,这类节点只能满足在结构层面的模块化作业,在实施中仍具有一定局限性。此外,图5.8所示节点上、下模块间柱子仅互相接触,模块需通过上、下模块间地板梁和天花板梁连接,不能直接传递侧向荷载作用下柱产生的拉力,节点的抗震性能以及对整体结构的影响尚有待于进一步的研究。

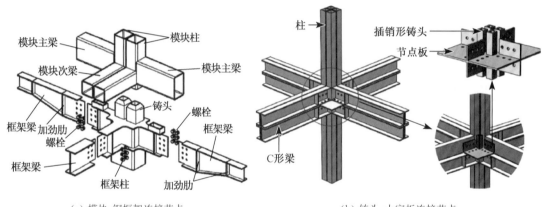

（a）模块-钢框架连接节点　　　　　　　　（b）铸头-十字板连接节点

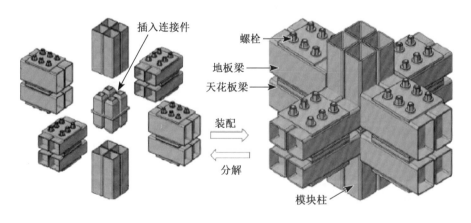

（c）插销-对穿螺栓连接节点

图5.8　模块化钢结构连接节点

5.3.2 装配式钢结构部件

装配式钢板剪力墙可作为装配式钢结构的主要抗震构件。由于钢板剪力墙造价较高,故多用于高烈度地区的建筑结构,以最大限度利用此类剪力墙自重较轻和耗能能力优良的特点。DRIVER 等[29]认为,在中、低烈度地区,若采用装配式建造方法,使用钢板剪力墙依然可以获得良好的抗震性能和较好的经济效益。

另外,以冷弯薄壁型钢为"龙骨",以自攻螺钉、射钉等方式连接木、塑、纤等板材所形成的工业化程度很高的新型装配式墙板(图 5.9),在装配式钢结构的工程应用中颇具潜力[30]。研究表明[31]:由于冷弯薄壁型钢装配式墙体存在连接失效、板件局部屈曲等问题,其耗能能力有限。但若在装配式钢结构的抗震设计中合理设置节点弹塑性耗能元件或墙体摩擦耗能元件,在冷弯薄壁型钢预制装配式墙板中设置恰当的支撑,则可降低此类墙体的地震损伤程度。在应用此类装配式墙体获得良好施工速度及经济效益的同时,装配式钢结构整体的抗震性能也能得到保障。

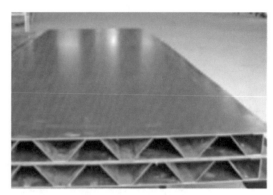

图 5.9 冷弯薄壁型钢墙板

上海图书馆东馆在建筑核心区大跨度柱网间楼面结构采用空腹主、次钢桁架的标准结构形式(图 5.10),中间三分之一跨度采用空腹桁架,两端三分之一跨度在空腹桁架内设置腹板从而形成实腹梁,主桁架(框架梁)中点处设置空腹桁架形成十字交叉的次桁架(一级次梁),次梁(二级次梁)采用 H 型钢梁。钢结构及楼板采用工厂制作、现场拼装的装配化施工。钢桁架与混凝土柱内钢骨之间腹板采用螺栓连接、翼缘现场焊接。该结构形式不仅便于装配式施工,且实现了设备管道集成楼面系统,有效节约了楼面净高。

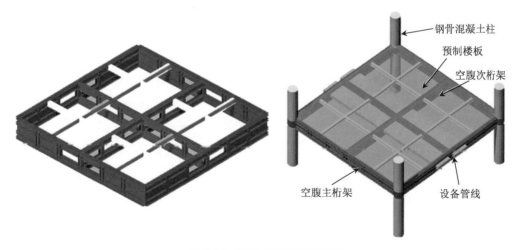

图 5.10 装配式标准楼面结构

目前各类新型装配式墙体、装配式支撑等构件的研发正在不断推陈出新中,在发挥装配式钢部件"连接方便、施工便捷"优势的同时,也对其抗震性能提出了更高的要求,同时与主体结构的整体协同性也是需要考量的因素,这样才能保证装配式结构的整体性能满足要求。

5.3.3　装配式钢结构体系

模块化钢结构建筑(图5.11)是一种高度集成的装配式建筑,是将传统建筑根据建筑功能进行模块式划分并在工厂预制模块单元,施工现场仅需完成基础施工和模块单元拼接,其预制比例一般会超过85%。模块化钢结构以其显著的技术优势和政策背景逐渐成为工程界和学术界关注的热点。与传统建筑模式相比,模块化建筑具有好(绿色环保、质量精良)、快(并行作业、施工高效)、省(节省人力物力、优化配置)、活(方便拆卸、灵活组合)等技术优势。

图 5.11　模块化钢结构建筑

结构体系按照装配化程度由低到高,大致可分为构件/节点层面装配、模块化结构和模块化建筑 3 个层次。最初,钢结构采用现场螺栓连接的装配化作业方式适用于构件层面,一定程度上节约了现场施焊的时间。之后出现了轻钢龙骨体系、分层装配体系等基于结构层面的模块化钢结构体系。近年来,国内企业在模块化钢结构建筑领域进行了大量探索和工程实践,其产品的显著特点是箱式模块单元在工厂完成所有的内部装修,施工现场完成模块连接之后便可快速交付使用,是建筑工业化优势的集中体现。

远大 S30 高层装配式钢结构体系,采用了模块化装配式斜支撑钢框架结构体系[32],如图 5.12 所示,其工厂化程度达到 90%以上,大约 2 个月即完成了主体结构和墙体的安装施工,现场施工周期缩短 90%。装配式斜支撑钢框架结构主要由主板和斜撑柱两种模块组成,模块内部各构件在工厂采用焊接连接,施工现场采用高强螺栓实现两模块间的连接。主板模块由柱座、压型钢板混凝土组合楼板、主次桁架组成,采用格构式桁架梁便于设备管线的预铺设。主板模块在出厂前已完成所有楼板面装饰层、吊顶以及水、暖、电管线的铺设工作，并留有模块间连接接口。振动台试验结果表明，在 7 度、8 度、9 度多遇地震作用下，主体结构未见明显损伤，在 9 度罕遇地震作用下，整体结构未发现倒塌，抗震性能良好。

部分包覆钢-混凝土组合结构(Partially Encased Composite Structures of Steel and Concrete, PEC)是 20 世纪 80 年代欧洲提出的一种新型组合结构，主要由 H 型钢等开口截面主钢件和混凝土组成。不同于钢骨混凝土，其构件以"宽扁"形式为主，一般采用窄翼缘 H 型钢进行设计。上海世博文化公园南片区双子山项目，面积为 1 200 m×750 m，高度 53 m，为国内首次大规模采用 PEC 体系的建筑，典型节点形式如图 5.13 所示。

图 5.12　装配式钢结构建筑

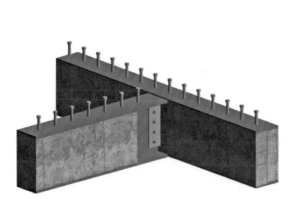

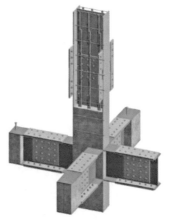

(a) 梁-梁节点　　　　　　　　　(b) 梁-柱、柱-柱拼接节点

图 5.13　PEC 结构节点拼装

2017 年住房和城乡建设部颁布的《"十三五"装配式建筑行动方案》和《建筑业发展"十三五"规划》，将推行装配式建筑全装修成品交房作为推广装配式建筑发展的重要内容。《装配式建筑评价标准》将装配式建筑作为最终产品，规定是否采用"全装修"作为认定装配式建筑的一票否决项，明确了"全装修"在装配式建筑评价中的重要地位。因此，实现"全装修"是装配式建筑发展的终极目标之一，其不仅涉及生产和施工环节，更是涵盖设计、生产、施工、验收、运营维护的建筑全生命周期。发展具有全部建筑使用功能的模块单元并开发与之适应的建筑节点构造形式是模块化钢结构发展的重要趋势，具有重要的科学意义和工程应用价值。

5.4 装配式组合结构设计工程实例

5.4.1 上海天文馆

1. 项目概况

上海天文馆(上海科技馆分馆)项目位于上海浦东新区临港新城。项目总建筑面积 38 164 m²,包括地上面积 25 762 m² 和地下室面积 12 402 m²。其中,主体建筑面积35 253 m², 附属建筑面积合计 2 911 m²。主体建筑地面以上三层,地下一层,总高度 23.950 m。

上海天文馆独特的建筑设计源自设计师对轨道运动的形式化抽象,不仅展现了天文学概念,更与轨道周期紧密相联,使整个建筑成为一件天文仪器,能够跟踪地球、月亮和太阳在天空中的运动路径。中国的元宵节、中秋节、冬至、夏至等节日、节气以多种方式在建筑内外进行展示,如特定的光影与地面的标记重合时则宣告特殊时刻的到来。

建筑整体设计把握了最基本的天文原则,即引力、天文的尺度和轨道力学,并以此为基础将多个基本天文概念融入其中,大致分为 5 个方面:四时天象的体验、日晷的建筑表达、天体运行轨道的拟化、不同天体的对比及中国古代天文仪器的介绍。从主体来看,天文馆由 3 大圆形建筑构成(图 5.14),象征了我们熟悉的"三体"——太阳、地球和月球。由此产生三个主要区域:

(1) 两个体块重叠部分——大厅及观星平台(倒置穹顶);

(2) 下方体块重叠外部分——球幕影院;

(3) 大悬挑部分——圆洞天窗。

图 5.14 上海天文馆建筑

"圆洞"悬挂在博物馆主入口上端,通过穿过它而到达入口广场和倒影池的太阳光环显示时间推移(图5.15)。圆洞的倾斜角度与太阳在一年中的日照角相对应而设计,透过圆洞的日光在广场地面上形成的光影,向人们指明一天和一年的光图。实际上,"圆洞"成为建筑上的一个日晷,还能在整个农历的重要节假日期间表明月相。

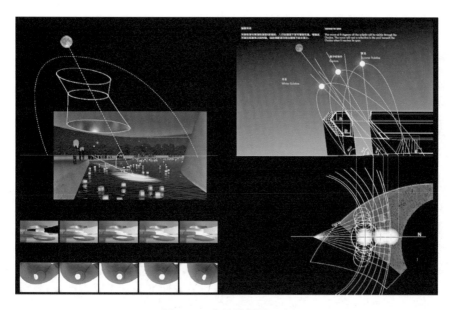

图5.15　大悬挑圆洞天窗

　　倒转穹顶与四时天象结合,通过改变地平线的角度,限制周边景观的干扰,无论白天和黑夜,在倒转穹顶上都可以不受干扰地观察天空。倒转穹顶入口位于正北,切入倒转穹顶,每天午时,人们在穹顶下的中庭可清晰地看到直射的日光透过入口通道的玻璃洒向室内(图5.16)。

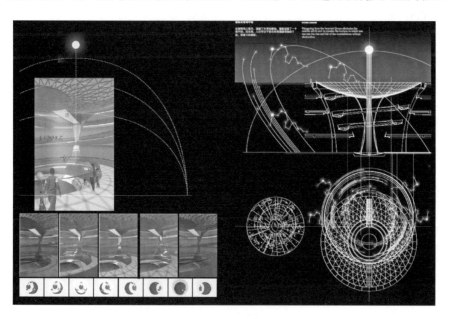

图5.16　倒转穹顶

球体包含剧院的半球形银幕(图5.17),其外形不仅源自设计需要,还展示出最原始的天体轮廓。球体悬浮于地面之上,由屋顶结构支撑。支撑球体的屋顶也可作为一个名副其实的地平线,提供了一个上升或下降的天体景观。以球体为参照点,周围环绕的天窗让阳光直射进入,射到博物馆地面上的光的移动标志着时间的推移。当人们看到完整的光环形状的光时,就宣告着夏至正午时分的到来。

复杂空间结构设计与实践

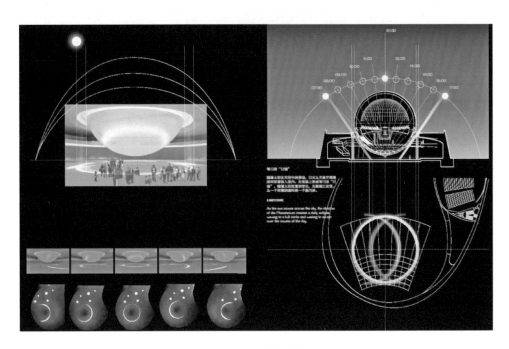

图 5.17　环幕影院

2. 结构体系

上海天文馆横向长 140 m 左右,纵向长 170 m 左右,结构最大高度 22.5 m,局部突出屋顶设备间高度 26.5 m。地下一层,较高一侧地上三层,局部有夹层,较低一侧地上一层。上部结构由钢筋混凝土框架剪力墙结构、钢结构和铝合金结构形成,主要由 4 个部分组成,即大悬挑区域、倒转穹顶区域、球幕影院区域及连接这三块区域之间的框架。

其中大悬挑区域采用空间弧形钢桁架 + 楼屋面双向桁架结构,桁架结构支撑于两个钢筋混凝土核心筒上,倒转穹顶采用铝合金单层网壳结构,倒转穹顶支撑于"三脚架"顶部环梁上,"三脚架"结构采用清水混凝土立柱(内设空心薄壁钢管)和混凝土环梁,穹顶下方旋转步道支撑于"三脚架"立柱上。球幕影院区域球体采用钢结构单层网壳结构,球体通过 6 个点支撑于曲面混凝土壳体结构上。

大部分屋面为不上人屋面,采用轻质金属板屋面,局部上人屋面和楼面采用现浇混凝土楼板,局部采用闭口型压型钢板组合楼板。地下室顶板除球幕影院区域开大洞外,相对较完整,二层和三层楼面均有大面积缩减。上部结构区域划分示意如图 5.18 所示。

图 5.18　上海天文馆结构布置

由于较低一侧屋面为轻质金属屋面,结构为钢框架,结构刚度小,变形能力强,且其质量与整个上部结构相比不超过其 5%,因此整个结构采用无缝设计,但在构造上加强高低侧连接处立柱的配筋。

1)大悬挑区域结构布置

大悬挑区域采用钢结构体系,主要受力构件为支承于现浇钢筋混凝土筒体上的空间弧形桁架和屋面楼面双层网架,网架中心线厚度为 1.8 m。为了保证荷载的传递,在混凝土筒体内布置钢骨(图 5.19)。考虑构造要求,核心筒墙厚度取 1 000 mm。大悬挑区域结构三维模型如图 5.20 所示。

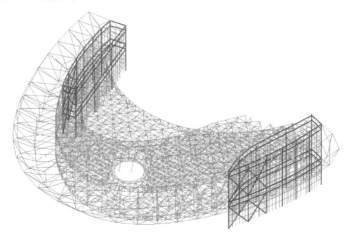

图 5.19　筒体内布置钢骨

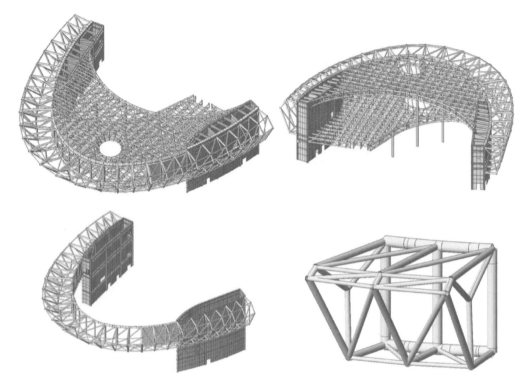

图 5.20 大悬挑三维模型

2）倒转穹顶区域结构布置

倒转穹顶区域所在位置如图 5.21 所示,倒转穹顶采用铝合金单层网壳结构,穹顶支撑于下部"三脚架"顶部的环梁上,穹顶下方旋转步道采用钢结构体系,步道支承于"三脚架"立柱上。"三脚架"采用现浇钢筋混凝土结构,顶部环梁截面为 1 800 mm×2 000 mm,下方环梁截面为 1 200 mm×1 800 mm,且下方环梁位于立柱的外表面以外。北侧立柱截面为 5 m×1.8 m,南侧两根立柱截面为 7 m×1.8 m。

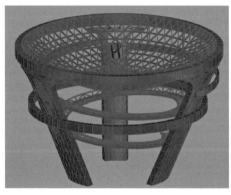

图 5.21 倒转穹顶区域结构

为了减轻立柱的重量,同时简化旋转步道与立柱的连接构造,"三脚架"立柱采用内置直径 1 200 mm 的薄壁空心钢管,钢管在高度方向每隔 3 m 通过一水平横隔板连接在一起,外表面为清水混凝土,为了保证立柱底部水平力的传递,此范围基础底板加厚为 1 200 mm。旋转步道宽度 3.25 m,长度 178 m,最大跨度 40 m。

3) 球幕影院区域结构布置

球幕影院区域所在位置如图 5.22 所示,球幕影院顶部球体采用钢结构单层网壳结构,其内部观众看台结构可以采用钢梁＋组合楼板的结构形式。球体底部支撑结构根据建筑效果要求采用混凝土壳体结构,并均匀设置加劲肋,壳体与钢结构球体之间设置钢筋混凝土环梁,环梁内设置钢骨。球体结构通过 6 个点与混凝土环梁连接。

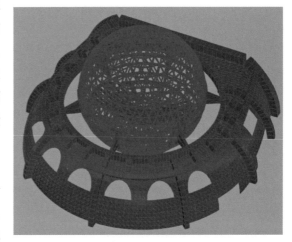

图 5.22　球幕影院区域结构

4) 设计重难点

上海天文馆项目工程造型复杂,设计与施工难度大。为营造最佳宇宙沉浸感,整个天文馆几乎所有混凝土和钢结构都采用不规则形状,建设过程中攻克了多项空间结构技术难题,如实现国内首例长 36 m、跨度 61 m 的钢结构大悬挑,"悬浮"于混凝土壳体上方直径 29 m 的球幕影院,仅少量点支撑的 200 多米长的旋转步道以及直径 40 m 的倒转穹顶等。

3. 结构计算分析

1) 结构设计条件

(1) 主要荷载条件。

① 风荷载。基本风压值为 0.55 kN/m²(按 50 年一遇取值);地面粗糙度为 A 类;体型系数和风振系数根据风洞试验结果取值。

② 地震作用。抗震设防烈度为 7 度,设计地震分组为第一组,设计基本地震加速度为 0.1 g;建筑场地类别为Ⅳ类,设计特征周期为 0.9 s;结构阻尼比 0.035,周期折减 1.0。

③ 温度作用。由于本建筑所有结构均位于室内,温度变化小,温度作用按 ±20℃ 温差考虑,建议合龙温度为 10～20℃。主体结构施工时由于围护材料还未施工,取 ±50℃ 的温差进行施工阶段的验算(恒载＋温度作用标准组合)。

(2) 结构控制指标。

对于复杂结构,其受力和变形性能与常规结构相比复杂程度明显提高,若采用常规结构的性能指标进行控制将有很大的难度,一是难以统计相关的结果,二是指标的限值也应有所区分。本工程各结构构件的性能控制指标见表 5.2。

表 5.2　结构位移及构件性能控制指标

结构构件	控制指标
主梁、桁架挠度、步道挠度	1/400
次梁挠度	1/250
铝合金网壳挠度	1/250
柱顶位移、层间位移角	1/800
一层墙柱层间位移角	1/2 000
钢柱长细比	100
其余钢压杆长细比	150
拉杆长细比	300
次梁应力比	0.85
铝合金网壳、钢结构网壳、主梁、钢柱应力比	0.8
楼面桁架弦杆、步道应力比	0.8
楼面桁架腹杆应力比	0.85
弧形桁架应力比	0.75
球幕影院球体与混凝土壳体连接杆件应力比	0.7

（3）设计理念。

由于该工程结构为特别不规则结构，其结构体系构成复杂，导致其设计理念与常规建筑有较大差别，因此在设计上进行如下处理：

① 区分主次结构，简化计算模型，避免模型复杂所带来的不利影响，确保计算结果的准确性。具体操作为去掉刚度较小的部分（如钢步道、穹顶等），复核主体结构模型，复核主次单独计算模型。

② 整体模型和分块模型相结合，包络设计。

③ 确保主次结构之间的连接构造，适当提高其抗震性能目标。

2）抗震设计

（1）计算位移。

在竖向荷载（恒荷载＋活荷载）作用下，整体结构模型计算结果表明，最大竖向位移为－140.4 mm，位于大悬挑区域悬挑端部；最大水平位移为 19.4 mm，同样位于大悬挑区域悬挑端部。图 5.23 为结构位移云图。

采用大悬挑区域独立模型计算，考虑其附近混凝土结构（即地下室相关区域和上部直接相连的构件）。计算结果表明，竖向荷载（恒荷载＋活荷载）作用下，大悬挑区域最大竖向位移为－144.4 mm，相对于悬挑长度 37.6 m 的挠跨比为 37 600/144.4 ＝ 260，仍满足规范 1/200 的限值要求，同时，与整体模型相比增加了 4 mm。由此说明，大悬挑区域结构比较独立，周边结构对其性能影响很小。图 5.24 为大悬挑独立模型结构位移云图。

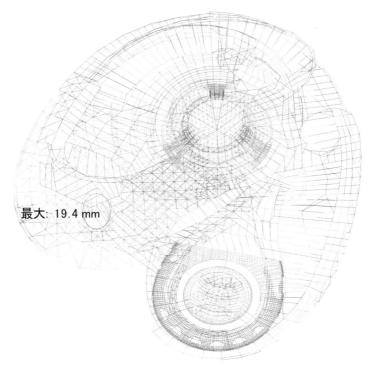

最大: 19.4 mm

图 5.23　结构位移云图

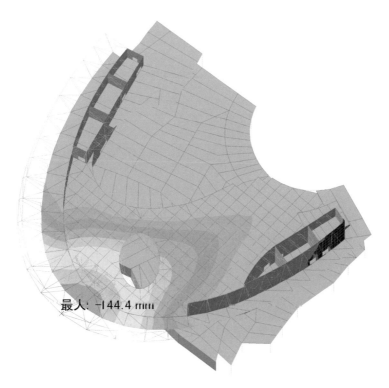

最大: −144.4 mm

图 5.24　大悬挑独立模型结构位移云图

(2) 抗震性能设计。

结构关键部位抗震性能目标如表 5.3 所示。为了达到表 5.3 中的性能目标,将采取以下措施:第一,对于各连接节点,采用 ABAQUS 有限元分析模型在设计荷载作用下对其性能进行详细分析;第二,对于钢、铝合金构件,采用 MIDAS 软件在设计荷载作用下对其内力进行验算,确保满足性能要求;第三,对于混凝土构件,采用 MIDAS 软件进行构件应力分布分析,并根据构件应力分布配筋。

表 5.3　结构关键部位抗震性能目标

结构部位	性能目标
球幕影院与混凝土壳体连接构造	性能 1(大震弹性)
大悬挑区域弧形桁架、倒转穹顶区域旋转步道、铝合金网壳、钢结构网壳、大悬挑区域楼屋面双向桁架、悬挂步道、混凝土壳体	性能 2(中震弹性、大震不屈服)
钢柱、钢支撑、大悬挑区域核心筒	性能 3(中震弹性)
各层楼板	中震钢筋不屈服

对所有楼板进行中震下应力分析,保证楼板抗震性能。对于大悬挑区域、倒转穹顶区域、球幕影院区域等关键部位,取独立模型进行计算分析,提高结构的安全性能。采用整体模型和独立模型进行包络设计。由于大悬挑区域两个核心筒与其他区域连接较弱,确定混凝土框架等级时按照纯框架结构处理,而确定剪力墙抗震等级时按照框架剪力墙结构处理。

① 大震弹性。

球幕影院与混凝土壳体连接构造(图 5.25)需要满足大震弹性的性能目标,大震反应按照小震反应谱和时程包络值乘以放大系数 6.25 计算。大震下球幕影院与混凝土壳体连接杆件应力比最大值为 0.667,小于常规荷载作用下的最大应力比 0.697,杆件不受地震荷载控制,能够满足大震弹性的性能目标。

大震下大悬挑区域弧形桁架与混凝土筒体的连接性能采用 ABAQUS 软件进行弹塑性时程分析。

大震弹塑性时程分析参数及材料本构:对几个关键部位提取结果,包括混凝土筒体、大悬挑钢桁架部分及球幕影院部分,判断大震下构件性能。1 000 mm 厚外筒体配筋为 Φ 25@150, 500 mm 内墙配筋为 Φ 20@150,均双层双向配筋。根

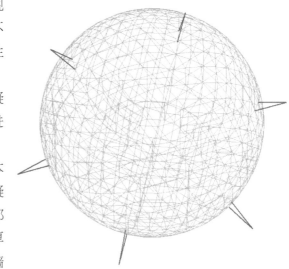

图 5.25　球幕影院与混凝土壳体连接杆件

据《建筑抗震设计规程》(DGJ 08-9—2013)要求,地震波峰值加速度采用 200 gal。根据小震弹性时程分析可知,SHW3 波作用下结构响应最大,因此大震弹塑性时程分析时地震波采用 SHW3 波。弹塑性时程分析采用三向地震波输入,主次向地震波加速度峰值比为 1∶0.85∶0.65,时间间隔 0.01 s,地震波持续时间为 30 s,主方向地震波峰值为 200 gal。

钢材采用动力硬化模型。考虑包辛格效应,在荷载循环过程中,无刚度退化。设定钢材的强屈比为 1.2,极限应力对应的应变为 0.025。

混凝土材料进入塑性状态伴随着刚度的降低,其刚度损伤分别由受拉损伤参数 d_t 和受压损伤参数 d_c 来表达。当受力状态从受拉变为受压时,混凝土材料的裂缝闭合,抗压刚度恢复至原有的抗压刚度;当受力状态从受压变为受拉时,混凝土材料的抗拉刚度不恢复。

ABAQUS 软件计算的结构有限元模型如图 5.26 所示。

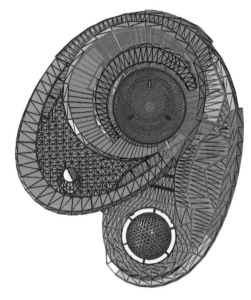

图 5.26 结构有限元模型

大悬挑区域钢结构桁架在大震作用下的时程分析结果如图 5.27 所示。

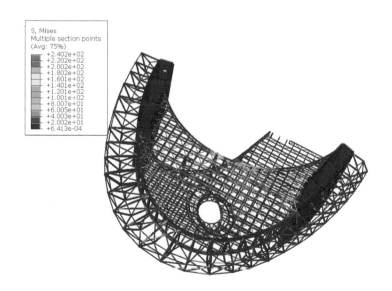

```
S, Mises
Multiple section points
(Avg: 75%)
   +2.402e+02
   +2.202e+02
   +2.002e+02
   +1.802e+02
   +1.601e+02
   +1.401e+02
   +1.201e+02
   +1.001e+02
   +8.007e+01
   +6.005e+01
   +4.003e+01
   +2.002e+01
   +6.413e-04
```

图 5.27 大震时程分析结构最大等效应力

由图 5.27 可见,大震作用下,大悬挑区域钢结构最大应力为 240.2 MPa,钢结构为弹性状态,满足大震弹性目标。

混凝土筒体在大震下的性能如图 5.28—图 5.30 所示。混凝土主拉应力为最大值 2.58 MPa，筒体底部区域拉应力较大，但都小于 C50 抗拉强度标准值。混凝土最大塑性拉应变为 0.001 4，仅发生在与钢结构连接区域的局部几个单元，大部分未进入塑性阶段。混凝土内钢筋最大塑性拉应变为 0.001 2，钢筋仅局部连接区域发生塑性应变，大部分区域未进入塑性阶段。混凝土与钢结构连接的区域仅局部出现应力集中并伴有损伤，大部分区域未见损伤，加密应力集中区域的钢筋后，混凝土筒体整体在大震作用下基本能保持弹性。

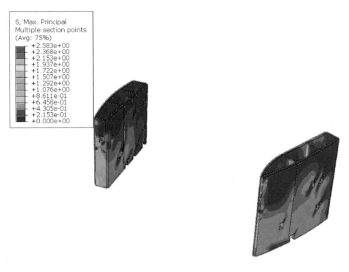

图 5.28　大震时程分析混凝土最大主拉应力

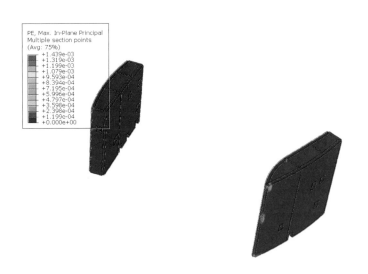

图 5.29　大震时程分析混凝土最大塑性拉应变

② 中震弹性、大震不屈服。

大悬挑区域弧形桁架、大悬挑区域楼屋面双向桁架、倒转穹顶区域旋转步道、铝合金

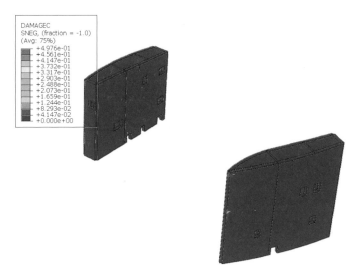

图 5.30　大震时程分析混凝土受压损伤因子

网壳以及钢结构网壳均需满足中震弹性和中震不屈服的性能目标,中震和大震反应分别按照小震反应谱和时程包络值乘以放大系数 3 和 6.25 计算。分析结果表明,大震下(有分项系数)大悬挑区域弧形桁架最大应力比为 0.947,为大震弹性,因此能满足中震弹性和中震不屈服的性能要求。

　　中震下倒转穹顶区域铝合金网壳最大组合应力为 173.7 MPa,满足中震弹性的性能要求;大震下(标准组合)最大组合应力为 202.6 MPa,铝合金网壳除洞口的少数应力集中区域外基本满足大震不屈服的性能要求,设计时通过加大洞口周边截面尺寸来满足此要求。如图 5.31 和图 5.32 所示。

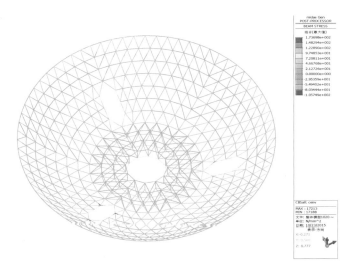

图 5.31　中震下倒转穹顶区域铝合金壳体组合应力

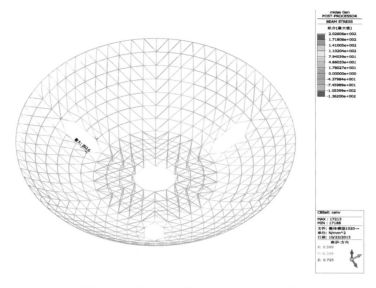

图 5.32　大震下(标准组合)倒转穹顶区域铝合金壳体组合应力

中震下球幕影院区域铝合金网壳最大组合应力为 171.7MPa,满足中震弹性的性能要求;大震下(标准组合)最大组合应力为 174.4 MPa,满足大震不屈服的性能要求。如图 5.33 和图 5.34 所示。

大震作用下球幕影院混凝土壳体采用 ABAQUS 进行弹塑性时程分析,如图 5.35 和图 5.36 所示。大震下球幕影院钢结构球壳处于弹性状态,混凝土壳体仅少数几个单元有受压损伤,壳体配筋进入塑性阶段,最大塑性应变为 0.002 1,可以通过增大边梁配筋解决,大部分区域钢筋未屈服,混凝土受压未损伤,因此可以认为大震下壳体整体不屈服。

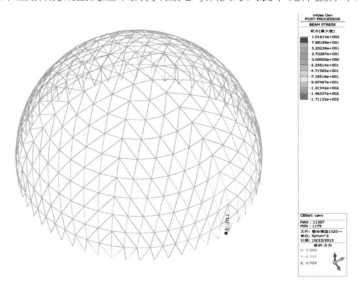

图 5.33　中震下球幕影院区域铝合金壳体组合应力

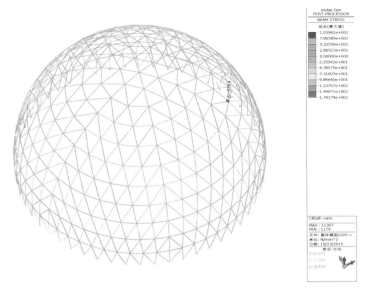

图 5.34　大震下(标准组合)球幕影院区域铝合金壳体组合应力

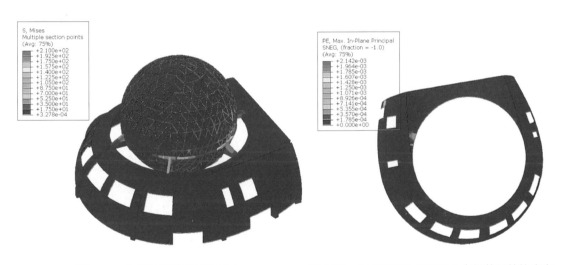

图 5.35　大震时程分析结构应力　　　　图 5.36　大震时程分析混凝土内钢筋塑性拉应变

3) 抗风设计

上海天文馆属于外形复杂的空间大跨结构,结构表现出一定柔性,对风荷载及风致振动较为敏感,风荷载是其结构设计的重要考虑因素,而现有的结构风荷载规范显然无法满足此类结构的风荷载计算,因此通过物理风洞试验和 CFD 数值风洞模拟方法来研究该建筑物的风荷载分布特性对结构抗风设计具有较为重要的指导意义。

(1) 风洞试验。

考虑到实际建筑物和风场模拟情况,刚体测压模型的几何缩尺比确定为 1∶150。模型与实物在外形上保持几何相似,主体结构用有机玻璃板和 ABS 板制成,具有足够的强度和刚度,在试验风速下不发生变形,并且不出现明显的振动现象,以保证压力测量的精度。周边建筑通过塑料 ABS 板等材料制作实现。刚性模型如图 5.37 所示。

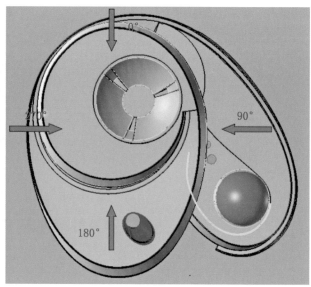

图 5.37　风洞试验模型及风向角

　　刚性模型风洞测压试验中,每个风向角对应一个工况。风向角沿主场馆的长轴方向,大致从北往南吹定义为 0°,风向角按顺时针方向增加,试验风向角间隔取为 15°,从 0°~360°共 24 个方向角,也即 24 个工况。

　　试验结果表明:上海天文馆表面主要以负风压为主,在球幕影院和建筑上表面迎风边缘、形状突变处的负风压明显较大。最大负风压出现在球幕影院顶部附近,对应的体型系数达到了－1.52,远超规范中球形屋顶面的－1.0 的规范值,在设计时应特别注意。

　　(2)数值模拟。

　　采用基于时间平均的雷诺均值 Navier-Stokes 方程(RANS)模型中使用最广泛的 Realize 双方程湍流模型,流体入口边界条件如图 5.38 所示,采用了来流 A 类风场的速度入口,风剖面指数取为 0.15,10 m 高度处的风速取为 50 年重现期对应的基本风压 0.55 kPa,出口边界条件为远场压力出口,建筑及周边均采用无滑移固壁条件。

图 5.38　流场区域边界条件设置

复杂空间结构设计与实践

模拟计算结果(图 5.39)表明,结构整体表面的风压分布以负压为主,最大负压区通常位于迎风面的结构表面外形呈台阶式变化的区域。数值模拟与风洞试验结果的整体规律性是趋于一致的。

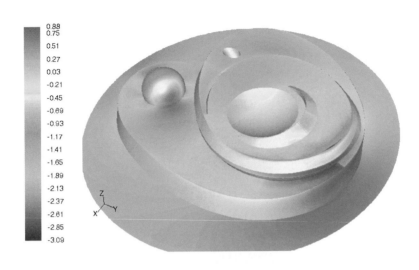

图 5.39 30°风向角下迎风侧表面压力系数云图

4) 整体稳定设计

整体稳定性分析时只取关键部位的独立模型进行分析,荷载工况选取恒荷载 + 活荷载的标准值。大悬挑区域、倒转穹顶区域、球幕影院区域的前 12 阶屈曲荷载因子分别如表 5.4—表 5.6 所列。

(1) 大悬挑区域(表 5.4)。

表 5.4 大悬挑区域结构前 12 阶屈曲荷载因子

阶数	1	2	3	4	5	6	7	8	9	10	11	12
荷载因子	38	39	47	61	61	66	79	79	82	82	85	95

大悬挑区域的屈曲模态均为局部屈曲。

(2) 倒转穹顶区域(表 5.5)。

表 5.5 倒转穹顶区域结构前 12 阶屈曲荷载因子

阶数	1	2	3	4	5	6	7	8	9	10	11	12
荷载因子	32	33	41	42	43	45	47	49	51	55	57	57

由图 5.40 可见,倒转穹顶第 1 阶屈曲模态为铝合金壳体在门洞位置的局部屈曲。

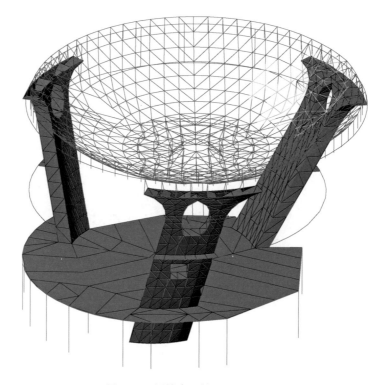

图 5.40　倒转穹顶第 1 阶屈曲模态

（3）球幕影院区域(表 5.6)。

表 5.6　球幕影院区域结构前 12 阶屈曲荷载因子

阶数	1	2	3	4	5	6	7	8	9	10	11	12
荷载因子	24	25	26	26	27	27	27	27	29	29	29	30

由图 5.41 可见,球幕影院第 1 阶屈曲模态为铝合金壳体结构顶部局部屈曲。

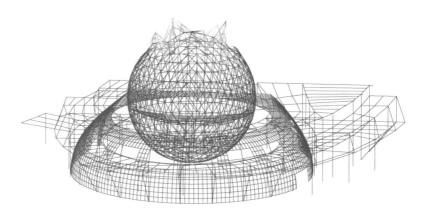

图 5.41　球幕影院第 1 阶屈曲模态

5) 舒适度分析

结构第 1 阶振型为悬挑顶端竖向振动,频率为 1.89 Hz[图 5.42(a)];第 2 阶振型为悬挑右侧端竖向振动,频率为 3.46 Hz[图 5.42(b)]。从模态分析结果可以看出,结构的主振型在人群步行频率范围内(1.6~2.4 Hz),2 阶振型虽大于 2.4 Hz,但也比较接近。因此,结构在人行荷载作用下,很可能发生共振现象。

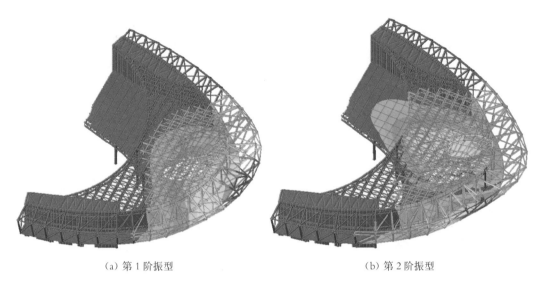

(a) 第 1 阶振型　　　　　　　　　　　　　　　(b) 第 2 阶振型

图 5.42　结构第 1 阶和第 2 阶振型

主结构竖向振动频率在 1.6~2.4 Hz 范围内时需考虑步行荷载振动的影响,共分析了 3 种工况:工况 1,激励频率为 1.7 Hz,竖向;工况 2,激励频率为 1.9 Hz,竖向;工况 3,激励频率为 2.3 Hz,竖向。在工况 1 和工况 3 竖向激励荷载作用下,结构竖向振动加速度峰值分别为 0.071 m/s^2 和 0.035 m/s^2,均小于规范限值 0.15 m/s^2;在工况 2 竖向激励荷载作用下,结构竖向振动加速度峰值为 0.273 m/s^2,超出规范限值 0.15 m/s^2[图 5.43(b)],需要采取减振措施。

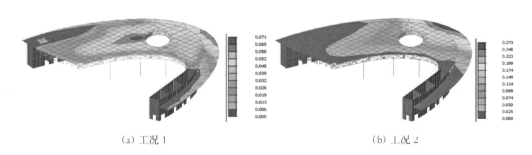

(a) 工况 1　　　　　　　　　　　　　　　(b) 工况 2

图 5.43　竖向振动加速度云图

根据结构的模态参数及动态计算结果,设计了相应型号的竖向 TMD 阻尼器,其参数见表 5.7。TMD 阻尼器在结构上的布置示意如图 5.44 所示。

表 5.7 TMD 阻尼器参数

TMD 型号	单个 TMD 质量/t	TMD 数量	TMD 总质量/t	TMD 频率/Hz	阻尼比
A	2	5	10	1.88	0.10

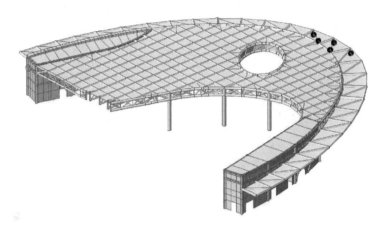

图 5.44 TMD 阻尼器布置示意

安装 TMD 阻尼器后,结构的振动有明显减弱的趋势,最不利节点处安装 TMD 前后的加速度时程曲线对比如图 5.45 所示。

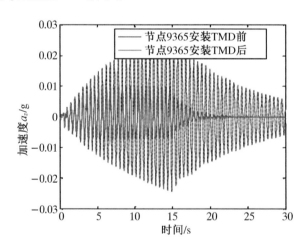

图 5.45 设置 TMD 阻尼器前后的加速度时程

4. 节点及细部设计

1) 球幕影院球体与混凝土壳体连接节点

球幕影院钢结构球体与下部混凝土壳体结构之间仅通过 6 个节点连接(图 5.46),如何保证其传力的有效性和安全性是该节点设计的重中之重,设计时在下部混凝土壳体顶部环梁内设置型钢,保证球体钢结构与混凝土壳体之间力的传递。

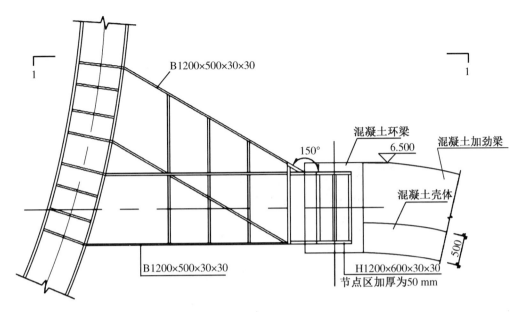

B1200×500×30×30

混凝土环梁

6.500

混凝土加劲梁

150°

混凝土壳体

B1200×500×30×30

H1200×600×30×30
节点区加厚为50 mm

500

说明:未注明焊缝均为剖口全熔透焊,未注明板厚均为30 mm。

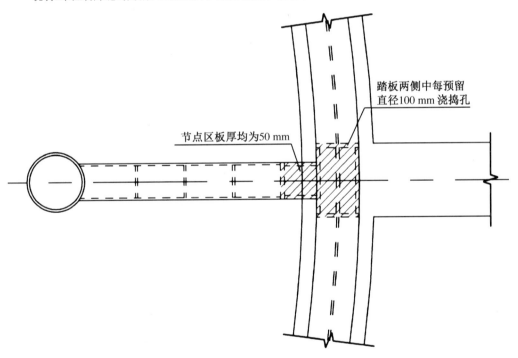

节点区板厚均为50 mm

踏板两侧中每预留
直径100 mm 浇捣孔

图5.46   球幕与混凝土壳连接节点设计

由图 5.47 的分析结果可知,在荷载作用下节点钢构件最大应力为 303.1 MPa,处于弹性状态,混凝土最大主拉应力除与钢构件交界处应力集中区域超过 8 MPa 以外,其余区域均小于 8 MPa,按此配筋能保证钢筋处于弹性状态,混凝土最大主压应力除与钢构件交界处应力集中区域超过 32.4 MPa 以外,其余均处于弹性状态,因此节点在 1.5 倍设计荷载作用下应力较小,保持为弹性。

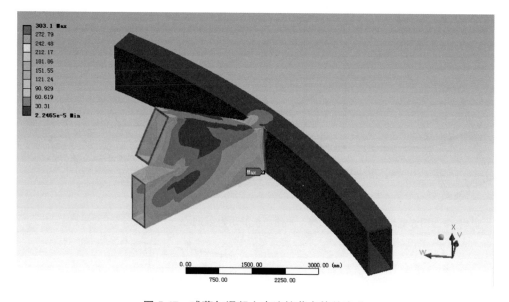

图 5.47　球幕与混凝土壳连接节点等效应力

2) 弧形桁架与混凝土筒体之间连接节点

大悬挑区域钢结构与混凝土筒体之间通过在混凝土筒体内设置钢骨来保证荷载的传递。选取计算模型时忽略桁架、腹杆等次要构件,建立主要构件与混凝土筒体之间的模型,计算模型如图 5.48 所示。

计算结果表明,节点区钢构件最大等效应力为 240.4 MPa,位于杆件加载端,核心筒内钢骨应力均在 100 MPa 以内,具有较高的安全度;节点区混凝土拉应力除局部应力集中区域较大(最大 10.1 MPa)外,大部分区域均小于 2.6 MPa,而压应力均很小(最大 −6.86 MPa),混凝土应力均较小,满足设计要求(图 5.49)。

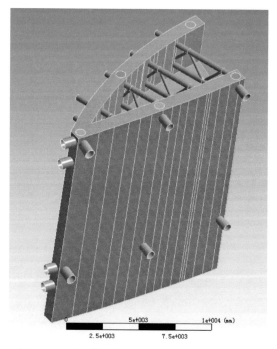

图 5.48　弧形桁架与混凝土筒体的节点模型

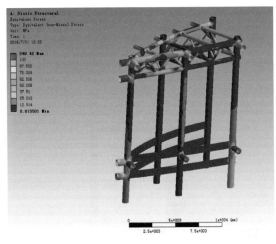 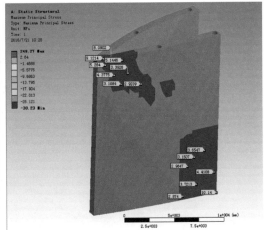

（a）钢构件等效应力   （b）节点区混凝土最大拉应力

图 5.49　弧形桁架与混凝土筒体节点等效应力

3）铝合金网壳结构杆件连接节点

铝合金网壳结构杆件之间连接标准节点采用板式节点，节点板与杆件之间采用螺栓连接。通过试验研究和有限元分析对比验证节点性能（图 5.50 和图 5.51）。

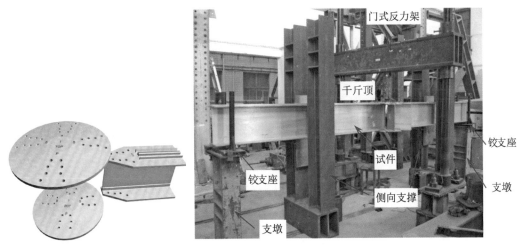

（a）铝合金节点   （b）试验布置

图 5.50　铝合金节点及试验布置

采用有限元软件，建立精细化有限元模型，计算结果表明，计算弯矩-转角曲线与试验曲线吻合良好，计算最不利荷载位置与试验破坏形态一致。节点满足"强节点、弱构件"的要求，抗转动能力良好。在极限荷载作用下，构件上下翼缘与节点板之间未发生明显的分离，仍然保持接触，变形基本一致，说明节点具有较好的整体性，单个螺栓及盖板均处于弹性状态。

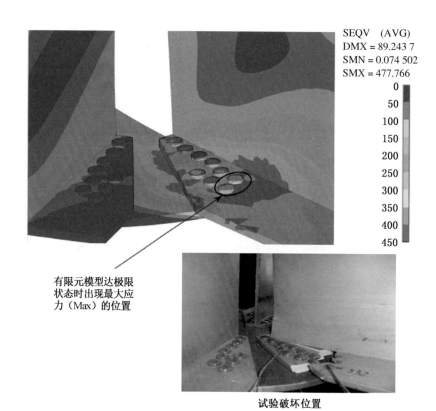

有限元模型达极限
状态时出现最大应
力（Max）的位置

试验破坏位置

图 5.51　铝合金节点试验及分析结果

5. 施工模拟设计

由于施工顺序和加载条件不同,实际施工时建筑物的受力情况与建立整个模型后进行结构分析的分析结果是不同的。产生这些误差的原因可大致分为两点:

（1）对整个建筑物的模型同时施加荷载时,所施加的荷载会被传递到未施工的其他楼层,这与实际施工条件不同,因此会产生误差。

（2）各施工阶段的荷载和边界条件的变化会导致部分杆件的变形不协调。因此必须进行施工阶段的变形监测,指导现场施工,确保施工阶段的安全。

以球幕影院球壳结构为例,对 5 个主要施工安装阶段进行了施工过程的模拟分析,计算模型如图 5.52 所示。按照施工步骤将结构构件、支座约束、荷载工况划分为若干个组,再按照施工步骤、工期进度进行施工阶段定义,程序按照控制数据进行分析。计算过程采用考虑时间依从效果(累加模型)的方式进行分析,得到每一阶段完成状态下的结构内力和变形,在下一阶段程序会根据新的变形对模型进行调整,从而可以真实地模拟施工的动态过程。

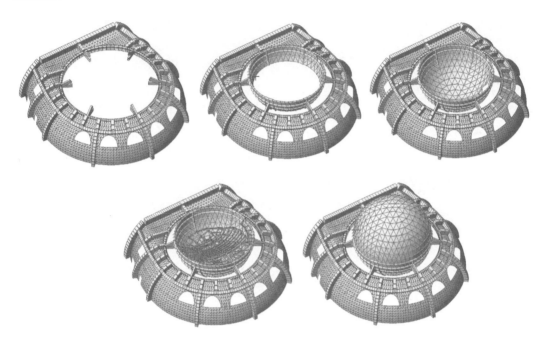

图 5.52　环幕影院壳体结构施工过程模拟

施工工况完成后,与使用荷载(风荷载、温度作用等)工况组合,计算得到结构的最大拉应力为 266 MPa,最大压应力为 −281 MPa,最大 x 向变形为 14 mm,最大 y 向变形为 10 mm,最大 z 向变形为 −59 mm,如图 5.53 所示,均满足要求。经过 5 个施工阶段累加模型的施工过程分析,竣工状态与设计状态基本吻合,满足设计要求,说明该施工方案是合理且安全可行的。

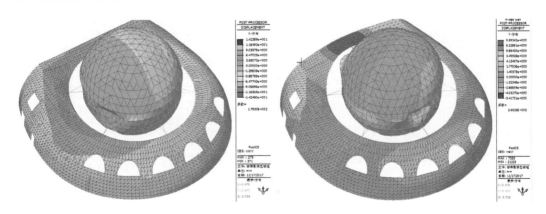

图 5.53　施工阶段与使用阶段组合工况下壳体变形

6. 关键技术成果

（1）发表论文。

[1] 李亚明,郏江,贾水钟,等.上海天文馆结构设计[C]//第二十四届全国高层建筑结构学术会议论文集,中国苏州,2016。

[2] 郏江.李亚明,贾水钟,等.上海天文馆结构抗震设计[J].建筑结构,2018,48(3):30-36,61。

[3] 李亚明,贾水钟,朱华,等.上海天文馆人致振动的 TMD 振动控制分析[J].建筑结构,2018,48(3):42-44,89。

[4] 徐晓红,李岩松,肖魁,等.上海天文馆球幕影院复杂壳体混合结构设计[J].建筑结构,2018,48(3):37-41。

[5] 李亚明,贾海涛,贾水钟,等.上海天文馆倒转穹顶铝合金网壳结构设计[J].建筑结构,2018,48(14):30-33。

[6] 李岩松,徐晓红,郏江,等.上海天文馆工程建设风险控制关键技术研究[J].山西建筑,2018,44(1):227-228。

（2）授权专利。

专利名称	专利类型	专利号
悬浮式建筑结构	实用新型专利	ZL2017 2 0058928.4

（3）研究报告。

①《上海天文馆工程建设关键技术风险控制研究报告》;

②《结构舒适度控制技术研究报告》;

③《混凝土壳体结构设计与施工技术研究报告》;

④《特殊形体风荷载模拟技术研究报告》;

⑤《特殊结构施工及健康监测技术研究报告》。

5.4.2 上海图书馆东馆

1. 项目概况

上海图书馆东馆(图 5.54)位于浦东新区花木地区,属于上海市重大工程,项目占地面积 3.95 万 m²,总建筑面积 11.5 万 m²,高度 50 m,地上 7 层,地下 2 层,埋深 -9.9 m。建筑整体如同一块正在雕琢的玉石,为了打造出"漂浮感",主体建筑的 3～7 楼采用大跨度外悬挂结构,外立面玻璃通过 3D 彩釉打印技术呈现不同层次的透明度,像大理石表面自然变化的肌理。项目建设单位为上海图书馆(上海科学技术情报研究所),设计单位为上海建筑设计研究院有限公司、丹麦 SHL 建筑事务所,施工总包单位为上海建工四建集团有限公司。

本项目建筑具有以下特点:

（1）建筑单体体量较大,柱网尺度较大;柱网尺寸为 16.800 m×16.800 m;单边的长度

图 5.54 上海图书馆东馆

由跨距为 16.800 m 的 7 跨组成;平面尺寸达到 117.6 m×117.6 m。建筑立面图如图 5.55 和图 5.56 所示。

图 5.55 建筑立面图一

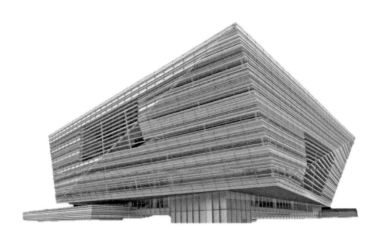

图 5.56 建筑立面图二

（2）主要抗侧力构件为位于 4 个角部的现浇钢筋混凝土剪力墙筒体，且建筑效果要求剪力墙为清水混凝土，除必要的门洞和设备洞口外，不允许设置其余的结构洞口。

（3）建筑层高较高，典型楼层层高为 6.2 m，其中首层、三层的层高分别达到 7.5 m 和 7.75 m；建筑物内部的大型中庭较多，层层之间的中庭交错直通至屋面（图 5.57）。

（4）建筑四周一跨均为悬挂结构，吊柱由屋面上翻的悬挑桁架下挂至各个楼层；建筑物立面由二层顶板（三层楼板）起始，四周均悬挑出最大 16.800 m 跨度的楼面结构。结构四周大悬挑（图 5.58），抗侧力构件靠近楼层中部，扭转阵型与平动阵型接近，墙体刚度对扭转阵型的影响显著，墙体调整的局限性大。

图 5.57　局部室内中庭

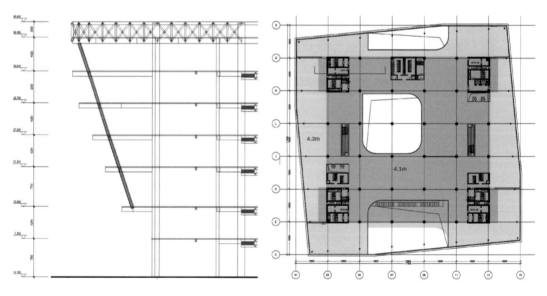

图 5.58　建筑悬挂区域

2. 结构体系

考虑到结构预制率、室内净高和施工支模等方面的要求，结合建筑方案大跨度、大悬挑的特点，本项目最终选用了钢框架-混凝土剪力墙筒体的结构体系，具体如图 5.59 所示。

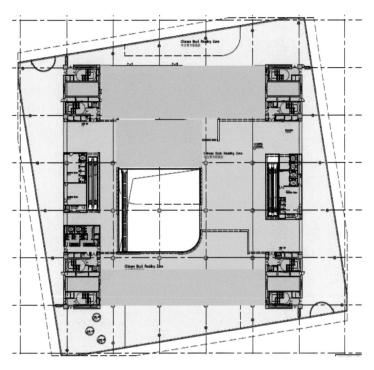

图 5.59　典型平面布置

　　框架柱、4 个剪力墙筒体采用现浇清水钢筋混凝土结构,柱和混凝土筒体角柱内设置"十字形"钢骨,楼板除屋顶和悬挑区域采用钢筋桁架楼承板外,其余区域均采用全预制整体式板。

　　考虑设备管线的布置要求,框架梁采用钢桁架,中间 1/3 跨度采用空腹桁架,两端 1/3 跨度在空腹桁架内设置腹板从而形成实腹梁,主桁架(框架梁)中点处设置空腹桁架形成十字交叉的次桁架(一级次梁),次梁(二级次梁)采用 H 型钢梁(图 5.60)。次桁架,次梁与混凝土墙体之间采用铰接连接,主桁架上下弦弦杆穿越混凝土墙体与另外一侧框架梁上下弦弦杆对接(图 5.61)。在屋顶悬挑区域及往

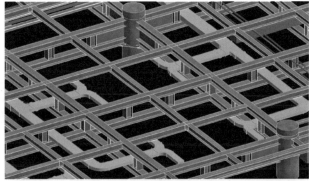

图 5.60　设备管道集成楼面系统

内延伸一跨范围布置上翻桁架,为了减小上翻桁架的构件尺寸,可在桁架上弦内部设置预应力钢拉杆,在悬挑桁架端部设置吊柱以悬挂下部各层悬挑区域的荷载,桁架与吊柱之间采用铰接连接,与吊柱相连的周边一圈桁架采用带斜腹杆的常规桁架。结构整体预制率从 18.5% 提升至 45.6%。

钢结构及楼板采用工厂制作、现场拼装的装配化施工。钢桁架与混凝土柱内钢骨之间腹板采用螺栓连接、翼缘

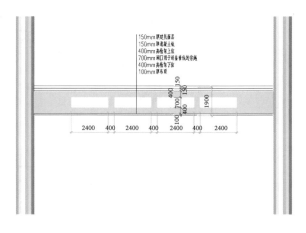

图 5.61　主桁架剖面

现场焊接,楼板底部二级次梁与框架梁及一级次梁之间的连接与此相同。预制楼板之间接缝采用现场整浇的方式,以保证楼板的整体性。

在核心区标准大跨度柱网间楼面结构采用空腹主、次钢桁架的结构形式(图 5.62),便于装配式施工,且实现了设备管道集成楼面系统,有效节约了楼面净高。

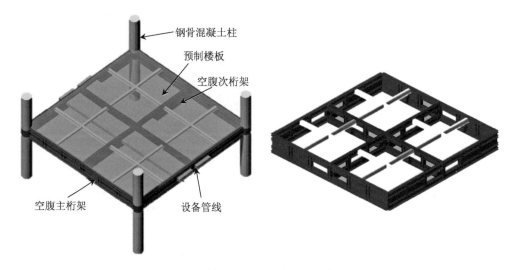

图 5.62　核心区标准跨楼面结构体系

3. 结构计算分析

1)结构分析模型

本项目上部结构具有如下特点:

(1)结构跨度大,柱网尺寸为 16.8 m×16.8 m,悬挑尺寸大,最大达 16.8 m。

(2)主要抗侧力构件为位于 4 个角部的现浇钢筋混凝土剪力墙筒体,且建筑效果要求剪力墙为清水混凝土,除必要的门洞和设备洞口外,不允许设置其余的结构洞口。

(3)建筑高宽比小(49.5/86.2 = 0.57),为"矮胖型"结构,结构抗侧刚度大。

（4）结构四周大悬挑，抗侧力构件靠近楼层中部，扭转阵型与平动阵型接近，墙体刚度对扭转阵型的影响显著，墙体调整的局限性大。

针对以上结构特点，结构设计时主要采取以下措施：

（1）对于大跨度框架梁，采用钢结构空腹桁架（图5.63），并在桁架两端靠近支座处设置封板形成实腹式，设备管线穿越桁架腹杆之间的空间，增加了室内建筑净高。

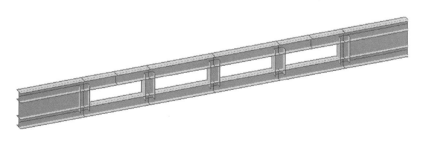

图5.63 空腹桁架框架梁

（2）对于悬挑区域，考虑到建筑对结构高度的限制要求，在屋顶设置上翻桁架，该桁架通过吊柱悬挂下部各层悬挑区域荷载。

（3）由于结构刚度大，混凝土剪力墙承担地震剪力大，且建筑效果对剪力墙调整局限性大，根据大震弹塑性时程分析结果，施工图阶段将在剪力墙暗柱内局部设置钢骨。

上部结构主楼为16.8 m×16.8 m规则柱网，外围一圈悬挑尺寸最大为16.8 m，位于屋顶层，悬挑尺寸往下逐层递减，结构总高度49.5 m，核心区域采用框架＋剪力墙筒体结构，悬挑区域采用"悬挂结构"（图5.64）。核心区域竖向构件采用现浇钢筋混凝土柱和钢筋混凝土剪力墙筒体，梁采用钢桁架和钢梁，楼板除屋顶层采用现浇钢筋桁架楼承板外均采用全预制整体式钢筋混凝土楼板。悬挑区域采用全钢结构，在屋顶设置上翻钢桁架，并通过吊柱悬挂下面5层荷载，下面各层均采用单向实腹钢梁＋现浇钢筋桁架楼承板结构，吊柱与楼面钢梁铰接连接。

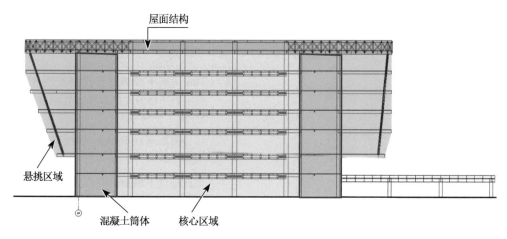

图5.64 上部结构区域划分示意

整体结构三维模型如图 5.65 所示。

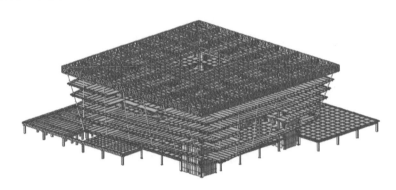

图 5.65 整体结构三维模型

2）抗震设计

上海图书馆东馆采用乙类的抗震性能目标,需要保证在多遇地震、设防地震和罕遇地震作用下结构完全可以使用、基本可以使用和保证生命安全。在多遇地震下,结构完好,处于弹性状态。在设防地震下,结构基本完好,基本处于弹性状态。其中,剪力墙筒体底部区域、型钢混凝土柱、屋顶钢桁架、吊柱及节点处于弹性状态,框架梁、筒内剪力墙等次要构件轻微损伤开裂。在罕遇地震作用下,结构严重破坏,关键构件不发生断裂失效,结构不发生局部或整体倒塌,主要抗侧力构件剪力墙筒体、型钢柱不发生剪切破坏。相应地,在多遇地震下,控制结构最大层间位移角不大于 1/800,底层层间位移角不大于1/2 000。在设防地震作用下,最大层间位移角控制在 1/400 以内。在罕遇地震下,最大层间位移角不大于 1/100。具体控制指标见表 5.8。

表 5.8 不同设防地震下构件性能设计控制指标

构件类型	设计控制指标		
	多遇地震	设防地震	罕遇地震
剪力墙筒体	保持弹性	底部加强区及以上一层剪力墙筒体保持弹性,其余筒体保持不屈服	底部加强区及以上一层剪力墙筒体满足大震下受剪截面控制条件,验算极限受剪承载力
型钢混凝土柱	保持弹性	保持弹性	满足大震下受剪截面控制条件,验算极限受剪承载力。钢筋应力可超过屈服强度,但不超过极限强度
屋顶钢桁架	保持弹性	保持弹性	保持桁架钢材不屈服,钢材应力不超过屈服强度的85%
吊柱	保持弹性	保持弹性	保持钢材不屈服,钢材应力不超过屈服强度的85%
悬挑钢梁、框架梁	保持弹性	保持不屈服,钢材应力不超过屈服强度	钢材应力可超过屈服强度,但不超过极限强度

构件类型	设计控制指标		
	多遇地震	设防地震	罕遇地震
连梁	保持弹性	保持不屈服,钢材应力不超过屈服强度	可进入塑性阶段,允许出现塑性铰,钢筋应力可超过屈服强度,但不超过极限强度
吊柱节点	保持弹性	保持弹性	保持钢材不屈服,钢材应力不超过屈服强度的 85%

（1）中震性能分析。

根据抗震目标要求,主桁架(框架梁)需达到中震不屈服。利用 Midas Gen 有限元软件,对主桁架进行中震弹性分析,得到各楼层桁架梁应力比,如图 5.66 所示。中震不屈服分析梁最大应比为 1.02,仅出现在三层局部支座位置。其余各层桁架梁最大应力比均未超过 0.95,可见各楼层主桁架可以满足中震不屈服要求。

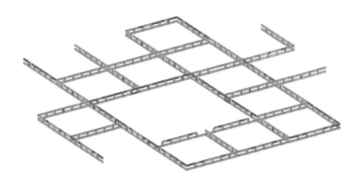

图 5.66 中震弹性分析典型楼面桁架梁应力比(最大应力比 1.02)

根据抗震目标要求,屋顶上翻桁架需达到中震弹性、大震不屈服。利用 Midas Gen 有限元软件,对屋顶上翻桁架进行中震弹性分析,得到各楼层桁架梁应力,如图 5.67 所示,最大应力比为 1.03,仅出现在局部支座位置。屋顶上翻桁架可以满足中震弹性要求。

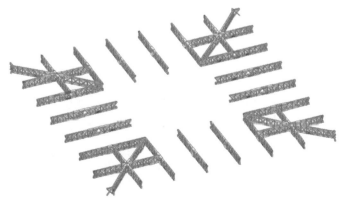

图 5.67 中震弹性分析屋顶上翻桁架梁应力比(最大应力比 1.03)

根据抗震目标要求,吊柱需达到中震弹性、大震不屈服。利用 Midas Gen 有限元软件,对吊柱进行中震弹性分析,得到各吊柱应力比,如图 5.68 所示。中震弹性分析吊柱最大应比为 0.738,可以满足中震弹性要求。

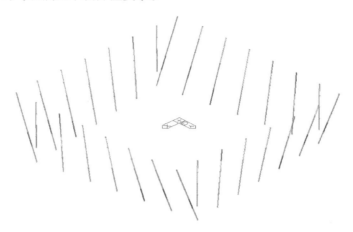

图 5.68　中震弹性分析顶层吊柱应力比(最大应力比 0.738)

采用 Midas 计算软件进行中震分析,得到楼板应力和各层楼板主拉应力。由图5.69可以看出,楼板中震组合下最大主拉应力为 3.89 N/mm²,即重力荷载代表值 + 地震组合,最大值出现在 6 层楼板局部区域,柱顶支座处及洞口边缘楼板应力较大,分布范围较小。大部分区域楼板应力均小于 C30 混凝土抗拉强度标准值 2.01 N/mm²。楼板采用三级钢筋,对应力较大区域增强配筋,该区域板配筋率为

$$\rho_s = \sigma_{中震}/(2f_{yk}) = 3.89/(2 \times 400) = 0.49\%(材料均取标准值,不考虑分项系数)$$

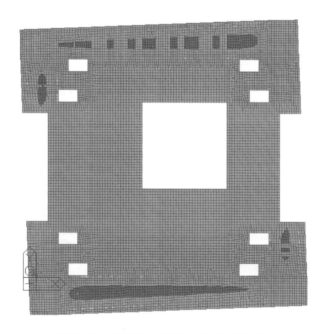

图 5.69　6 层楼板主拉应力(最大 3.89 MPa)

满足配筋率要求,楼板可以满足恒＋活＋中震组合工况下板筋不屈服。楼板采用闭口压型钢板组合楼板,适当增厚底部钢板厚度。

(2) 大震性能分析。

根据抗震目标要求,屋顶上翻桁架需达到大震不屈服。利用 Midas Gen 有限元软件,对屋顶上翻桁架进行大震弹性分析,上翻桁架各构件应力比如图 5.70 所示。

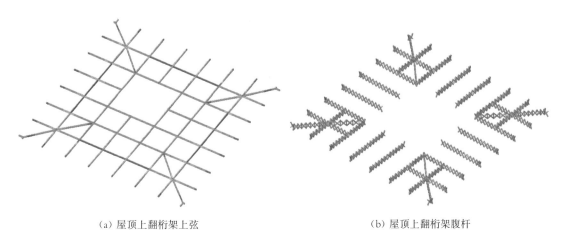

(a) 屋顶上翻桁架上弦   (b) 屋顶上翻桁架腹杆

图 5.70　屋顶上翻桁架大震弹性分析结果

大震弹性分析,上弦杆最大应力比为 1.26,该应力比结果考虑了材料强度抗力分项系数 1.29(420/325 = 1.29),因此大震不屈服计算的实际应力比应为 1.26/1.29 = 0.976,且仅出现在局部支座位置。上翻桁架上弦可以满足大震不屈服要求。下弦杆最大应力比为 1.15,该应力比结果考虑了材料强度抗力分项系数 1.17(420/360 = 1.17),因此大震不屈服计算的实际应力比应为 1.15/1.17 = 0.983,且仅出现在局部支座位置。上翻桁架下弦可以满足大震不屈服要求。腹杆最大应力比为 0.937,该应力比结果考虑了材料强度抗力分项系数 1.17(420/360 = 1.17),因此大震不屈服计算的实际应力比应为 0.937/1.17 = 0.801,且仅出现在局部支座位置。上翻桁架腹杆可以满足大震不屈服要求。

根据抗震目标要求,吊柱需达到大震不屈服。利用 Midas Gen 有限元软件,对吊柱进行大震不屈服分析,得到各吊柱应力比(图 5.71)。大震屈服分析吊柱最大应力比为 0.74,该应力比结果考虑了材料强度抗力分项系数 1.17(420/360 = 1.17),因此大震不屈服计算的实际应力比应为 0.74/1.17 = 0.63,可以满足性能目标要求。

(3) 大震弹塑性时程分析。

采用有限元软件 ABAQUS, SAUSAGE 对上海图书馆东馆进行了详细的弹塑性有限元分析。计算了三条地震波的弹塑性时程曲线,分别得到三条波计算后混凝土剪力墙受压损伤因子,最大损伤因子为 0.9,发生在中部楼层连梁处,连梁损伤较严重(图 5.72)。同时得到各条波钢骨的最大塑性应变,最大塑性应变为 0.006,钢结构构件为轻微～轻度损伤。主要发生在柱底部和顶部连接悬挑桁架处。

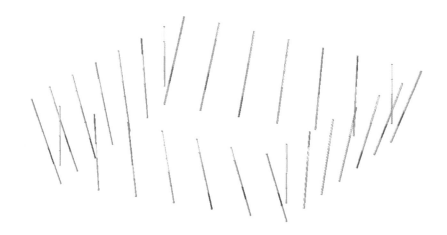

图 5.71　大震不屈服分析吊柱应力比

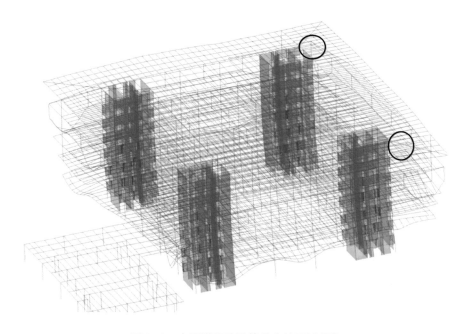

图 5.72　大震弹塑性计算剪力墙区域损伤

　　此外,核心筒在屋顶处与钢桁架连接处剪力墙有轻微损伤,但是该处暗柱内型钢未进入塑性,连接可靠,周边剪力墙为轻微~轻度损伤。剪力墙连梁损伤严重。大震下可保证剪力墙不倒,支撑屋顶钢桁架暗柱内型钢未进入塑性。

　　3)屋顶桁架专项分析

　　(1)楼板刚度与活载不利布置。

　　对于屋顶悬挑桁架结构,悬挂屋面以下 5 层楼面的荷载,补充考虑楼板刚度和活载不利布置(图 5.73),以及不考虑楼板刚度和考虑活载不利布置(图 5.74)两种情况计算悬挑区域布置恒载和活载,核心区域仅考虑构件自重,不考虑附加恒载和活载。

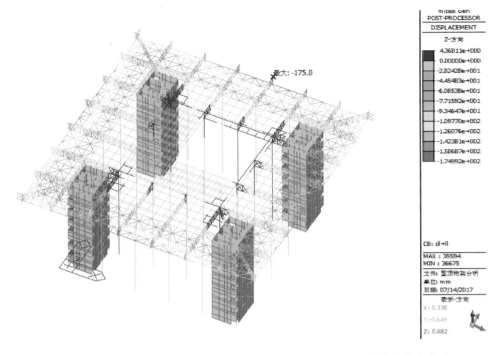

图 5.73　考虑楼板刚度和活载不利布置,(恒十活)作用下屋顶悬挑桁架竖向位移

（最大值为－175 mm）

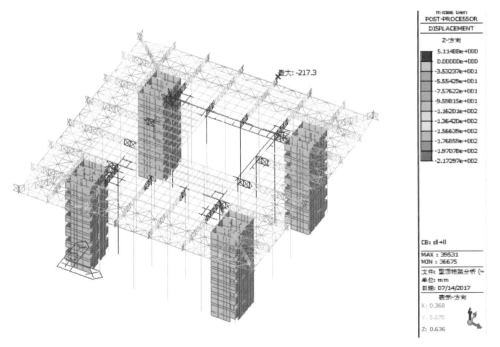

图 5.74　不考虑楼板刚度,考虑活载不利布置,(恒十活)作用下屋顶悬挑桁架竖向位移

（最大值为－217.3 mm）

由图 5.73 和图 5.74 分析可知,考虑楼板刚度和活载不利布置时,悬挑桁架竖向位移较小,活载不利布置对悬挑区域结构影响较小。不考虑各层悬挑区域楼板刚度,并且考虑各层悬挑区域活载不利布置时,屋顶悬挑桁架竖向位移大幅增加,最大值为 - 217.3 mm,考虑起拱值(- 150 mm)后的竖向位移为 - 67.3 mm,相对于悬挑长度的挠跨比为 1/257,满足前述 1/250 的限值要求。因此,楼板刚度对结构的受力和变形性能影响很大,施工时应采取合理的施工顺序,有效地利用楼板刚度的有利影响。

（2）温度应力分析。

屋顶上翻桁架温度作用取 ±30℃,温度作用下桁架杆件应力分布如图 5.75 所示,从计算结果可以看出,由于结构形态对称,温度应力较小。

图 5.75　温度作用下屋顶上翻桁架应力(最大值为 64.3 MPa)

4）舒适度分析

（1）计算参数。

对于上海图书馆东馆的悬挂区域,其楼面频率处在人行频率范围之内,人行激励荷载下易引起共振,需要进行舒适度分析。计算中结构阻尼比取为 0.01。

对整体结构进行模态分析,结构竖向振动固有频率如图 5.76 所示。

（2）控制目标。

国外在结构振动舒适度方面已经研究多年,美国、日本等国家已经发布了相关的设计指南。我国《城市人行天桥与人行地道技术规范》(CJJ 69—1995)规定:"为避免共振,减少行人不安全感,天桥上部结构竖向自振频率不应小于 3 Hz。"

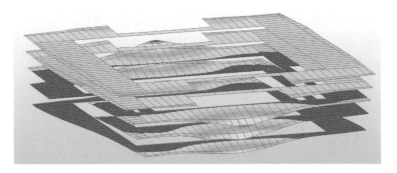

（a）模态 1(1.9 Hz)

（b）模态 2(2.0 Hz)

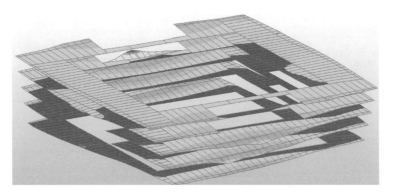

（c）模态 3(2.2 Hz)

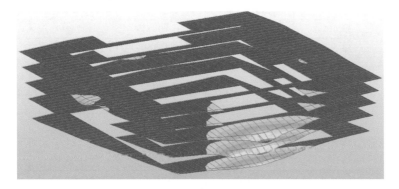

（d）模态 4(2.3 Hz)

图 5.76　结构主要竖向振动模态

人对楼板振动的反应是一个很复杂的现象,它与楼盖振动的大小、持续时间、人所处的环境、人自身的活动状态及人的心理反应都有关系。楼盖振动对人的影响一般可以用振动的峰值加速度来衡量。

表 5.9 提供了一般民用建筑设计时采用的楼盖振动加速度限值。

表 5.9　民用建筑楼盖振动加速度限制

人所处环境	楼盖振动加速度限制
办公、住宅、教堂	$0.005g$
商场	$0.015g$
室内天桥	$0.015g$
室外天桥	$0.05g$
仅有节奏性运动	$(0.04\sim0.07)g$

对本项目所关心的楼面,建议采用垂向加速度限值 $0.015g(0.15\ \mathrm{m/s^2})$。

(3)结构动力响应。

本次计算时,共计算了下列工况。

工况 1:步行激励的频率为 1.9 Hz。

工况 2:步行激励的频率为 2.0 Hz。

工况 3:步行激励的频率为 2.2 Hz。

工况 4:步行激励的频率为 2.3 Hz。

4 种工况的垂向振动加速度峰值见表 5.10。

表 5.10　垂向振动加速度峰值　　　　　　单位:m/s²

节点		工况 1	工况 2	工况 3	工况 4
1 层	32 947	0.077 3	0.077 8	0.114 9	0.220 3
	33 055	0.055 1	0.076 6	0.101 1	0.148 6
	33 147	0.077 2	0.077 8	0.105 2	0.205 0
2 层	34 178	0.079 4	0.088 9	0.183 5	0.403 7
	34 289	0.059 6	0.068 3	0.157 0	0.283 1
	34 199	0.071 3	0.080 2	0.174 0	0.310 6
3 层	33 499	0.102 1	0.109 2	0.215 7	0.445 4
	33 347	0.090 9	0.101 6	0.169 4	0.365 5
4 层	33 721	0.171 4	0.337 9	0.347 8	0.195 4
	33 630	0.169 0	0.330 1	0.358 0	0.203 3
	33 648	0.116 2	0.203 3	0.321 3	0.536 6
	33 733	0.093 1	0.136 5	0.322 6	0.496 7
5 层	33 970	0.060 0	0.094 4	0.081 9	0.258 2
	33 887	0.059 9	0.095 7	0.085 9	0.242 9
	33 802	0.045 1	0.064 6	0.098 7	0.202 2
	33 954	0.044 2	0.074 3	0.098 5	0.252 0

注:表中阴影区域为超限值部分。

（4）TMD 参数设计。

TMD 的参数如表 5.11 所示。

表 5.11　TMD 的参数

型号	数量/个	单个 TMD 质量/t	TMD 总质量/t	频率/Hz	阻尼比
A	30	0.75	22.5	2.0	0.1
B	134	0.75	100.5	2.3	0.1
C	32	0.5	16	2.3	0.1

TMD 在结构中的布置示意如图 5.77 所示。

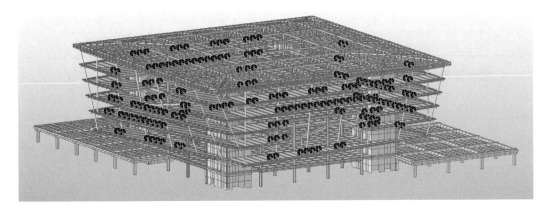

图 5.77　TMD 布置示意

（5）减振效果分析。

减振效果汇总见表 5.12。

表 5.12　结构加 TMD 前后加速度振动响应对比　　　　单位：m/s²

节点		工况 1			工况 2			工况 3			工况 4		
		无 TMD	加 TMD	减振效率/%	无 TMD	加 TMD	减振效率/%	无 TMD	加 TMD	减振效率/%	无 TMD	加 TMD	减振效率/%
1 层	32 947	0.077 3	0.076 9	1	0.077 8	0.077 4	1	0.114 9	0.078 5	32	0.220 3	0.097 4	56
	33 055	0.055 1	0.055 0	0	0.076 6	0.064 6	16	0.101 1	0.056 5	44	0.148 6	0.073 3	51
	33 147	0.077 2	0.076 9	0	0.077 8	0.077 4	0	0.105 2	0.078 6	25	0.205 0	0.087 4	57
2 层	34 178	0.079 4	0.077 9	2	0.088 9	0.076 3	14	0.183 5	0.132 1	28	0.403 7	0.122 8	70
	34 289	0.059 6	0.058 4	2	0.068 3	0.068 0	0	0.157 0	0.111 8	29	0.283 1	0.146 0	48
	34 199	0.071 3	0.072 1	0	0.080 2	0.079 9	0	0.174 0	0.119 4	31	0.310 6	0.149 8	52
3 层	33 499	0.102 1	0.094 0	8	0.109 2	0.104 5	4	0.215 7	0.143 4	34	0.445 4	0.127 2	71
	33 347	0.090 9	0.085 3	6	0.101 6	0.097 7	4	0.169 4	0.117 3	31	0.365 5	0.118 4	68

(续表)

节点		工况 1			工况 2			工况 3			工况 4		
		无TMD	加TMD	减振效率/%	无TMD	加TMD	减振效率/%	无TMD	加TMD	减振效率/%	无TMD	加TMD	减振效率/%
4层	33 721	0.171 4	0.141 7	17	0.337 9	0.142 9	58	0.347 8	0.117 0	66	0.195 4	0.142 1	27
	33 630	0.169 0	0.140 8	17	0.330 1	0.138 8	58	0.358 0	0.143 9	60	0.203 3	0.141 0	31
	33 648	0.116 2	0.097 7	16	0.203 3	0.108 0	47	0.321 3	0.116 4	64	0.536 6	0.123 6	77
	33 733	0.093 1	0.083 5	10	0.136 5	0.097 7	28	0.322 6	0.112 1	65	0.496 7	0.145 0	71
5层	33 970	0.060 0	0.060 7	0	0.094 4	0.086 0	9	0.081 9	0.062 6	24	0.154 9	0.093 4	40
	33 887	0.059 9	0.060 8	0	0.095 7	0.088 0	8	0.085 9	0.064 6	25	0.145 7	0.097 6	33
	33 802	0.045 1	0.044 8	1	0.064 6	0.056 8	12	0.098 7	0.054 5	45	0.121 3	0.069 0	43
	33 954	0.044 2	0.046 8	-6	0.074 3	0.066 8	10	0.098 5	0.052 4	47	0.151 2	0.082 6	45

4. 节点及细部设计

1）节点设计

屋顶上翻桁架与吊柱之间铰接连接,顶层吊柱节点最大内力达 16 400 kN,采用 ϕ250 mm 的 UU 形高强钢拉杆,强度级别为 460 级($f_y \geqslant 460$ MPa),对应的吊柱节点板采用 160 mm 厚的 Q420C 钢板,钢板厚度方向性能 Z35。顶层吊柱与屋面桁架的销轴叉耳铰接连接节点详图如图 5.78 所示。

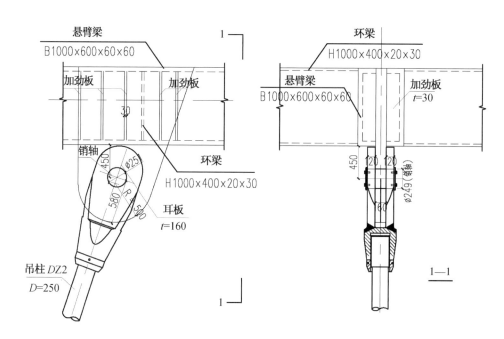

图 5.78　顶层吊柱节点(单位:mm)

复杂空间结构设计与实践

中间层吊柱节点最大内力为 13 820 kN,采用 φ210 mm 的 UU 形高强钢拉杆,强度级别为 460 级($f_y \geqslant 460$ MPa),对应的吊柱节点板采用 140 mm 厚的 Q420C 钢板,钢板厚度方向性能 Z35。中间层吊柱与屋面桁架的销轴叉耳铰接连接节点详图如图 5.79 所示。

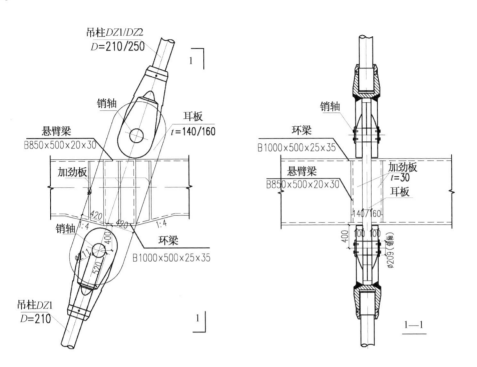

图 5.79　中间层吊柱节点(单位: mm)

悬挂屋面桁架在核心筒的四角部汇交,桁架汇交节点与核心筒墙体通过型钢端柱连接,节点核心区内灌混凝土,由于承担角部多根吊柱传递的悬挂区荷载,桁架下弦杆根部截面加厚,截面尺寸为 B1000×600×100×100,杆件最大轴力为 −15164 kN,最大弯矩为 8092 kN·m。桁架腹杆最大截面尺寸为 B600×600×50×50,最大轴力为 −8145 kN,最大弯矩为 1375 kN·m。型钢端柱在桁架下弦杆以下 2.3 m 范围内为加强段,内部钢骨采用闭口截面,最大钢板厚度 70 mm,加强段以下通过 1.8 m 长的过渡段与十字形开口钢骨截面相连接,如图 5.80 所示。

2) 节点分析与试验

基于通用有限元软件,采用 C3D8R 实体单元,对吊柱销轴节点进行有限元分析。销轴和节点板之间采用无摩擦的"Hard contact"方式模拟。钢拉杆材料为 460 级高强钢,根据拉伸试验结果,取 $f_y=575$ MPa, $f_u=843$ MPa, $E=2.225×10^5$ MPa,泊松比为 0.3,本构模型采用三折线模型。节点板材料 Q420C,参照《钢结构设计标准》(GB 50017—2017),取 $f_y=420$ MPa, $f_u=500$ MPa, $E=2.06×10^5$ MPa,泊松比为 0.3,本构模型采用双折线模型。

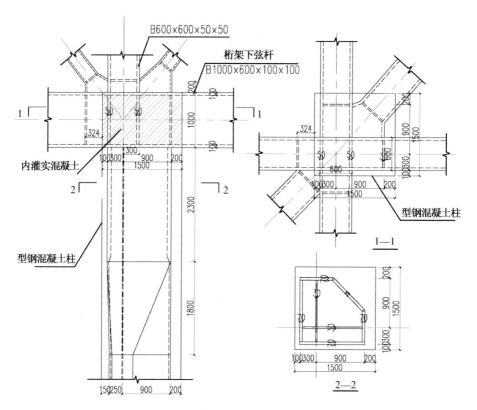

图 5.80 屋面悬挂桁架汇交节点(单位: mm)

计算分析结果表明,在大震荷载作用下,顶层节点板最大 Mises 应力为 387 MPa,拉杆最大 Mises 应力约为 425 MPa,销轴最大 Mises 应力为 435 MPa;中间层节点板节点最大 Mises 应力约为 421 MPa,拉杆最大 Mises 应力约为 284 MPa。如图 5.81 所示,各节点均处于弹性状态,符合设计预期。

由于屋面悬挂桁架汇交节点受力复杂,采用缩尺模型试验对节点性能进行了验证,缩尺比例为 1∶2,加载至节点破坏。加载反力架采用同济大学和上海中冶钢构集团共建的大吨位球形反力架;其内部净空直径为 6 m,最大承载力为 3 000 t,汇交节点缩尺模型的加载装置布置如图 5.82 所示,节点试件现场安装如图 5.83 所示。试验荷载采用分级加载,将 0~2 倍最不利设计值均分为 20 级,每级加载稳压 2 min 后读取应变片、位移计的读数,直至加载破坏或达到最大加力力,此时稳压 3 min 后卸载。

当加载达到 16 级,即 1.6 倍设计值时,试验区传来较大连续响声,但未见明显变形。各杆件应变值仍呈线性增长,各杆件仍处于弹性受力范围。其中,部分桁架斜腹杆达到了相对较高的应变水平,最大应变为 1114 $\mu\varepsilon$,低于屈服应变。节点应力集中区的应变继续增大,最大值约为 396 $\mu\varepsilon$,表明节点域仍处于弹性范围内。在验证了节点能承受 1.6 倍设计荷载后,为保障现场试验人员安全,不再继续加载,缓慢卸载至零。

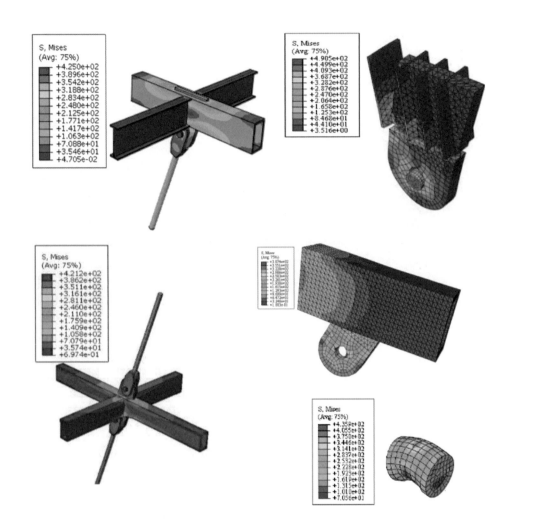

图 5.81 吊柱节点有限元分析结果

图 5.82 屋面悬挂桁架汇交节点加载装置

图 5.83 节点试件现场安装

卸载后观察试件发现,节点整体未发生明显变形,节点域未发生明显变形,各根杆件也均未发生明显变形,如图5.84所示。节点下部钢骨混凝土柱未见混凝土开裂情况,各处焊缝连接良好,未见微裂缝。

(a) 节点核心区无明显破坏　　　　　　　　(b) 钢骨混凝土柱无开裂

图 5.84　卸载后的试件

5. 施工顺序分析

由于悬挂区立面和平面均为倾斜造型,各个吊柱倾斜角度不同,在地震荷载作用下,会由于变形不协调而产生压应力。由于吊柱长细比较大,需避免吊柱出现受压工况。设计时通过合理的施工顺序分析,可显著地影响结构的内力与变形。在核心筒内部区域采用正常的自下而上逐层施工,而在悬挂区域采用自上而下的逐层悬挂施工,上一层的楼面结构施工完毕,充分变形后,再安装下一层的吊杆。悬挂结构的施工顺序如图5.85所示。

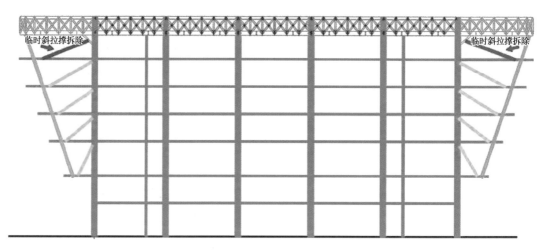

(a) 7层临时支撑拆除卸载

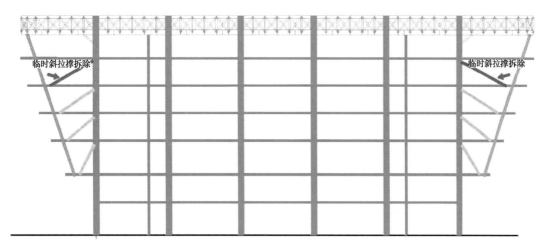

(b) 6 层临时支撑拆除卸载

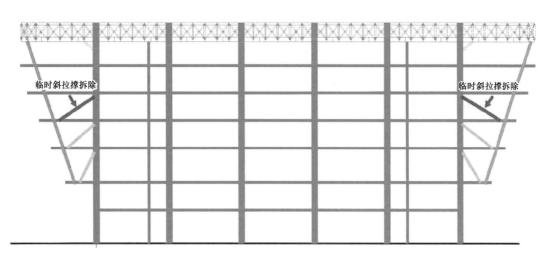

(c) 5 层临时支撑拆除卸载

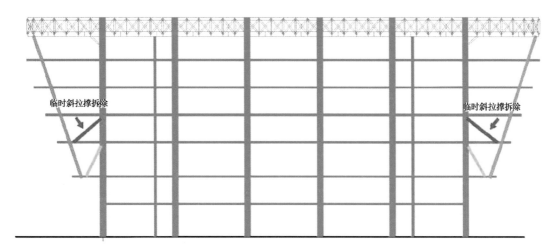

(d) 4 层临时支撑拆除卸载

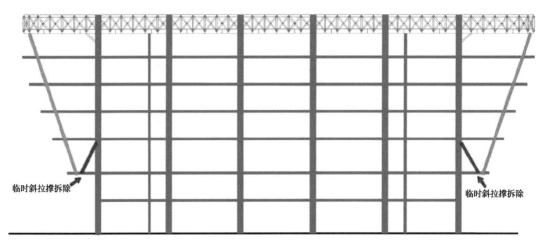

（e）3 层临时支撑拆除卸载

图 5.85　悬挂结构的施工顺序

采用上述施工顺序,基本可以释放竖向荷载作用下结构变形不协调引起的吊杆压力。分析结果表明,在中震组合工况作用下,吊杆全部受拉,满足钢拉杆的性能设计要求。

6. 关键技术成果

（1）发表论文。

[1] 贾君玉,肖魁.多轴循环塑性双界面本构模型研究[J].建筑结构学报,2020,1(11): 60 - 165。

[2] 李亚明,李瑞雄,贾水钟,等.上海图书馆东馆结构设计关键技术研究[J].建筑结构,2019,49(23): 26 - 32。

[3] 肖魁,贾水钟,郭小农.上海图书馆东馆悬挂结构方案设计与研究[J].建筑结构(已录用)。

（2）授权(或已申请)专利。

专利名称	专利类型	专利号
一种快速装配式梁柱半刚性节点	实用新型专利	ZL2019 2 0227831.0
一种新型多层悬挂结构吊柱节点	实用新型专利	（已申请）

5.4.3　上海世博文化公园双子山

1. 项目概况

上海世博文化公园南片区双子山项目,位于黄浦江核心滨水凸岸的世博文化公园,紧邻卢浦大桥西侧。上海世博文化公园定位为"世界一流公园",占地约 2 km²,是上海中心城核心区最大的沿江公园,兼具生态、文化、科普、休闲等功能,是黄浦江生态走廊的重要组成部分。

双子山东西长约 1200 m,南北最大宽度约 750 m,是目前国内最大的人工仿自然山体。山体表面呈现自然、绿色风貌,内部空间结合游览、公共停车、展览、游客服务等功能,形成外部景观与内部空间的合理利用(图 5.86)。山体内部建筑利用部分占地面积 58 250 m²,总建筑面积 82 142 m²。

(a) 南立面

(b) 北立面

图 5.86　双子山效果图

双子山分为主山和辅山,由东西两个山峰组成,东侧山峰高程 + 53.000 m,西侧山峰高程 + 39.000 m,主山峰绝对标高 53 m,建筑层高 6 m,山表覆土厚度 2～2.5 m。山形及高程示意如图 5.87 所示。

Elevations Table				
Number	Minimum Elevation	Maximum Elevation	Area	Color
1	0.00	5.00	115807.78	
2	5.00	10.00	42273.12	
3	10.00	14.00	31299.90	
4	14.00	19.00	27263.25	
5	19.00	27.00	21750.83	
6	27.00	47.00	12528.05	

图 5.87　山形及高程示意

2. 结构主要特点

上海世博文化公园双子山为目前国内最大规模的人工仿自然山体,并首次大规模采用部分包覆钢-混凝土组合结构(PEC)体系,具有以下主要特点。

（1）在软土地基、城市敏感环境中人工建设大规模仿自然山体。

双子山位于上海世博文化公园南片区，东侧紧邻打浦路隧道敞开段，南侧为卢浦大桥（特大桥），景观堆土区边线与卢浦大桥引桥桥梁垂直投影最短距离为 28 m，北侧堆土区位于机场快线上方，南北污水干线从双子山东侧穿过，市政条件复杂（图 5.88），设计和建造过程中需要考虑对周边市政设施的影响。

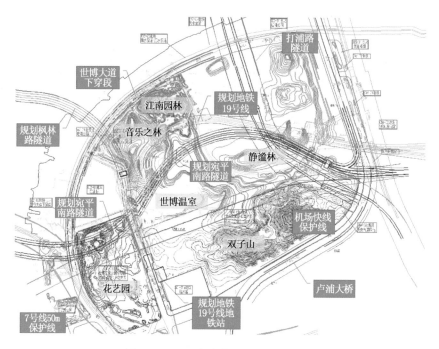

图 5.88　双子山位置和周边市政条件

（2）岩土工程。

① 自然实体堆筑、空腔结构覆土堆筑及其相结合的堆山技术。

② 仿自然山体的坡面坡度灵活性的建造措施。

③ 山坡固土方式、景观种植固定方式等堆土造山技术。

（3）建筑结构。

① 主要功能：山顶游览、空腔内设置停车库。

② 设计使用年限 100 年（耐久性）。

③ 抗震设防：重点设防类。

④ 抗震性能目标：C 级。

⑤ 山顶覆土厚度：2.5 m；活荷载：10 kN/m²。

⑥ 仿自然山形设计，应为山形构建和覆土提供经济、安全、合理和可实施的山体表皮设计方法。

（4）主要技术条件。

① 采用桩基础，尽量减轻结构自重，满足市政设施的控制指标要求。

② 控制结构沉降量,最大沉降不大于 5 cm。

③ 提高结构刚度,适当提高小震下层间位移角控制指标,避免山顶大面积堆土滑坡。

④ 合理选择结构体系,满足抗震性能目标要求。

⑤ 山顶构造满足不同坡度的堆土和种植需要,并保证覆土的稳定性。

⑥ 应符合建筑工业化方向要求,满足预制装配率要求。

3. 结构体系

1) 边界条件、实体堆土和结构空腔相结合的造山方式

山体南面敞开,东侧以打浦路隧道保护线为界,山体的边界条件为西、北两面围合,东、南两面敞开(图 5.89),山体最大结构高度 53 m,东西向剖面图如图 5.90 所示。根据山体高度、山形起伏特点以及项目邻近打浦路隧道、卢浦大桥等周边关系,山体分为自然堆(土)坡区和结构腔体区,二者之间设置挡土墙,形成结构腔体区周边自由的边界条件。结构腔体区内又根据建筑布局及功能,按照是否有建筑功能,进一步细分为建筑功能结构腔体区和非建筑功能结构腔体区。建筑功能结构腔体区主要为小汽车停车库,整个腔体区面积约 30 万 m²。

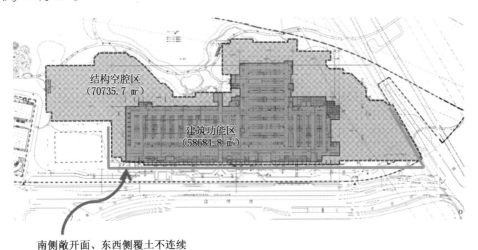

南侧敞开面、东西侧覆土不连续

图 5.89　结构边界示意

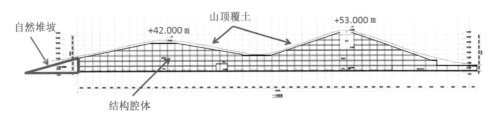

图 5.90　双子山东西向剖面示意

空腔结构划分为 A, B, C 三个建筑功能结构腔体区和 5 个非建筑功能结构腔体区(图 5.91)。各分区间设置抗震缝,建筑功能结构腔体区尺寸为 A: 125 m × 126 m;B:

120 m × 144 m;C：219.5 m × 198 m。

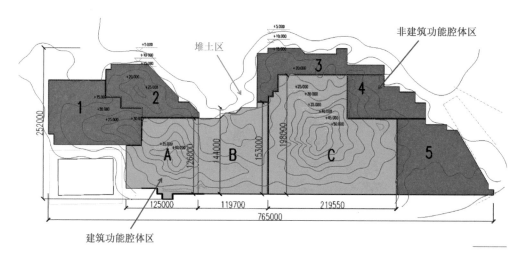

图 5.91　堆土区、空腔区分区示意（单位：mm）

2）结构方案比选

（1）结构构成、表皮结构处理方法。

由于覆土厚度和景观种植，恒载和活载均较大，山体覆土厚度取 2.5 m，覆土恒载为 45 kN/m² ，考虑挡土墙及屋面斜板的荷载后，恒载达到 60 kN/m² ；活荷载取 10 kN/m² ，消防车道区域活载 35 kN/m² ，上述荷载均作用于结构顶部。作为针对表面形状复杂和多样性的应对措施，从施工阶段划分，结构可分为山体主体部分和表皮部分（图 5.92）。主体部分为简单规则结构，柱网尺寸 9 m × 9 m，层高 6 m。表皮部分配合山形，主要采用加密框架和现浇梁板体系，表皮梁板是构成山体造型和直接支撑种植土的结构，主要采用斜板加挡土墙的设计，挡土墙分仓设置。

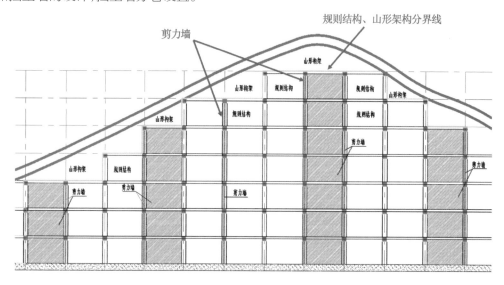

图 5.92　山体主体部分、表皮部分分界示意

① 缓坡：坡度小于 1∶2.5 的坡为缓坡，1∶4 及以下坡度挡土墙分仓网格取 9 m×9 m，1∶2.5～1∶4 坡度挡土墙分隔取 4.5 m×4.5 m。

② 较陡坡：坡度在 1∶2.5～1∶1.5 间的坡为较陡坡，土体挡土墙分仓间隔取 3 m×3 m。

③ 陡坡：坡度大于 1∶1.5 的坡为陡坡，采用跌落式平板布置方式，挡土墙分隔取 3 m×3 m。

（2）结构体系选择。

双子山项目的结构表皮形状及构件布置如图 5.93 所示，主要荷载集中于结构顶部，地震作用下结构受力较为不利，地震作用引起的剪力较大，结构体系的选择和构件的设计必须着眼于提高结构刚度、控制结构位移、提高构件的抗震承载力、增加结构构件延性和整体抗震性能；同时，控制结构层间位移也是增强山体种植土边坡稳定性的措施，防止地震作用下由于结构位移过大引起边坡失稳。

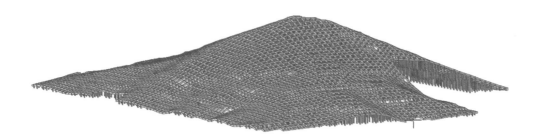

图 5.93　表皮部分表面构件、形状示意

结构体系取框架-剪力墙结构，通过计算分析合理确定剪力墙布置位置和数量，使基底剪力和地震倾覆力矩的分配比例落在合理的区间范围内。

层高的选择：除了满足建筑要求的层高外，结构腔体区层高过高或过低均不经济。层高低虽然会提高结构刚度，但会造成楼板自重和面积的增加，经济指标较差；层高过高，为了满足刚度要求，会导致竖向构件截面过大。结合建筑要求、山形体型特点、荷载、位移控制和构件截面等因素综合分析，层高取 6 m。

结构嵌固端：建筑功能区首层设置现浇板，板厚 200 mm，结构嵌固端取首层板结构面，如图 5.94 所示。

考虑到建筑工业化和预制装配建筑要求，山体部分的结构框架部分选型主要有以下几种形式：全钢结构、钢筋混凝土结构（PC 构件）和部分包覆钢-混凝土组合结构（PEC 构件）。

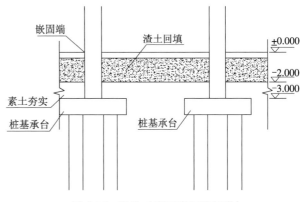

图 5.94　建筑功能区嵌固端示意

① 方案一：全钢结构。

钢结构自重轻、抗震性能好，但对于本工程而言，结构顶部荷载较大，钢结构框架刚度相对较小，在同样的位移角控制要求下，柱、梁截面较大；空腔体内比较潮湿，钢结构耐腐蚀条件差；同时钢结构造价高。全钢结构体系不适合本工程。

② 方案二：钢筋混凝土结构（PC 构件）。

本工程所需钢筋混凝土构件截面相对较大，刚度易满足要求，但同时结构自重也较大；与钢结构相比较，钢筋混凝土构件抗震性能一般，对于有较高性能要求的混凝土构件需要设置型钢（SRC），节点复杂，施工难度大，如图 5.95 所示为满足预制装配要求，需要采用 PC 构件，节点区域套筒连接和后灌浆施工方法，施工质量较难控制。

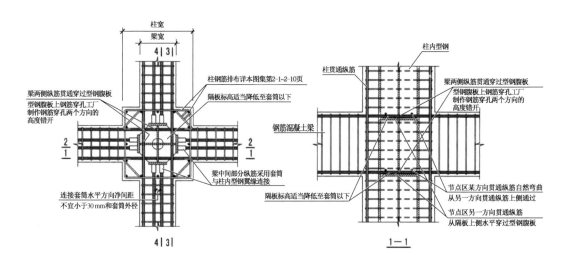

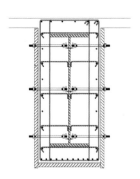

图 5.95　劲性钢-混凝土组合结构（SRC）

③ 方案三：部分包覆钢-混凝土组合结构（PEC 构件）。

部分包覆钢-混凝土组合结构（PEC）主要由 H 型钢等开口截面主钢件和混凝土组成（图 5.96）。从 20 世纪 80 年代起，欧洲工程界发表了关于这类构件力学性能的一系列研究结果，并将这类构件广泛用于多层以及高层建筑结构，其设计与构造要求已纳入欧洲组合

结构规范(EuroCode4,简称 EC4,规范编号 EN1994-1-1:2004)和欧洲抗震设计规范
(EuroCode8,简称 EC8,规范编号 EN1998-1:2004)。常用的构件一般由 H 形截面的型钢
或焊接钢、混凝土、箍筋、纵筋与栓钉组成,箍筋分布在腹板两侧,栓钉连接在腹板上;有的
截面构造则不设置栓钉,而使用穿过腹板的箍筋。

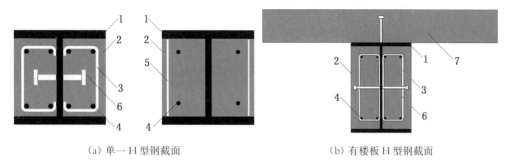

(a) 单一 H 型钢截面 (b) 有楼板 H 型钢截面

1—H 型钢(开口截面主钢件);2—填充混凝土;3—箍筋;4—纵筋;5—连杆;6—抗剪件(栓钉);7—楼板

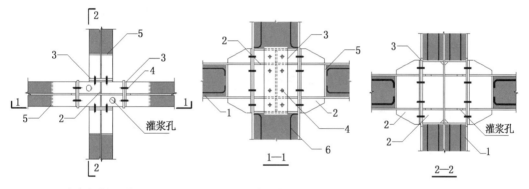

(c) 有肋式端板连接平面 (d) 有肋式端板 1—1 剖面 (e) 有肋式端板 2—2 剖面

1—预制混凝土;2—加劲肋;3—连接板;4—高强度螺栓;5—挡板;6—纵向钢筋;7—扩大翼缘

图 5.96 PEC 构件及节点示意

自 20 世纪 90 年代以来,欧美研究者进行的相关试验已充分支持了欧洲规范的合
理性和适用性;2000 年以来我国研究者也进行了许多试验,为《部分包覆钢-混凝土组合
结构技术规程》(T/CECS 719—2020)的编制提供了依据,并在实际项目中使用,这些实
际项目进一步支持了中国规范的合理性和适用性,但项目规模普遍较小,有待于进一步
推广。

PEC 构件与型钢混凝土构件截面形式的最大区别在于前者的部分钢骨位于截面外
周,对构件的弯曲刚度和受弯承载力的贡献显著高于型钢混凝土中的钢骨,在截面外包尺
寸和含钢率相同的条件下,PEC 构件的抗弯刚度与承载力都高于型钢混凝土构件。

PEC 构件可以全部或部分在工厂或现场预制,预制构件的吊装和连接方式与钢构
件类似,现场只需少量补填或完全不填混凝土,因而可以达到较高的预制化、装配化
水平。

PEC 结构主要特点如下：

① 与全钢结构相比较，其利用了包覆混凝土的刚度，结构具有刚度大、变形小的特点，易满足变形控制要求，刚度提高 50%。

② 与钢筋混凝土结构相比，可以通过更小的截面达到相同的承载力水平，减轻构件的自重，既提高了运输、吊装等方面的便捷性，又降低了相关成本。

③ 构件抗震性能优越，节点采用栓焊或螺栓连接(图 5.97)，连接安全可靠，可以满足较高抗震性能目标要求。

④ H 型钢腹部区格内填充混凝土，防火防腐性能提升。

⑤ 竖向构件一吊三层，免模免支撑，楼板可多层同时施工，施工周期短，节省临时措施费，经济效益好，符合建筑工业化要求。

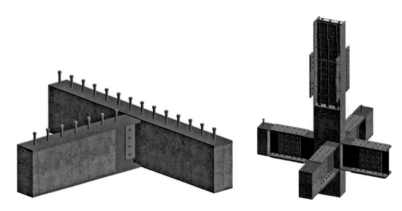

　　　　(a) 梁-梁节点　　　　　　　　(b) 梁-柱节点、柱-柱拼接节点

图 5.97　部分包腹钢-混凝土组合结构(PEC)

(3) 方案比较。

根据上述方案，分别采用 PEC 结构、全钢结构和钢筋混凝土结构(采用 PC 构件)，建立结构模型，主要分析结果见表 5.13—表 5.15。

表 5.13　主要构件截面　　　　　　　　　　　　单位：mm

构件类型	部分包覆钢-混凝土 组合结构(PEC 构件)	全钢结构	钢筋混凝土 结构(PC 构件)
框架柱	H800×800×30×30	1000×1000×50×50(箱形)	1200×1200
转换框架梁	600×1200×22×30	600×1300×22×30	800×2000
转换次梁	400×750×16×22	400×800×25×32	500×950(超筋)
剪力墙	400/600	400/600	900

表 5.14 模型总质量对比 单位：t

质量	部分包覆钢-混凝土组合结构（PEC 构件）	全钢结构	钢筋混凝土结构（PC 构件）
活载	37 032	37 032	37 032
恒载	346 622.6	298 683	423 630
总质量	383 654.6	335 715	460 662

表 5.15 结构自振周期 单位：s

周期	部分包覆钢-混凝土组合结构（PEC 构件）	全钢结构	钢筋混凝土结构（PC 构件）
第一周期	0.607 6	0.622 9	0.483 6
第二周期	0.599 1	0.602 8	0483 1
第三周期	0.422 4	0.441 7	0.339 4

PEC 体系兼具混凝土结构和钢结构的优点,刚度大,节点连接可靠;与混凝土构件相比,可以通过更小的截面达到相同的承载力水平,经济性指标接近;结构构件工厂工业化生产,现场装配化施工,现场湿作业少,预制装配化程度高、施工方便。经综合比较,本项目预制结构采用方案三:部分包覆钢-混凝土组合结构(PEC 构件)。

4. 地基基础

1) 场地条件

本项目 ±0.000 相当于绝对标高 +7.000 m,场地自然地坪绝对标高 +4.700～+5.500 m;根据现有勘察资料,场地位于古河道分布区,在所揭露深度 90 m 范围内的地基土主要由饱和黏性土、粉性土和砂土组成,一般呈水平层理分布。按其沉积年代、成因类型及其物理力学性质的差异,可划分为 7 个主要层次。根据场地土层分布情况,拟建场区属于滨海平原地貌类型。

2) 地基基础设计

本项目结构腔体采用框架-剪力墙结构体系(主体框架采用 PEC 体系),基础形式为柱(墙)下独立桩基承台基础,桩基选型和桩基设计需要考虑对卢浦大桥的影响。

根据卢浦大桥原设计单位(上海市政工程设计研究总院)和卢浦大桥管理方要求,本项目建设引起卢浦人桥桥墩下桩基竖向变形不得超过 3 mm,水平变形不得超过 2 mm。双子山与卢浦大桥、打浦路关系示意如图 5.98 所示。

结构腔体柱下采用钻孔灌注桩,桩长 68 m,桩端持力层第(9)层粉砂层,桩端采取后注浆桩工艺,单桩承载力设计值 6 000 kN。经分析,变形分析云图如图 5.99 所示。

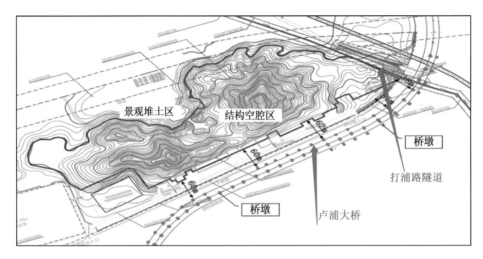

图 5.98　双子山与卢浦大桥、打浦路关系示意

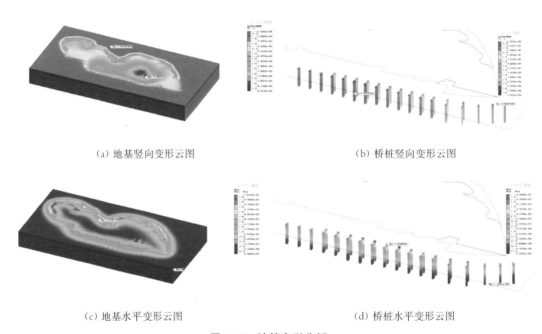

(a) 地基竖向变形云图

(b) 桥桩竖向变形云图

(c) 地基水平变形云图

(d) 桥桩水平变形云图

图 5.99　桩基变形分析

采用直径 800 mm、桩长 68 m 的钻孔灌注桩满足卢浦大桥的变形控制要求。结构施工工况下,渣土荷载与上部结构荷载施加,原地基最大变形量为 46.0 mm,卢浦大桥引桥桥桩最大变形量为 1.96 mm(小于 2 mm),最大沉降 0.35 mm(小于 3 mm),满足卢浦大桥原设计单位要求的变形限值。

5. 整体结构计算分析(以 C 区为例)

1) C 区概况

双子山地上平面尺寸(腔体部分)东西向长度约 750 m(东至打浦路隧道西侧),南北宽度约 250 m,主山峰山顶绝对标高 53 m,建筑层高 6 m。C 区建筑功能结构腔体区地上平面尺寸为 219.5 m×198 m(图 5.100),结构总高度 44 m。主要柱网尺寸为 9 m×9 m,层高 6 m,根据山形等高线,每层平面尺寸向内缩进;为配合山形表面,在其下部规则楼层上部进行转换,组成表皮部分,转换的主要柱网尺寸为 3 m×3 m,新增框架柱在下部规则楼层梁上转换,下部山体部分的框架柱升至表皮部分顶面,表皮部分结构屋面板随山形变化,主要为斜板布置(图 5.101)。

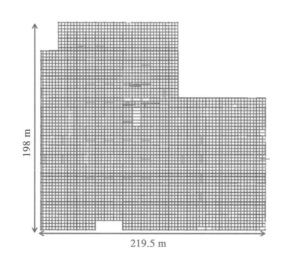

图 5.100 C 区底层平面尺寸示意

图 5.101 表皮形状、C 区三维模型

结构体系信息见表 5.16。

表 5.16 结构体系信息

结构总信息		楼层层高/m	
结构形式	部分填充钢-混凝土组合结构(PEC 构件)	下部山体部分	6.0
		表皮部分	随山形
结构体系	框架-剪力墙	材料强度	
表皮部分顶标高/m	44/26	抗震墙	C50
典型平面尺寸/m	219.5×198/125×126	框架柱	C40
结构层数	7/4 层	框架梁、板	C30

抗震等级		楼板厚度/mm	
抗震墙	一级	1 层	200
框架梁	二级	2～7 层无转换区域	120
框架柱	二级	2～7 层转换区域	150
		表皮部分顶板	300

2）抗震设防目标

根据《建筑抗震设计规范》（GB 50011—2010）和《高层民用建筑钢结构技术规程》（JGJ 99—2015）中有关结构性能设计的要求，明确各超限单体的性能水准，即不同地震水准下结构的性能目标。

结构整体性能目标按照规范 C 级控制，本工程整体结构层间位移角按性能目标 C 进行控制，整体分析结构变形限值见表 5.17。

表 5.17　位移角控制标准

多遇地震作用下层间位移角限值	1/1000
设防地震作用下层间位移角限值	1/250
罕遇地震作用下层间位移角限值	1/100
嵌固端上一层弹性层间位移角限值	1/2000

各构件的抗震性能分类见表 5.18。

表 5.18　构件抗震性能分类

构件类型	构件说明
普通竖向构件	底部加强区以上剪力墙及框架柱
关键构件	底部加强区剪力墙、转换梁
耗能构件	框架梁、连梁

抗震性能设计指标按构件类型分类见表 5.19—表 5.21。

表 5.19　构件多遇地震抗震设计原则

构件类型	设计原则
剪力墙、转换梁	正截面承载力和抗剪承载力均按弹性设计
钢梁	正截面承载力和抗剪承载力均按弹性设计
PEC 框架柱	正截面承载力和抗剪承载力均按弹性设计

表 5.20　构件设防地震抗震设计原则

构件类型	设计原则
剪力墙、转换梁	正截面承载力按屈服承载力设计 抗剪承载力均按弹性设计

构件类型	设计原则
钢梁	正截面承载力和抗剪承载力均按屈服承载力设计
PEC 框架柱	正截面承载力按屈服承载力设计 抗剪承载力均按弹性设计

表 5.21　构件罕遇地震抗震设计原则

构件类型	设计原则
剪力墙、转换梁	正截面承载力和抗剪承载力均按屈服承载力设计
钢梁	允许进入塑性，钢材应力可超过屈服强度，但不能超过极限强度
PEC 框架柱	允许进入塑性，钢材应力可超过屈服强度，但不能超过极限强度

3）计算结果

（1）周期与振型。

部分包覆钢-混凝土组合结构的截面刚度计算方法和组合结构相同，在 YJK 模型中，采用组合结构截面的定义方式建立部分包腹钢-混凝土组合结构构件。前 3 阶振型计算结果如图 5.102 所示。

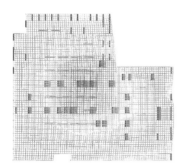 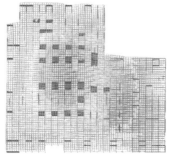 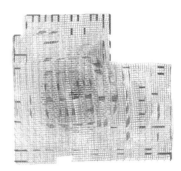

x 向平动（$T_1 = 0.436$ s）　　　y 向平动（$T_2 = 0.426$ s）　　　整体扭转（$T_3 = 0.311$ s）

图 5.102　前 3 阶振型模态

（2）中震性能分析。

根据预设中震性能要求，剪力墙、PEC 框架柱、转换梁应满足中震正截面抗弯不屈服、斜截面抗剪弹性。中震弹性设计和中震不屈服设计参数要求可以总结如表 5.22—表 5.26 所列。

表 5.22　中震弹性设计和中震不屈服设计要求

设计参数	中震弹性	中震不屈服
水平地震影响系数最大值	0.23	0.23
周期折减系数	1.0	1.0
内力调整系数	1.0（四级）	1.0（四级）

设计参数	中震弹性	中震不屈服
荷载分项系数	按规范要求	1.0
承载力抗震调整系数	按规范要求	1.0
材料强度取值	设计强度	材料标准值
风荷载	不计算	不计算
阻尼比	0.05	0.05

表 5.23　首层框架柱正截面不屈服性能目标验算（部分）

编号	截面/(mm×mm×mm×mm)	柱位置	x 向双向压弯应力比	控制工况	y 向双向压弯应力比	控制工况
256	800×800×30×30	中柱	0.41	x 向弯矩最大	0.52	y 向弯矩最大
293	800×800×30×30	中柱	0.38	x 向弯矩最大	0.50	y 向弯矩最大
417	800×800×30×30	中柱	0.83	轴力最大	0.87	x 向弯矩最大
442	800×800×30×30	中柱	0.81	轴力最小	0.92	y 向弯矩最大
451	800×800×30×30	中柱	0.61	x 向弯矩最大	0.58	轴力最小
479	800×800×30×30	角柱	0.89	y 向弯矩最大	0.81	y 向弯矩最大
489	800×800×30×30	边柱	0.82	x 向弯矩最大	0.79	y 向弯矩最大

受剪承载力计算可仅考虑钢组件中平行于剪力方向的板件受力而不考虑内填混凝土，按公式 $V_b \leqslant h_w t_w f_{av}$ 计算。

表 5.24　首层框架柱中震斜截面弹性性能目标验算（部分）

编号	截面/(mm×mm×mm×mm)	f_y/MPa	V_x/kN	x 向抗剪承载力/kN	V_y/kN	y 向抗剪承载力/kN
78	800×800×30×30	170	385.0	9 160	− 811.0	4 080
102	800×800×30×30	170	− 546.9	9 160	− 599.1	4 080
113	800×800×30×30	170	− 509.7	9 160	576.4	4 080
135	800×800×30×30	170	629.5	9 160	− 623.8	4 080
168	800×800×30×30	170	662.3	9 160	− 764.2	4 080
181	800×800×30×30	170	− 509.6	9 160	− 510.0	4 080
197	800×800×30×30	170	718.5	9 160	− 654.6	4 080
256	800×800×30×30	170	− 466.0	9 160	687.7	4 080
293	800×800×30×30	170	− 425.9	9 160	390.9	4 080
417	800×800×30×30	170	648.6	9 160	796.6	4 080
442	800×800×30×30	170	1 149.4	9 160	− 1 304.4	4 080
451	800×800×30×30	170	737.0	9 160	1 370.5	4 080
479	800×800×30×30	170	724.9	9 160	− 755.2	4 080
489	800×800×30×30	170	− 1 125.5	9 160	− 1 742.9	4 080

表 5.25　首层剪力墙中震正截面不屈服性能目标验算

编号	b/mm	h/mm	M_x/(kN·m)	N/kN	f_{ck}/MPa	f_{yk}/MPa	端柱计算配筋
24	600	9 900	4 622.4	−21 205.1	32.4	400	0
25	600	9 900	6 045.7	−18 571.7	32.4	400	0
26	400	9 900	−724.1	−37 830.8	32.4	400	0
27	400	9 900	−1 460.2	−29 534.2	32.4	400	0
28	400	9 900	9 576	−31 282.1	32.4	400	0
29	400	9 800	10 428.6	−30 987.1	32.4	400	0
30	400	9 800	2 180.8	−27 041.8	32.4	400	0

注：表中计算配筋为"0"表示端柱按构配筋即可满足截面验算要求。

表 5.26　首层剪力墙中震斜截面弹性性能目标验算

编号	b/mm	h/mm	V/kN	N/kN	λ	f_t/MPa	f_c/MPa	f_y/MPa	假设 s	配筋率/%	A_{sh}/mm²
26	400	9 900	6 114	−27 919.5	2.79	1.89	23.1	360	150	0.2	120
27	400	9 900	−12 585.1	−17 635.1	0.67	1.89	23.1	360	150	0.47	280.6
28	400	9 900	13 263	−22 756.5	0.56	1.89	23.1	360	150	0.53	319
29	400	9 800	13 639.8	−22 948.2	0.52	1.89	23.1	360	150	0.27	163.3
58	400	9 900	11 304.4	−22 388.9	0.55	1.89	23.1	360	150	0.33	196.6
59	400	9 900	−6 054.6	−2 784	2.75	1.89	23.1	360	150	0.2	120
60	600	9 900	9 832.1	1 946.6	1.83	1.89	23.1	360	150	0.25	224.8

注：表中计算配筋为"0"表示端柱按构配筋即可满足截面验算要求。

根据计算结果，主要结论如下：

① 中震计算楼层位移角为 1/1204（x 向），1/1045（y 向）。

② 关键构件（剪力墙、转换梁）、PEC 框架柱可满足抗弯不屈服、抗剪弹性的预设性能要求。

③ 罕遇地震下结构弹塑性时程分析。采用 SAUSAGE 软件进行结构在罕遇地震下的动力弹塑性分析，程序采用基于显式积分的动力弹塑性分析方法，这种分析方法未作任何理论的简化，直接模拟结构在地震力作用下的非线性反应。经分析，结构大震时弹塑性位移角小于 1/100，满足大震抗倒塌需求。

由图 5.106 可知，框架梁混凝土在展厅区域局部损伤较大，其余部分损坏程度较小，框架梁钢材最大塑性应变为 0.002，属轻微损坏。框架柱混凝土损伤主要在首层平面外周边区域，损伤程度大部分在 0.26～0.46 之间，属中度损坏，框架柱钢材最大塑性应变为 0.003 94，属轻度损坏。剪力墙混凝土损伤集中在平面中间荷载较重位置，剪力墙钢筋塑性应变程度较小。

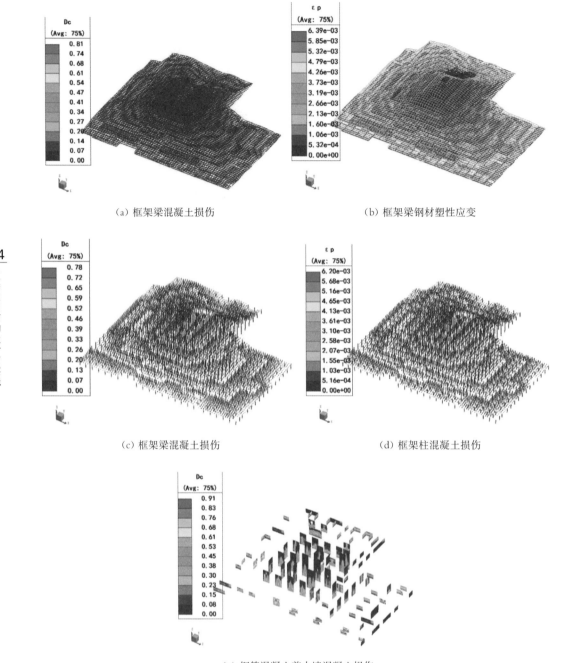

（a）框架梁混凝土损伤

（b）框架梁钢材塑性应变

（c）框架梁混凝土损伤

（d）框架柱混凝土损伤

（e）钢筋混凝土剪力墙混凝土损伤

图 5.106　结构塑性损伤云图

6. 装配式结构介绍

　　本项目结构空腔采用框架-剪力墙结构体系,其中框架采用部分填充钢－混凝土组合结构(PEC 体系),剪力墙采用现浇形式,剪力墙端柱内设置钢骨;山体部分屋面板、楼面板采用钢筋桁架楼承板,楼梯为预制楼梯。表皮部分采用现浇钢筋混凝土框架。

1）预制装配式指标、预制范围介绍

（1）预制装配率：本项目采用装配式建筑，按上海市建筑工业化相关政策要求，装配式建筑预制率不低于 40%。

（2）项目特点分析、预制构件范围。

山体主体部分简单规则，梁、柱、板构件规格少，重复率高，适合预制，框架柱、主次梁均采用预制 PEC 构件，楼板采用钢筋桁架楼承板，免模免支撑。表皮部分为不规则三维空间结构，柱、梁、楼板等结构构件规格多样且较难统一，兼顾了施工的便捷性和山形建造的可实施性，具有较强的容错功能，方便山形塑造，采用现浇结构形式。

2）预制率统计

根据预制率计算方法，结构构件统计及权重系数如表 5.27、表 5.28 所示。

表 5.27 预制构件分类及权重

内容	竖向结构	水平结构	楼面板	楼梯
构件类型	PEC 框架柱	PEC 梁	叠合板	钢楼梯
权重系数	0.2	0.4	0.25	0.02
预制形式	全预制柱	全预制梁	免模免支撑板	全预制
修正系数	0.9	0.9	0.6	1

5.28 构件数量

种类		编号	数量
柱/根	预制	KZ1	2 479
	现浇	Z1 400 mm×400 mm	8 829
		多种截面	2 332
梁/m	预制	KL1	23 297
		KL2	11 148
		KL3	5 449
		KL5	235
		L1	18 298
		L2	29 430
	现浇	L5 350 mm×700 mm	35 876
楼板/m²	顷制		157 419
	现浇		116 413
楼梯			16

空腔区整体预制率统计如下：

预制柱比例：0.192；预制梁比例：0.767；预制楼板比例：0.574；预制楼梯比例：1。

整体预制率＝$\sum$（构件权重×修正系数×预制构件比例）×100％＝41.2％，满足预制率不小于40％的要求。

参考文献

［1］ DING Yang, DENG Enfeng, ZONG Liang, et al. Cyclic tests on corrugated steel plate shear walls with openings in modularized-constructions[J]. Journal of Constructional Steel Research, 2017, 138: 675-691.

［2］ PETER Collins. Concret: The Vision of a New Architecture[M]. Montreal: McGill-Queen's University Press, 1988: 179.

［3］ BERTHEIM C S. Housing in France[J]. Land Economics. 1948, I(24): 49-62.

［4］ 陈光庭.外国城市住房问题研究[M].北京：北京科学技术出版社，1991：132-133.

［5］ ［意]L. 本奈沃洛.西方现代建筑史[M].邹德侬，等，译.天津：天津科学技术出版社，1996：677-679.

［6］ 宗德林，楚先锋，谷明望.美国装配式建筑发展研究[J].住宅产业，2016，6：20-21.

［7］ Department of Statistics Singapore. Yearbook of Statistics ingapore, 2016[DB/OL]. http://www.singstat.gov.

［8］ 王俊，赵基达，胡宗羽.我国建筑工业化发展现状与思考[J].土木工程学报，2016，49(5)：1-8.

［9］ 郭正兴，董年才，朱张峰.房屋建筑装配式混凝土结构建造技术新进展[J].施工技术，2011，40(11)：1-2.

［10］ 郭正兴，朱张峰.装配式混凝土剪力墙结构阶段性研究成果及应用[J].施工技术，2014，43(22)：5-8.

［11］ 何继峰，王滋军，戴文婷，等.适合建筑工业化的混凝土结构体系在我国的研究与应用现状[J].混凝土，2014(6)：129-132.

［12］ 丁颖.高层新型工业化住宅设计与建造模式研究[D].南京：东南大学，2018.

［13］ 姚刚. 基于BIM的工业化住宅协同设计的关键要素与整合应用研究[D].南京：东南大学，2016.

［14］ 李亚明，李瑞雄，贾水钟，等. 上海图书馆东馆结构设计关键技术研究[J].建筑结构，2019，49(23)：26-32.

［15］ 潘从建，黄小坤，徐福泉，等. 全装配楼板对多层框架结构水平力作用下抗侧性能的影响[J].建筑结构学报，2018，39(S2)：72-78.

［16］ 李青宁，葛磊，韩春，等.新型装配式楼盖平面内刚度试验研究[J].建筑结构，2016，46(10)：50-55.

［17］ 赵欣. 芬兰与英国的产业化钢结构住宅[J]. 建筑钢结构进展，2003，5(4)：29-36.

［18］ 黄彬辉，李元齐.装配式钢结构梁柱节点承载性能研究进展[J].结构工程师，2021，37(01)：228-238.

［19］ 刘学春，杨志炜，王鹤翔，等.螺栓装配多高层钢结构梁柱连接抗震性能研究[J].建筑结构学报，2017，38(6)：34-42.

［20］ 方成，王伟，陈以一.基于超弹性形状记忆合金的钢结构抗震研究进展[J].建筑结构学报，2019，40(7)：1-12.

［21］ 王化杰，钱宏亮，范峰，等.多层装配式模块住宅结构方案分析及优化研究[J].建筑结构学报，2016，

复杂空间结构设计与实践

37（S1）：170-176.

［22］施刚.钢框架半刚性端板连接的静力和抗震性能研究［D］.北京：清华大学，2005.

［23］李黎明，陈以一，李宁，等.外套管式冷弯方钢管与H型钢梁连接节点的抗震性能［J］.吉林大学学报（工学版），2010，40（1）：67-71.

［24］刘学春，浦双辉，徐阿新，等.模块化装配式多高层钢结构全螺栓连接节点静力及抗震性能试验研究［J］.建筑结构学报，2015，36（12）：43-51.

［25］LIU X C，PU S H，ZHANG A L，et al. Static and seismic experiment for bolted-welded joint in modularized prefabricated steel structure［J］. Journal of Constructional Steel Research，2015，115（DEC.）：417-433.

［26］陈志华，刘佳迪，张鹏飞，等.一种钢框架与钢结构模块连接节点：201510141648.5［P］. 2015-07-15.

［27］CHEN Zhihua，LIU Jiadi，YU Yujie. Experimental study on interior connections in modular steel buildings［J］. Engineering Structures，2017，147：625-638.

［28］DENG Enfeng，YAN Jiabao，DING Yang，et al. Analytical and numerical studies on steel columns withnovel connections in modular construction［J］. International Journal of Steel Structure，2017，17（4）：1613-1626.

［29］DRIVER R G，MOGHIMI H. Modular construction of steel plate shear walls for low and moderate seismic regions［C］//Structures Congress. Las Vegas，Nevada：［s. n.］，2011：758-769.

［30］LAWSON R M，OGDEN R G. 'Hybrid' light steel panel and modular systems［J］. Thin-Walled Structures，2008，46（7-9）：720-730.

［31］CORTE G D，FIORINO L，LANDOLFO R. Seismic behavior of sheathed cold-formed structures：numerical study［J］. Journal of Structural Engineering，2006，132（4）：558-569.

［32］曲可鑫.钢结构模块化建筑结构体系研究［D］.天津：天津大学，2014.